前　言

U0210842

　　园林工程施工技术是园林工程技术核心课程之一，作为对城市空间环境保护的一种方式，园林工程施工技术在城市化的进程中扮演着重要的角色。随着我国城市化建设的高速发展，从城市道路、公园绿地、园林湖泊到工矿厂区美化等众多领域中都需要大量园林工程施工技术人才，这推动了园林工程施工技术的迅速发展。在此发展背景下，编写一本适合园林工程技术相关专业学习和实际工程应用的教材极为必要。

　　本教材落实立德树人根本任务，促进学生成为德智体美劳全面发展的社会主义建设者和接班人。教材内容融入思想政治教育，推进中华民族文化自信自强。

　　本教材参考了高等职业学校园林工程技术专业教学标准以及《园林工程施工组织设计规范》DB34/T 3824—2021等相关法规标准，全面、系统地介绍了园林工程施工中所涉及的理论知识、现场技术要求以及工程管理等方面的内容。本教材紧密联系职业标准和实际操作需求，注重实践操作与理论体系的有机结合，有利于学生全面深入地学习和理解园林工程的施工过程。

　　本教材由重庆城市职业学院范梦婷、詹华山担任主编，由重庆城市职业学院彭靖、王轩、曹会娟、姜轶担任副主编，由重庆科技大学王晓晓担任主审。具体编写分工为：范梦婷负责教材整体组织设计及项目1、3、9的内容编写；詹华山负责项目4的内容编写；彭靖负责项目7的内容编写；王轩负责项目8的内容编写；曹会娟负责项目5的内容编写；姜轶负责项目6的内容编写；陈丽州负责项目2的内容编写；李洁瑶、董迪负责项目导学、职业活动训练、课后习题的内容编写；教材由范梦婷、王轩统稿。

　　为方便教学，本教材采用新形态、信息化的教学手段，在书中加入二维码，提供了丰富的线上教学资源，使学生在课堂教学之外，也能够更加便捷和精准地获取相关知识技能。

　　由于编者知识水平所限，书中不妥之处在所难免，恳请广大同行专家及读者批评指正。另外，在教材编写过程中，有些参考引用的内容由于难以溯源，未能一一标注出处，在此也一并感谢原作者。

目　录

园林工程施工技术

高等职业教育建筑与规划类专业"十四五"互联网+创新教材

主　编　范梦婷　詹华山

副主编　彭　靖　王　轩　曹会娟　姜　轶

中国建筑工业出版社

项目 1　园林工程概论

学习目标：了解园林工程施工。

理解园林工程施工信息化管理的应用和意义。

掌握园林工程施工管理规划。

能力目标：形成园林工程项目及园林工程项目施工的框架。

具备将信息化管理应用到园林工程施工的意识。

能够将园林工程施工管理规划应用到实际项目中。

素质目标：具备对自然环境的尊重和保护意识。

具有学习和探索新知识的主动性。

具备社会责任感，理解园林工程对社会的重要性。

【教学引例】

园林绿化工程的设计和施工过程中很重要的一点是要考虑景观效果。如果没有一个好的设计，即使投入再多的资金和精力，实现出来的效果也可能不尽如人意。请观察校园里的园林景观，思考一下园林景观布置要考虑哪些内容？

如今，信息化技术已经渗透各行业的各个领域，园林工程施工领域也不例外。随着科技的不断发展，利用信息化手段来优化园林工程施工管理也变得越来越重要。请思考一下，作为一名施工现场管理者，你会如何利用信息化手段来进行管理？

1.1 园林工程概述

园林工程是实现园林景观设计的一项内容，包括各种园林设施建造、植物种植、景观的修建。园林工程是现代城市建设中不可缺少的一个环节，它不仅可以美化城市环境，满足城市居民的精神生活需要，还能在一定程度上提高城市的环境和绿化水平，促进城市的可持续发展。园林工程的范围广

1.1 园林工程概述

泛，包括公园、广场、街道绿化、景观湖泊、水系绿化等大型公共设施的建设；住宅小区、别墅、商业区、学校等建筑附属绿化建设；还包括各种市政绿化、路树绿化、城市建设的绿化、景观亮化等多个方面。因此，园林工程的开展，需要有从地形勘测、设计、施工、养护等全方位的配套策划和实施方案，才能够真正达到美化城市、改善居民生活环境等目的。

1. 园林规划

园林规划是园林工程的第一步，是将新园林的设想和计划变成可实施的项目，包括选址、设计、土壤改良、植物分布和设计等，它是规划师和景观设计师的责任。园林规划应注重可持续性发展，充分考虑节能、节水、环境保护等因素。

2. 园林工程施工

园林工程施工是园林工程的主要组成部分之一，涉及工程建设、材料设备采购、工程实施、人员管理等多个方面。园林工程施工的顺序包括土方、景观基础设施、绿化、景观建筑等。

3. 园林养护

园林养护是保持园林良好状态的过程，它包括植物的消毒、修剪、浇水、施肥以及

病虫害的防治、杂草的清理、场地设备的保养修理等方面。园林的养护使其原有的设计和美感得以长久保持。

4. 园林管理

园林管理是指对园林施工情况进行全面、系统、科学的监管，以确保园林工程施工的质量、效益、安全达标。

1.1.1 园林工程项目划分

根据园林工程项目施工类型，尤其是特定园林工程项目的实际情况，细分施工项目，是熟悉施工图的基础。

1. 园林工程项目内容

园林工程施工项目的主要内容如下：

（1）园林土方工程施工

园林土方工程是园林工程施工的主要组成部分，主要依据竖向设计进行土方工程计算及土方施工、塑造、整理园林建设场地，以达到场地建设要求。土方工程按照施工方法又可分为人工土方工程施工和机械土方工程施工两大类。土方施工有挖、运、填、压等方法。

（2）园林给水工程施工

园林给水工程大多通过城市给水管网供水，但在一些远郊或风景区，则需建立一套自己的给水系统。根据水源和用途不同，园林给水工程施工包括：

1）地表水源给水工程施工，主要利用江、河、湖、水库等，这类水源的水量充沛，是风景园林中的主要水源。给水系统一般由取水构筑物、泵站、净水构筑物、输水管道、水塔及高位水池、配水管网等组成。

2）地下水源给水工程施工，主要利用泉水、承压水等。给水系统一般由井、泵房、净水构筑物、输水管道、水塔及高位水池、配水管网等组成。

3）城市给水管网系统水源给水工程施工，主要是配水管网的安装施工。

4）喷灌系统工程施工，主要是动力系统安装，包括主管、支管安装，立管、喷头等的安装。

（3）园林排水工程施工

园林排水工程施工主要包括污水和雨水排水系统的施工。污水排水系统由室内卫生设备和污水管道系统、室外污水管道系统、污水泵站及压力管道、污水处理、排水构筑物、排入水体的出水口等组成；雨水排水系统由雨水管道系统、出水口、雨水口等组成。

在我国，园林绿地的排水以地形和明沟排水为主，局部地段采用暗道排水。园林污水采用管道排水，污水要经过处理。

（4）园林供电照明工程施工

园林照明是室外照明的一种形式，设置时应注意与园林景观相结合，突出园林景观特色。园林供电照明工程施工主要有供电电缆敷设、配电箱安装、灯具安装等项目。

（5）园林建筑小品工程施工

园林建筑、小品多种多样，但施工过程极其相似。园林建筑工程施工主要有地基与基础工程，主体、地面与楼面工程，门窗工程，装饰工程，屋面工程，水电工程等内容。园林仿古建筑应由古建筑专业施工人员施工。园林小品工程施工相对简单，一般有基础工程以及主体、装饰工程等。

（6）园林水景工程施工

水景工程是园林工程中涉及面最广、项目组成最多的专项工程之一。对水景的设计施工主要是对盛水容器及其相关附属设施的设计与施工。为了实现这些景观，需要修建诸如小型水闸、驳岸、护坡和水池等工程构筑物以及必要的给水排水设施和电力设施等，因而涉及土方工程、防水工程、给水排水工程、供电与照明工程、假山工程、种植工程、设备安装工程等一系列相关工程。

（7）园林铺装工程（园路工程）施工

园林铺装是指在园林工程中采用天然或人工铺地材料（如砂石、混凝土、沥青、木材、瓦片、青砖等）按一定的形式或规律铺设于地面上。园林铺装不仅包括园路铺装，还包括广场、庭院、停车场等场地的铺装。园林铺装有别于道路铺装，虽然也要保证人流疏导，但并不以捷径为原则，并且其交通功能从属于游览功能，因此，园林铺装的色彩丰富、图案多样。大多数园林道路承载负荷较低，在材料的选择上也更多样化。

园林铺装工程施工主要由路基、垫层、基层、结合层、面层以及附属工程等施工项目组成。

（8）园林假山工程施工

假山按材料可分为土山、石山和土石相间的山（土多称"土山戴石"，石多称"石山戴土"）。按施工方式可分为筑山（人工筑土山）、掇山（用山石掇合成山）、凿山（开凿自然岩石成山）和塑山（传统的是用石灰浆塑成，现代的是用水泥、砖、钢丝网等塑成假山）。假山的组合形态分为山体和水体结合；与庭院、驳岸、护坡、挡土墙、自然式花台结合；还可以与园林建筑、园路、场地和园林植物组合。

假山施工是设计的延续，施工过程是艺术的创造过程，因此假山施工是我国园林工程独特技法。

假山施工主要有立基、拉底、起脚、掇中层、收顶等过程。

（9）园林种植工程施工

1）土壤准备和改良

①清除杂草、石块和不需要的植物。

②松散和平整土壤，以便植物的根系能够生长。

③施肥和改良土壤，提供植物所需的养分。

2）植物选择与布局

①根据设计方案选择适合的植物品种。

②根据植物的尺寸、形状和生长需求进行布局，考虑植物间距和排列方式。

3）植物栽植

①挖洞并精确定位植物。

②培土并种植植物。

③浇水并采取根系保护措施，以促进植物生长。

4）灌溉系统安装

①安装适当类型的灌溉系统，如滴灌、喷灌或地下灌溉。

②连接灌溉系统到水源和控制系统。

③进行灌溉系统的测试和调整，以确保植物得到适当的水分供应。

5）草坪铺设

①处理毛坯地面并设计草坪的形状。

②播种或铺设草坪草。

③施肥、浇水和进行草坪的维护，以保持草坪的健康和美观。

6）花园景观设计

①设计花坛、庭院、水景和其他景观元素。

②选择合适的植物品种、装饰品和石材等。

③建造和安装花园景观特色，如喷泉、雕塑和照明。

7）绿化工程维护

①定期修剪植物，以保持其形状和健康。

②维护和检修灌溉系统，确保其正常运行。

③防治病虫害、施肥，提供必要的保养，以保持植物和景观元素的良好状态。

园林种植工程施工的内容可以因项目规模、设计要求和特定环境而有所不同，但通常包括上述这些方面。施工过程需要综合考虑土壤、植物、水源、灌溉、景观设计和维护等各个因素，以确保最终呈现出美观、健康和可持续的园林景观。

2. 园林工程项目划分

在园林工程项目施工过程中，工程量计算、施工预算、质量检验、工程资料管理等工作均需要对园林工程项目进行科学分解和合理划分。一般是将园林工程视为一个单位工程，一个园林单位工程划分为若干个分部工程，每个分部工程又划分为若干分项工程。

单项工程是项目的组成部分，具有独立的设计文件，可以独立施工，竣工建成后，能独立发挥生产能力或使用效益。一个项目一般应由几个单项工程组成，如城市市政建设项目中园林绿化工程、市政道路工程、给水工程、排水工程等都属于单项工程。

单位工程是单项工程的组成部分，是指具有独立的设计、可以独立组织施工，但竣工后不能独立发挥生产能力或使用效益的工程。一个单项工程由几个单位工程组成，如园林绿化建设单项工程中公园、居住小区绿地、古建筑工程等都属于单位工程。

分部工程是单位工程的组成部分，是单位工程中分解出来的结构更小的工程，如公园建设中土方工程、种植工程、园林建筑小品工程、假山及水景工程等都属于分部工程。

分项工程是指通过较为简单的施工就能完成，并且要以采用适当的计量单位进行计算的建设及设备安装工程，通常它是确定建设及设备安装工程造价的最基本的工程单位。

（1）园林工程单项、单位工程划分细则

单项工程无论是新建，还是改、扩建的园林绿化工程，均是由一个或几个单位工程组成，大型园林绿化工程常以一个施工标段划为一个单位工程，具体划分规定如下：

新建公园根据其规模，可视为一个单位工程，也可根据工种划分为几个单位工程。有些景观园路工程视距离、跨距划分为若干个标段，作为若干个单位工程。

居住小区园林绿化工程或配套绿地一般都作为一个单位工程，也有在建设工期和施工范围上有明显的界线的，可分为几个单位工程。

古建筑和仿古建筑以殿、堂、楼、阁、榭、舫、台、廊、亭等的建筑工程和设备安装工程共同组成各自的单位工程。

（2）园林工程分部、分项工程划分细则

园林工程项目各分部分项工程划分见表1-1。

园林工程项目各分部分项工程划分　　　　　　　　　　　　　　　　　　　表 1-1

序号	分部工程	分项工程	工程施工内容
1	土方工程	造地形工程	清除垃圾土、进种植土方、造地形
		堆山工程	堆山基础、进种植土方、造地形
		挖河工程	河道开挖、河底修整、驳岸、涵管
2	种植工程	植物材料工程	乔木、灌木、地被植物
		材料运输工程	起挖、运输、假植过渡

续表

序号	分部工程	分项工程	工程施工内容
2	种植工程	种植工程	大树移植、乔木种植、灌木种植、地被种植，花坛花卉、盆景造型树栽植、水生植物、行道树、运动型草坪、竹类植物
		养护工程	日常养护、特殊养护
3	园林建筑小品	地基与基础工程	砂、砂石和三合土地基；地下连续墙、防水混凝土结构、水泥砂浆防水层、模板、钢筋、混凝土、砌砖、砌石、钢结构
		主体	模板、钢筋、混凝土、构件安装，砌砖、砌石、钢结构和园林特有的竹木结构
		地面与楼面工程	基层、整体楼地面、板块（楼）地面、园林路面、室内外木质板楼地面、扶梯栏杆
		门窗工程	木门窗制作、钢门窗、铝合金门窗、塑钢门窗安装
		装饰工程	抹灰、油漆、刷（喷）浆（塑）、玻璃饰面铺贴、罩面板及钢木骨架、细木制品、花饰安装、竹木结构、各种花式隔断、屏风
		屋面工程	屋面找平层、保温（隔热）层、卷材防水、细石混凝土屋面、平瓦屋面、中筒瓦屋面、波瓦屋面、水落管
		水电工程	给水管道安装、给水管道附件及卫生器具给水配件安装、排水管道安装、卫生器具安装、架空线路、电缆线路、配管及管内穿线、低压电器安装、电器照明器件及配件箱安装、避雷针及接地装置安装
4	假山工程	石假山工程	石假山基础、石假山山体、石假山山洞、石假山山路
		叠石置石工程	叠石置石基础、瀑布、溪流、置石、汀步、石驳岸
5	水景工程		泵房、水泵安装、水管铺设、集水处理、溢水出水、喷泉、涌泉、喷灌、水下照明
6	古建筑修建工程	地基与基础工程	挖土、填土，三合土地基、夯实地基，石桩、木桩、砖、石加工、砌砖、砌石、台基、驳岸，混凝土，水泥砂浆防水层，模板、钢筋、钢筋混凝土，构件安装，基础、台基、驳岸局部修缮
		主体工程	大木构架（柱、梁、檩、枋、斗拱、椽条、椽子、板类等）制作、安装，大木构修缮，砖石的加工、安装，砌砖、砌石，砖石墙体的修缮，漏窗制作、安装、修缮，模板、钢筋、钢筋混凝土、构件安装等
		地面与楼面工程	楼面、游廊、庭院、园路的基层，各种楼地面的修缮
		木装修工程	古式木门窗隔扇制作与安装，各种木雕件制作与安装，木隔断、顶棚、卷棚、藻井制作安装，博古架隔断、美人靠、坐槛、栏杆、地罩及其他木装饰件制作与安装，各种木装饰件的修缮等
		装饰工程	砖雕、石作装饰、石雕、仿石、仿砖、人造石、拉灰条、彩色抹灰刷浆、油漆、彩绘、花饰安装、各种装饰工程修缮
		屋面工程	砖料加工、屋面基层、小青瓦屋面、青筒瓦屋面、琉璃瓦屋面，各种屋脊、戗角及饰件，灰塑、陶塑屋面构件，各种屋面、屋脊、戗角及饰件的修缮

1.1.2 园林工程项目施工顺序与施工工艺流程

1. 园林工程项目施工顺序

（1）施工顺序确定的要求

园林工程项目施工顺序是指一个单位工程中各分部工程、专业工程或施工阶段的先后施工顺序及其制约关系。施工顺序安排得好，可以加快施工进度，减少人工和机械的停歇时间，并能充分利用工作面；避免施工干扰，均衡、连续地施工，在不增加资源消耗和成本投入的情况下，缩短工期，降低施工成本。

制定施工总体顺序主要目的是解决时间搭接上的问题。确定单位工程施工顺序必须遵循各施工过程之间的客观规律、各工序间相互制约的关系以及施工组织的要求。单位园林工程的施工顺序一般应遵循"先地下、后地上，先主体、后局部，先结构、后附属"的次序。但是，对于某些特殊工程或随着园林工程新材料和新技术的应用和发展，施工顺序可能会不同。

（2）施工顺序确定的方法

1）统筹考虑各分部、分项工程之间的关系，遵循施工工艺及技术规则。在一个单位工程项目中，相邻的分部、分项工程的施工总有先后，有些是由于施工工艺的要求而固定不变的，也有些不受工艺的限制，灵活性强。

园林工程项目施工要本着"全场性工程的施工→单位工程的施工"的总原则，首先应完成场地平整与测量定位等全场性工程，然后按单位工程的划分逐个或交叉进行。这样不仅有利于工程施工的相互衔接，减少工种之间时间上的冲突，而且有利于节约工程成本，提高工程文明施工程度。

2）考虑施工方案（或施工组织设计）的整体要求。施工方案编制过程中施工顺序的安排、施工工段的划分以及施工部署的构架要根据实际情况进行编制，增强施工方案的针对性，充分发挥施工方案的指导作用。

3）考虑当地的气候条件和水文要求。在南方施工时，应从气候考虑施工顺序，因雨期而不能施工的应安排在雨期前进行。如土方工程最好不安排在雨期施工，而种植工程则可以。在严寒地区施工时，则应根据冬期施工的特点来安排施工顺序。河岸景观工程应特别注意水文资料，枯水季节宜先对位于河中以及河边沿岸的基础工程等进行施工。

4）安排施工顺序时应考虑经济性。在园林工程项目施工中周转材料的使用要科学合理，一方面可加速材料的周转次数，另一方面可减少配备的数量。如各类景观小品等基础施工顺序安排得好，可加速模板的周转次数，在同样完成任务的情况下可减少相关配备，降低材料成本。

5）必须考虑施工质量要求。如沥青混凝土路面的施工，必须等黏层油破乳后才能施工，否则将影响上下两层沥青混凝土之间的结合性能。

2. 园林工程项目施工工艺流程

（1）园林工程项目施工工艺流程概念

施工工艺是指一项工程具体的工序规定和每道工序所要求采用的施工技术、施工方法和施工材料，是施工过程中的工序；是流程、操作要点、安全措施、技术指标等较为详细的指导类说明；要注意施工工艺标准规范，保证施工质量。

工程施工流程是指建筑产品生产过程中阶段性的固有规律和分部分项工程的先后次序，各项工程在同一场地不同空间，同时交叉、搭接进行。一般情况下，前面的工作没有完成后面的工作就不能开始，这种前后顺序必须符合建筑施工程序。施工流程图就是用图形表达各项工作的先后次序和逻辑关系。

（2）施工流程编制

图 1-1 是完整的园林工程施工总体流程。

1.2 园林工程施工信息化管理概述

园林工程是多门学科交叉的综合学科，其中每个门类都有各自专业的构架，信息化管理通过信息技术和软件技术对园林工程的施工、设备、材料、质量等进行集中、全面、可视化的管理，以达到工程施工领域走向一体化的目的。

1.2 施工与信息化管理概述

1.3 园林工程施工与管理的方法

1.4 施工与信息化管理的主要内容及系统组成

随着科技的发展和信息化技术的日益普及，信息化管理已经成为园林工程建设的必要手段。信息化管理可以实现对园林工程整个过程的全面管理，提高施工过程的效率，优化施工流程，降低施工后期的风险，并最终实现项目的成功竣工。

信息化管理的核心是将信息技术与管理理论和方法相结合，实现施工管理的科学化、规范化和智能化。通过信息化管理系统，可以实现施工全过程的实时监测、预警和分析，从而提高主管部门和施工人员的管理效率和施工品质。

1.2.1 信息化管理的基本工具及基本方法

1. 项目信息化管理软件

项目信息化管理软件是一种常见的信息化施工管理工具，其作用在于全面监测施工过程中的工期、成本、质量等方面，并根据实际情况进行动态调整和修订。

项目管理软件通常具备如下特点：

（1）能够全面监测施工进程、成本情况、资源运用状况等，及时发现并解决存在的问题。

（2）能够帮助施工人员快速做出决策，提高工作效率，提高项目运行的效益。

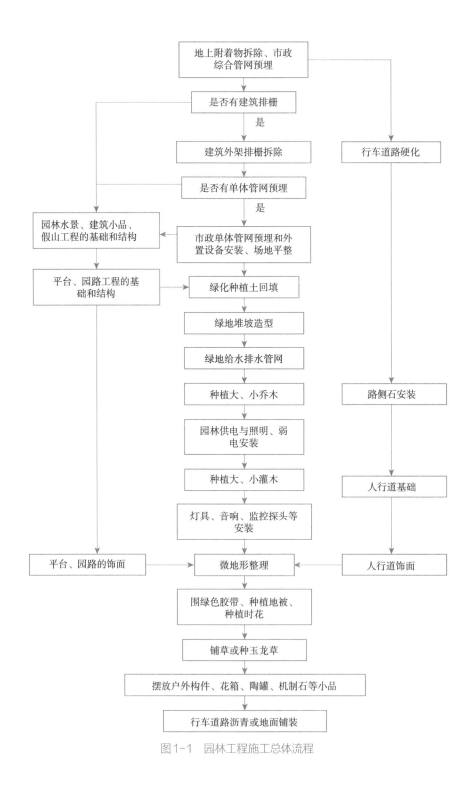

图1-1　园林工程施工总体流程

（3）能够减少人为错误，完善数据记录和申报流程，提高管理的透明度和准确性。

（4）能够提升企业的竞争力，降低运营成本，增加利润收益。

2. 常用的项目管理软件

常用的项目管理软件有 Procore、BIM 以及 VR 技术等，通过这些工具，园林工程施工管理人员可以对园林工程建设的工期、资源以及成本进行细致有效的管理和监控，从而提高工程质量和效益。

（1）Procore

Procore 是一款广泛用于建筑和工程项目的施工管理软件，它提供了项目管理、文档管理、任务管理、进度跟踪、质量控制等功能。

（2）BIM 技术

BIM 技术是一种全新的数字化设计模式，包含园林工程项目从设计、施工到运营全生命周期的管理，可以为园林工程建设提供全面的信息技术支持，具有协作性强、精度高的特点。

在园林工程施工管理中，BIM 技术主要应用于模型设计与协调、施工过程模拟两方面。

1）模型设计与协调：BIM 技术可以将园林工程施工过程中的各数据进行可视化呈现和高度的集成，帮助设计师实现对建筑设计的规划、设计与协调的全生命周期管理。同时可以实现根据 BIM 技术进行规划、设计和审批等方面的多方协作，增加工程协作的流畅性和准确性。

2）施工过程模拟：BIM 技术可以将整个施工过程进行真实模拟，预测出施工过程中可能出现的各种问题，提前进行预处理和整改。通过模拟施工过程，可以有效提高施工效率和保障品质。

（3）VR 技术

虚拟现实（Virtual Reality，VR）技术是通过计算机技术对物理世界进行模拟，为用户提供一种逼真、沉浸式的体验。在园林工程施工管理中，VR 技术主要应用于现场演示、安全培训。

1）现场演示：VR 技术可以将园林工程建设的现场环境呈现出来，使用户能够逼真地感受到建筑的空间环境、布局和交通运行情况，有助于对建筑环境进行优化和调整。

2）安全培训：VR 技术可以对企业员工进行安全教育和培训，有效提高从业人员在工作中的安全意识和应对能力。

VR 技术和其他信息技术结合使用，能够为园林工程施工管理提供全方位、全生命周期的智能化管理，有助于提高施工的效率。

3. 信息化管理的基本方法

信息化管理的基本方法包括数据采集、数据存储、数据处理、决策支持和信息传递。

（1）数据采集

数据采集是指在施工过程中，通过各种传感器、监测设备等手段对施工现场进行实时监测和数据采集。数据采集的主要目的是收集施工过程中的各种数据，包括施工进度、成本、物资运用等，为后续的数据处理和决策支持提供基础数据。

（2）数据存储

数据存储是指将采集到的数据进行整理、分类和存储。在数据采集后，将数据整理、分析并归档存储，以备后续应用。

（3）数据处理

数据处理是指利用数据分析算法和统计模型对采集到的数据进行处理和分析，该过程可以为管理者提供数据评估和决策支持的依据。利用数据处理的结果，能够更好地了解施工过程中存在的问题和难点，进而采取相应的解决方案。

（4）决策支持

数据处理的结果可以提供决策支持。利用过滤、排序、分组等操作筛选出有用的信息，为管理者在决策过程中提供更为全面和准确的数据支持和分析报告。

（5）信息传递

信息传递是指操作结果的传递和沟通。将决策结果和管理指令通过信息化工具进行传递和沟通，为管理者实现更便捷、高效地沟通和指挥，针对不同场景，需要进行具体分析和实施。

1.2.2 园林工程施工信息化管理的意义

1. 科学化、规范化和智能化的管理方式

信息化管理可以将抽象、复杂的管理对象和管理流程、路径转化为可视化的、简便化的管理形式，实现科学化、规范化和智能化的管理，可以大量降低人力物力和财力等固定成本，提高管理效率，增强管理质量。

2. 实现信息化流程管理和数据挖掘

园林工程施工是一个复杂的过程，需要多个部门、多个岗位协同工作，信息化管理可以实现多部门之间的信息共享，建立信息化管理流程，从而实现园林工程施工信息化管理的协调，为管理决策提供数据分析和决策支持。

3. 提高现场管理的准确性和效率

通过数据采集和存储，可以建立三维数字化模型，实现对施工现场的监测和管理，减少错误发生，提高园林工程施工现场管理的准确性和效率。

4. 工程质量和安全可控

通过建立质量安全管理信息化系统，将施工监理和进度管理等环节与质量安全管理衔接起来，从而实现质量和安全的统一管理，并可以对工程质量和安全进行数据分析，对问题进行处理和跟踪。

 【应用案例】

上海市某园林工程建设管理中心作为园林工程施工的龙头企业，注重引入信息化技术进行管理。中心引入了智能化的光纤混凝土技术，通过传感器实时监测施工方案、物流管理、机械设备、施工进度和质量等信息，将这些信息上传至云端，通过物联网、大数据及人工智能等技术，实现施工信息的统一管理和实时掌控。此外，采用 BIM 技术和 VR 技术，对园林工程进行建模和虚拟演示，有效实现了园林工程施工的可视化和可控化。

1.3　园林工程施工管理规划

项目的规划工作是一个非常关键的步骤，它可以为施工过程中的各个阶段提供整体性的指导和管理。对于园林工程施工管理规划，本节从项目策划、人力资源管理、预算管理、质量管理、施工现场安全管理、安全环境信息化工具监测和管理、施工过程管理、项目复核验收管理、质量安全管理来进行介绍。

1.3.1　项目策划

项目策划包括项目目标的确定、工期计划的制定、资源需求的评估等。在园林工程建设中，项目策划是一个非常重要的工作环节，它涵盖了整个项目的基本方案和实施路线，因此需要在项目启动之前就进行全面和细致的策划工作。

在项目策划过程中，需要对项目进行分解和细化，包括对项目以及各个子项目进行明确；对工期进行合理安排，并根据实际情况进行适当的调整；对项目所需资源进行详细评估，在确保不影响项目安全性和质量的前提下，尽可能减少资源的浪费和成本的消耗等。

1.3.2 人力资源管理

人力资源管理是园林工程管理中不可或缺的一部分，人力资源管理直接关系项目的执行效率和质量。在园林工程建设中，人力资源管理包括人员配备、人员培训和绩效考核。

在人员配备方面，需要做到任务与人员的技能和经验相匹配，对于人员的专业技能、资质和经验进行评估和梳理，为项目规划和实施提供必要的支持。

在人员培训方面，需要对不同类型的工人进行有针对性的培训，以提高其工作技能和安全意识。

在绩效考核方面，需要制定科学合理的考核制度，将人员的工作业绩纳入考核范畴，从而激励员工更加努力工作。

1.3.3 预算管理

项目的预算管理是重要的施工管理环节之一。有了科学合理的预算管理，在施工过程中就可以将资源的消耗和成本控制在合理的范围内，最大程度地降低项目的风险。

在园林工程建设中，预算管理包括项目成本的估算控制和核算。

在成本估算方面，需要细致评估项目中所需要的所有资源，并据此制定备选方案，选择最优解决方案，将成本估算控制在合理的范围内。

在成本控制方面，需要建立统一的成本控制体系，对项目的各个环节进行全程监控，以保证施工过程中成本的可控和可预期。

在成本核算方面，需要根据项目本身和市场需求的变化，依据实际情况进行调整和修改，将成本核算结果反馈给管理决策部门，以便更好地为项目实施提供支持。

1.3.4 质量管理

在园林工程建设中，质量管理是保证工程建设顺利实施的重要保障。质量管理涉及的方面包括质量标准的制定、质量过程控制和验收。

在质量标准的制定方面，需要针对项目的实际情况，制定相应的质量标准和要求，明确园林工程建设的质量目标，并根据市场及行业规定进行相应的修订。

在质量过程控制方面，需要明确工序，规范操作，制定相应的监督和控制措施，对材料的质量和数量进行监管，保证施工质量和建设安全性。

在验收方面，需要根据建设计划，在完成施工后依据相应标准进行检测，认证合格后验收，并及时上报验收报告。

1.3.5 施工现场安全管理

1. 施工现场安全管理的重要性

安全是施工现场最基本的管理要求，直接关系工人的生命安全和项目的顺利进行。

2. 施工现场安全管理的基本原则

（1）人身安全

保障工人和管理人员的人身安全是最重要的。工人的生命安全不可妥协，因此，管理人员必须确保所有的安全措施得到贯彻执行。

（2）法律合规性

遵守国家和地方的安全法律法规是必须的。不仅要确保工人的安全，还要坚决避免可能的法律诉讼和罚款。

（3）预防措施

采取积极的预防措施，包括定期的安全培训、定期检查和维护设备以及建立紧急救援计划。

（4）安全文化

建立一种安全文化，使每个员工都参与到安全管理中来。鼓励员工报告潜在的危险和提出改进建议。

1.3.6 安全环境信息化工具监测和管理

信息化工具在园林工程现场安全管理中起着至关重要的作用。

1. 安全监控系统

安装摄像头和传感器，监测施工现场的安全状况。这些系统可以实时监测危险情况，如火灾、坍塌以及工人的异常工作状态。

2. 移动应用程序

开发移动应用程序，使工人能够报告安全问题和事故。这些应用程序可以实时通知给管理人员，让他们能够迅速采取行动。

3. 数据分析

利用信息化工具来分析安全数据，以发现潜在的危险和趋势。这可以帮助管理人员采取预防措施，减少事故发生的可能性。

4. 云平台

将所有安全数据存储在云平台上，以便多个团队可以共享数据。这有助于信息及时传递和协调，以应对安全问题。

5. 培训和教育

利用信息化工具提供在线安全培训和教育材料，以确保所有员工都了解安全规程。

1.3.7 施工过程管理

1. 进度控制

园林工程的进度控制是确保项目按计划完成的关键因素之一。

（1）项目管理软件

使用项目管理软件，创建项目计划和进度表。这些工具可以帮助识别关键路径和任务依赖关系，并进行实时更新。

（2）实时监测

安装传感器和监测设备，监测施工过程中的各个参数，如温度、湿度、土壤条件等。这些数据可实时调整进度计划。

（3）协作工具

使用协作工具，使项目团队能够实时共享进度信息和进度更新。这有助于协调各个团队的工作。

（4）风险管理

利用信息化工具来识别潜在的风险和延误因素，并制定相应的风险应对计划，以确保进度不受影响。

2. 质量控制

质量控制是保证项目交付高质量成果的关键。

（1）质量管理软件

使用质量管理软件来建立质量标准和检查清单。这些工具可以帮助监测施工过程中的质量问题并进行记录。

（2）检验和测试

利用传感器和监测设备进行材料和结构的检验和测试。将数据传输到信息化系统中，以便实时分析和报告。

（3）数据分析

利用信息化工具对质量数据进行分析，以识别潜在的质量问题和趋势。这有助于采取纠正措施并提高工程质量。

（4）培训和认证

利用信息化工具提供在线质量培训和认证，以确保项目团队了解质量标准和程序。

3. 资源协调

资源协调是确保项目资源（人力、材料、设备）合理分配和利用的关键。

（1）资源管理软件

使用资源管理软件来计划和分配人力资源。这些工具可以帮助管理人员了解每个员工的任务和工作强度。

（2）材料跟踪

利用信息化工具跟踪材料的采购、交付和使用情况。这有助于确保材料供应与项目进度相匹配。

（3）设备管理

使用设备管理软件来跟踪和维护施工设备。定期检查设备的状态，以确保其正常运行。

（4）实时协作

使用协作工具和通信平台，使不同团队之间可以实时协调资源分配和工作安排。

4. 物资管理

园林工程物资管理包括有效的材料采购和供应链管理。

（1）供应链管理

建立供应商数据库，包括供应商的联系信息、历史记录和信用评分。这有助于选择可靠的供应商。

（2）材料采购系统

使用采购管理软件来创建采购订单和跟踪交付进度。这有助于确保材料按计划到达施工现场。

园林工程物资管理还包括库存管理和监测材料使用情况。

（1）材料标识

为每种材料分配唯一的标识码，以便追踪和管理库存。使用条形码或 RFID 技术可以实现自动识别。

（2）实时监测

利用传感器和监测设备来监测库存水平和材料使用情况。这有助于预测何时需要重新订购材料。

（3）数据分析

使用信息化工具对材料使用数据进行分析，以识别浪费、优化采购和库存策略。

（4）报告和记录

定期生成库存报告和使用记录，以便管理人员能够了解材料的流动和使用情况。

1.3.8 项目复核验收管理

1.复核验收的目的和流程

（1）复核验收的目的

复核验收是园林工程项目的最后一道质量控制关，其主要目的在于确认工程质量达到预期标准，同时满足安全要求，以确保项目的顺利交付。

（2）复核验收的流程

1）前期准备：在复核验收前，项目团队需要明确验收标准和验收条件。这包括查看项目合同和规范文件，确定验收的具体要求。

2）验收准备：在验收前，项目团队需要准备验收所需的文件和材料，包括工程图纸、设计文件、施工记录等。同时，确认项目是否已完成所有工作，并进行内部自查。

3）验收过程：在验收阶段，项目团队与客户或验收机构合作，对项目进行全面的检查和评估。这包括检查施工质量、安全要求是否符合合同要求。

4）验收报告：根据验收结果，项目团队编制验收报告，详细记录验收过程中发现的问题、合格项以及需要改进的方面。该报告通常需要由客户或相关监管部门审批。

5）问题解决和改进：如果验收中发现了问题或不合格项，项目团队需要立即采取纠正措施，并确保问题得到解决。此后，需要进行再次验收，直到问题完全解决为止。

6）最终验收和交付：一旦项目达到合格标准，最终验收将得以完成。客户或相关监管部门将接受验收报告，并同意项目交付。

2.复核验收管理的信息化应用

（1）验收流程管理系统

使用专门的验收流程管理软件，可以帮助项目团队创建和跟踪验收任务，提醒关键时间节点，确保验收流程的顺利进行。这些系统可以集成日历、提醒、文件共享等功能，提高管理效率。

（2）电子文件库

建立电子文件库用于存储和管理与复核验收相关的文件，如施工记录、设计文件、验收报告等。这使得文件更容易访问、共享和备份，减少了纸质文件的繁琐管理工作。

（3）移动应用程序

开发移动应用程序，供验收人员使用，以便他们能够在现场记录验收结果、拍摄照片并实时上传到系统中。这可以提高数据的及时性和准确性。

（4）数据分析工具

利用数据分析工具对验收结果进行分析，识别质量和安全方面的趋势和问题。这有助于项目团队及时采取改进措施，提高质量和安全水平。

（5）数字签名和电子批准

使用数字签名和电子批准系统，加强验收文件的合法性和安全性。这样可以减少纸质文件的传递和存储成本，提高文档管理的效率。

 【通信平台】

利用信息化工具建立项目团队之间的实时通信渠道，以便快速协商和解决验收过程中的问题。这可以减少沟通误解和延误。

1.3.9 质量安全管理

1. 质量安全管理的目标和要求

（1）质量安全管理的目标

质量安全管理旨在确保园林工程的质量达到预期标准，同时最大程度地保障工人和相关方的安全。具体目标包括：

1）符合相关法律法规和标准。

2）最大程度地减少事故和伤害。

3）提高工程质量，满足客户期望。

4）降低修复和维护成本。

5）提升公司声誉和市场竞争力。

（2）质量安全管理的要求

1）制定和遵守质量安全管理体系和标准操作程序。

2）进行员工培训，确保员工了解和遵守安全和质量规定。

3）实施风险评估和安全计划，以降低潜在的危险。

4）定期检查和维护设备，以确保其安全和性能。

5）及时记录事故和质量问题，并采取纠正和预防措施。

2. 信息化质量安全管理

（1）实时监测和反馈

使用传感器和监测设备实时监测工程进程中的质量和安全数据，如温度、湿度、材料强度、工人位置等。

（2）数据分析工具

利用数据分析工具对历史数据进行分析，以识别潜在的质量和安全问题的趋势。这有助于采取预防措施，减少质量问题的出现。

（3）安全培训和教育

利用信息化工具提供在线安全培训和教育材料，以确保所有员工都了解安全规程。

（4）质量管理软件

使用质量管理软件来创建和跟踪质量标准和问题。这有助于管理人员了解项目的质量状况并采取必要的纠正措施。

职业活动训练

【任务目标】

帮助学生深入了解园林工程施工信息化管理的实际应用和发展趋势。学生需要根据任务单的指导完成各项任务，从而提高他们在信息化管理领域的知识和技能，为未来的职业发展做好准备。

【任务1】

信息化管理工具调研

1. 任务描述

学生将进行信息化管理工具的调研，以了解不同工具的特点、优势和适用场景。

2. 任务步骤

（1）选择信息化管理工具。

（2）对每种工具进行详细研究，包括其功能、用途和案例研究。

（3）撰写一份综合报告，总结每种工具的优势和适用性，并提出建议。

3. 提交要求

工具调研报告。

【任务 2】

信息化管理工具实践

1. 任务描述

学生将选择一种信息化管理工具，并在模拟项目中应用该工具。

2. 任务步骤

（1）选择一种信息化管理工具。

（2）创建一个虚拟的园林工程项目，包括项目计划、工程时间表、资源分配等。

（3）使用选定的工具来管理和监控项目进度。

（4）记录项目的进展，包括问题和解决方案。

3. 提交要求

模拟项目报告，包括项目计划、进度报告和问题解决方案。

【任务 3】

信息化管理案例分析

1. 任务描述

学生将分析一个真实的园林工程项目案例，以了解信息化管理的成功实施。

（1）选择一个园林工程项目案例，可以通过网络或文献查找。

（2）分析该项目如何应用信息化管理工具来提高工程效率和质量。

（3）提取关键经验教训，讨论项目成功的因素。

2. 提交要求

分析报告，包括项目背景、信息化管理工具的应用和成功因素分析。

【思考与练习】

一、选择题

1. 园林工程的范围包括以下哪些内容（　　　）？

A. 公园和广场建设 　　　　　　　　B. 住宅小区绿化

C. 城市景观亮化 　　　　　　　　　D. 以上所有

2. 关于园林种植工程施工中的土壤准备和改良，以下哪项措施是不正确的（　　　）？

A. 清除杂草、石块和不需要的植物 　　B. 仅在土壤表面施肥，不需要深入土壤层

C. 松散和平整土壤，确保根系生长 　　D. 施肥和改良土壤，提供植物所需养分

3. 园林绿化单位工程通常由几个分部工程组成（　　　）？

A. 三个　　　　　　　　　　　　B. 四个

C. 六个　　　　　　　　　　　　D. 八个

4. 在施工顺序的确定中，必须考虑的因素不包括以下哪项（　　　）？

A. 施工质量要求　　　　　　　　B. 经济和节约

C. 施工队伍的偏好　　　　　　　D. 当地的气候条件和水文要求

5. 园林工程项目施工总体顺序的制定主要目的是什么（　　　）？

A. 提高施工效率　　　　　　　　B. 解决时间搭接上的问题

C. 减少成本投入　　　　　　　　D. 避免施工干扰

6. 园林工程项目施工工艺流程编制的技巧中，先施工哪些部分（　　　）？

A. 先局部后整体　　　　　　　　B. 先附属后结构

C. 先地上后地下　　　　　　　　D. 先整体后局部，先结构后附属

7. 项目信息化管理软件的主要作用是什么（　　　）？

A. 提高设计质量　　　　　　　　B. 监控施工进程和成本情况

C. 增加施工人员数量　　　　　　D. 减少施工材料使用

8. 以下哪项不是人力资源管理的内容（　　　）？

A. 人员配备　　　　　　　　　　B. 薪酬管理

C. 人员培训　　　　　　　　　　D. 绩效考核

9. 在园林工程现场管理中，安全管理的基本原则中不包括以下哪项（　　　）？

A. 预防措施　　　　　　　　　　B. 法律合规性

C. 人员负责制　　　　　　　　　D. 安全文化

10. 为了实现资源协调，园林工程施工现场可以利用哪种信息化工具来跟踪材料的采购、交付和使用情况（　　　）？

A. 质量管理软件　　　　　　　　B. 设备管理软件

C. 采购管理软件　　　　　　　　D. 项目管理软件

11. 复核验收管理的主要目的是什么（　　　）？

A. 提高项目效益　　　　　　　　B. 最大程度保障工人安全

C. 保证工程质量达到预期标准　　D. 管理项目进度

12. 信息化工具在复核验收管理的应用中，（　　　）工具可用于识别质量和安全方面的趋势和问题。

A. 电子文件库　　　　　　　　　B. 移动应用程序

C. 数据分析工具　　　　　　　　D. 验收流程管理系统

二、简答题

1. 简述园林规划的主要内容和考虑因素。

2. 描述园林养护的主要任务和目的。

3. 简述园林土方工程施工的主要内容。

4. 园林工程项目单项工程和单位工程的划分有什么区别?

5. 项目信息化管理软件通常具备哪些特点?

6. BIM 技术在园林工程施工管理中的主要应用有哪些?

7. 简述信息化管理的基本方法中,数据处理的目的是什么。

8. 简述预算管理在园林工程建设中的作用是什么。

9. 简述园林工程施工现场利用数据分析的目的以及如何利用信息化工具进行数据分析。

2

项目 2　园林工程的施工准备

学习目标：了解园林工程施工前的准备工作。

掌握临时设施的类别。

学会阅读园林工程施工图。

能力目标：能够识别和解决园林工程施工准备工作中的潜在问题。

熟练识读施工图并按索引查找详图。

具备按图纸要求确定施工顺序的能力。

素质目标：具备组织和协调资源的能力。

具有工程项目管理的责任感。

具备独立思考和解决问题的能力。

【教学引例】

假如你是一家游乐园的场地负责人，你需要建造一个新的花园区域来吸引更多游客，你需要考虑这个花园的位置规划、设计、建造过程、材料选择以及后续的管理等方面。而这些都需要你具备相关的园林工程施工知识。那么，请你思考一下，在建造这个花园区域之前，你需要做哪些准备工作？在建造过程中，你要注意哪些安全和环保规定？及时解决哪些可能出现的问题？

2.1 施工准备工作

2.1.1 施工准备工作的重要性

园林工程建设是人们创造物质财富的同时创造精神财富的重要途径，园林建设发展到今天，其含义和范围有了全新拓展。园林工程总的程序按照决策（计划）、设计和施工三个阶段进行。施工阶段又分为施工准备、项目施工、竣工验收、养护与管理等。

2.1 施工准备工作概述

由此可见施工准备工作的基本任务是为拟建工程的施工提供必要的技术和物质条件，统筹安排施工力量和施工现场。同时施工准备工作还是工程建设顺利进行的根本保证。因此，认真做好施工准备工作对于发挥企业优势、实现资源的合理利用、加快施工进度、提高工程质量、降低工程成本、增加企业利润、赢得社会信誉以及实现企业管理现代化具有十分重要的意义。

实践证明，凡是重视施工准备工作，积极为拟建工程创造一切施工条件，项目的施工就会顺利进行；反之，就会给项目施工带来麻烦或不便，甚至造成不可挽回的损失。

2.1.2 施工准备工作的分类

1. 按范围不同分类

按工程项目施工准备工作的范围不同可分为：全场性施工准备、单位工程施工准备和分部分项工程施工准备。

（1）全场性施工准备是以整个施工工地为对象而进行的各项施工准备。其特点是施工准备工作的目的、内容都是为全场性施工服务的。它不仅要为全场性的施工活动创造条件，而且要兼顾单位工程施工条件的准备。

（2）单位工程施工准备是以一个建筑物构筑物或种植施工等为对象进行施工条件的准备工作。其特点是施工准备工作的目的、内容都是为单位工程施工服务的。它不仅为该单位工程的施工做好一切准备，而且要为分部分项工程做好施工准备工作。

（3）分部分项工程施工准备是以一个分部分项工程为对象而进行的作业条件准备。

2. 按施工阶段的不同分类

按拟建工程所处施工阶段的不同可分为：开工前的施工准备和各施工阶段前的施工准备。

（1）开工前的施工准备是在拟建工程正式开工之前所进行的一切施工准备工作。其目的是为拟建工程正式开工创造必要的施工条件。它既可能是全场性的施工准备，又可能是单位工程施工条件的准备。

（2）各施工阶段前的施工准备是拟建工程开工之后每个施工阶段正式开工之前所进行的一切施工准备工作。其目的是为施工阶段正式开工创造必要的施工条件。

综上所述，施工准备工作既要有阶段性，又要有连贯性，必须要有计划、有步骤、分期分阶段进行，要贯穿整个施工项目建造过程的始终。

2.1.3　施工准备工作的内容

1. 技术准备

技术准备是核心，因为任何技术的差错或隐患都可能引发人身安全和工程质量事故。

（1）熟悉并审查施工图纸和有关资料。园林建设工程在施工前应熟悉设计图纸的详细内容，以便掌握设计意图，确认现场状况，以便编制施工组织设计，为工程施工提供各项依据。在研究图纸时，需要特别注意的是特殊施工说明书的内容、施工方法、工期以及所确认的施工界限等。

（2）原始资料的调查分析。为了做好施工准备工作，除了要掌握有关拟建工程的书面资料外，还应该对拟建工程进行实地勘测和调查，获得第一手资料，这对拟定一个合理、切合实际的施工组织设计是非常必要的，因此应该做好以下两方面的调查分析：

1）自然条件的调查分析。自然条件主要包括工程区气候、土壤、水文、地质等，尤其是对于园林绿化工程，需要充分了解和掌握工程区域的自然条件。

2）技术经济条件的调查分析。内容包括地方建筑与园林施工企业的状况；施工现场的动迁状况；当地可利用的地方材料状况；建材、苗木供应状况；地方能源、运输状况；劳动力和技术水平状况；当地生活供应、教育和医疗状况；消防、治安状况以及参与施工单位的状况。

（3）编制施工图预算和施工预算。施工图预算应由施工单位按照施工图纸所确定的工程量、施工组织设计拟定的施工方法、建设工程预算定额和有关费用定额编制。施工图预算是建设单位和施工单位签订工程合同的主要依据，是拨付工程款和竣工决算的主要依据，是实行招标投标和建设包干的主要依据，也是施工单位制订施工计划、考核工程成本的依据。施工预算是施工单位内部编制的一种预算，是在施工图预算的控制下，结合施工组织设计中的平面布置、施工方法技术组织措施以及现场施工条件等因素编制而成的。

（4）编制施工组织设计。拟建工程应根据其规模、特点和建设单位要求，编制指导该工程施工全过程的施工组织设计。

2. 物资准备

园林建设工程的物资准备工作内容涉及材料和机具两方面，包括建筑材料准备、绿化材料准备、构（配）件和制品加工准备、模板脚手架以及施工机具和生产线设备准备等。

3. 劳动组织准备

（1）施工项目管理人员应是有实际工作经验的专业人员。

（2）有能进行现场施工指导的专业技术员。

（3）各工种应有熟练的技术工人，并应在进场前进行有关的入场教育。

2.2 施工技术、物资、施工组织准备

4. 施工现场准备

大中型的综合园林建设项目应做好完善的施工现场准备工作。

（1）根据给定的永久性坐标和高程，按照总平面图要求，进行施工场地的控制网测量，设置场区永久性控制测量标桩。

（2）确保施工现场水通、电通、道路畅通、通信畅通和场地清理。应按消防要求设置足够数量的消火栓。园林建设中的场地平整要因地制宜，合理利用竖向条件，既要便于施工，又要保留良好的地形景观。

根据现场准备的需求可分为以下几种情况：

1）三通一平：主要是通水、通电、通路，场地平整；

2）五通一平：在三通一平的基础上增加了通气、通信；

3）七通一平：主要在五通一平的基础上进行细化，再细分出通给水、通排水、通热力、通燃气，七通一平是一个比较完美的施工环境。

（3）在施工现场进一步寻找隐蔽物。对于城市园林建设工程，尤其要清楚地下管线的布局，以便及时拟定处理隐蔽物的方案和措施，为基础工程施工创造条件。

（4）建造临时设施。按照施工总平面图的布置建造临时设施，为正式开工准备好用于生产、办公、生活居住和储存等功能的临时用房。

（5）安装调试施工机具，根据施工机具需求计划按施工平面图要求组织施工机械设备和工具进场，按规定地点和方式存放，并应进行相应的保养和试运转等工作。

（6）组织施工材料进场。根据各项材料需求计划，组织其进场，按规定地点和方式存放。绿化材料一般随到随栽，不需提前进场。若进场后不能立即栽植的，要选择好假植地点和养护方式。

（7）其他。如做好冬雨期施工安排，保护树木等。

5. 施工场外协调

（1）材料选购加工和订货。根据各项材料需要量计划同生产制造单位取得联系，必要时签订供货合同，保证按时供应。绿化材料属非工业产品，一般要到苗木场选择符合设计要求的优质苗木。园林中特殊的景观材料，如山石等，需要事先根据设计需要进行选择备用。

（2）施工机具租赁或订购。对本单位缺少且需用的施工机具，应根据需要量计划同有关单位签订租赁合同或订购合同。

（3）选定分包单位，并签订合同，理顺分承包的关系，但应防止将整个工程全部转包的情况出现。

6. 季节施工准备

考虑到季节和气候的特点，根据夏天防洪、冬天防冻等不同季节的需要进行提早防范，做好施工准备，具体包括以下内容：

2.3 施工现场及季节性准备

（1）计划调整。根据不同季节的气候特点和环境因素，调整施工计划和进度。应合理安排工程进度，尽量避免高温、严寒、雨雪等恶劣天气对施工进程的影响。

（2）材料准备。应根据不同季节以及所在地区的气候特点，提前储备对应材料和设备，以便及时施工。

（3）施工方案修改。根据实际情况，针对不同季节的气候，如温度、湿度等因素，对施工方案进行修改和补充，调整施工流程和方法，确保施工质量。

（4）安全防护。应根据不同季节的气候特点，采取相应的安全防护措施，如在高温的季节，应做好防晒和供水等工作；在严寒的季节，应有防止滑倒的措施等。

（5）员工培训。在季节性施工前，应对员工进行相关培训和指导，使员工了解区别于其他季节施工的注意事项，提高员工的应变能力和安全意识。

（6）设备维护。根据不同季节的气候和环境特点，对使用的设备和机械进行保养和维护，以确保在季节性施工期间设备和机械高效、稳定运转。

2.1.4 施工准备的工作计划

为了落实各项施工准备工作，加强对其检查和监督，必须根据各项施工准备工作的内容、时间等编制施工准备工作计划，见表 2-1。

施工准备工作计划

表 2-1

序号	施工准备项目	简要内容	负责单位	起止时间		备注
				月　日	月　日	

综上所述，各项施工准备工作不是分离、孤立的，而是相互补充、配合的。为了提高施工准备工作的质量，加快施工准备工作的进度，必须加强建设单位、设计单位和施工单位之间的协调工作，建立健全施工准备工作的责任制度和检查制度，使施工准备工作有领导、有组织、有计划、分期分批进行，并贯穿施工全过程的始终。

2.2　临时设施的建造

为了满足工程项目施工需要，在工程正式开工之前，要按照工程项目施工准备工作计划的要求，建造相应的临时设施，为工程项目创造良好的施工条件。临时设施工程也叫暂设工程，在施工结束之后就要拆除，其投资有效时间是短暂的，因此在组织工程项目施工时，对暂设工程和大型临时设施的用途、数量和建造方式等要进行技术经济方面的可行性研究，要做到在满足施工需要的前提下，使其数量和造价最低。这对于降低工程成本和减少施工用地都是十分重要的。

1. 施工房屋设施

房屋设施一般包括工地加工厂、工地仓库、办公用房（含施工现场指挥部、项目部、财务室、传达室、车库等）以及居住生活用房等。

2. 工地运输

工地运输方式有铁路运输、水路运输、汽车运输和非机动车运输等。在园林施工中以汽车运输为主，所以需要修建能够承载运输车辆的临时道路。

3. 临时供水

临时供水通常是指在某些特定场合或地点需要临时提供水源的情况，例如建筑工地、露天活动、临时营地、应急情况等。需要根据用水的不同要求选择水源和确定用水量，铺设临时用水管道。供水的规划和实施应该由专业人员进行，并遵守当地法规和标准，以确保临时设施的供水得以满足并保持卫生安全。

4. 工地供电

在临时工地上，供电是至关重要的，必须得到妥善规划和管理，以确保工作能够高效进行，并且不会发生电气事故。专业的电气工程师应准确计算用电总量，选择电源，确定变压器和导线截面积并布置配电线路，负责规划和管理这些供电系统。

5. 临时通信设施

企业为了高效快捷获取信息，在一些大的施工现场都配备了固定电话、对讲机、电脑等设施。

2.3 园林工程施工图识读

2.3.1 园林工程施工图组成

园林工程施工图一般由封面、目录、说明、总平面图、建（构）筑物施工图、土方地形假山施工图、绿化种植施工图、地面铺装施工图、小品雕塑施工详图、给水排水施工图、照明电气施工图、材料表及材料附图等组成。当工程规模较大、较复杂时，可以把总平面图分成不同的分区，按分区绘制平面图、放线图、竖向设计施工图等。

2.3.2 园林工程施工图图纸目录的编排及设计说明

1. 图纸目录的编排

图纸目录中应包含：项目名称、设计时间、图纸序号、图纸名称、图号、图幅及备注等。园林工程施工图一般是按图纸内容的主次关系排列，基本图在前，详图在后；总体图在前，局部图在后；主要部分在前，次要部分在后；布置图在前，构件图在后；先施工的图在前，后施工的图在后。同一类型图纸有相同的图别，按照顺序进行顺次编号。

图纸编号时以专业为单位，各专业各自编排图号。对于大、中型项目，应以以下专业进行图纸编号：园林、种植、建筑小品、园林结构、给水排水、电气、植物表及材料附图等；对于小型项目，可采用以下专业进行图纸编号：园林、建筑小品及结构、给水排水、电气等。

为方便在施工过程中翻阅图纸，工程施工图分两部分，即总图及分部施工图。各部分图纸分别编号，每一专业图纸应该对图号统一标示，以方便查找。图纸图号标示方法如下：

总平面施工图缩写为"总施（ZS）"，图纸编号为 ZS。

建（构）筑物施工图缩写为"建施（JS）"，图纸编号为 JS。

地面铺装施工图缩写为"铺施（PS）"，图纸编号为 PS。

小品雕塑施工图缩写为"小施（XS）"，图纸编号为 XS。

土方地形假山施工图缩写为"土施（TS）"，图纸编号为 TS。

绿化种植施工图缩写为"绿施（LS）"，图纸编号为 LS。

给水排水施工图缩写为"水施（SS）"，图纸编号为 SS。

照明电气施工图缩写为"电施（DS）"，图纸编号为 DS。

2. 设计说明的内容

（1）设计依据及设计要求：应注明采用的标准图及其他设计依据。

（2）设计范围。

（3）标高及单位：应说明图纸文件中采用的标注单位，坐标为相对坐标还是绝对坐标，如为相对坐标，需说明采用的依据。

（4）材料选择及要求：对各部分材料的材质要求及建议，一般应说明的材料包括饰面材料、木材、钢材、防水疏水材料、种植土及铺装材料等。

（5）施工要求：强调需注意工种配合和对气候有要求的施工部分。

（6）指标：应包含总占地面积、绿地面积、道路面积、铺地面积、水体面积、园林建筑面积、绿化率及工程的估算总造价等。

2.3.3　详图索引

图样中的某一局部或构件，如需另见详图，应以索引符号索引。索引符号是由直径为 10mm 的圆和水平直径组成，圆和水平直径均应以细实线绘制。

索引符号按下列规定编写：

（1）索引出的详图如与被索引的详图同在一张图纸内，应在索引符号的上半圆中用阿拉伯数字注明该详图的编号，下半圆中间画一段水平细实线。如图 2-1（a）所示。

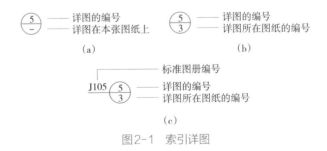

图2-1　索引详图

（2）索引出的详图如与被索引的详图不同在一张图纸内，应在索引符号的上半圆中用阿拉伯数字注明该详图的编号，在索引符号的下半圆中用阿拉伯数字注明该详图所在图纸的编号。数字较多时，可加文字标注。如图 2-1（b）所示。

（3）索引出的详图如采用标准图，应在索引符号水平直径的延长线上加注该标准图册的编号。如图 2-1（c）所示。

2.3.4　施工图中的代号

1. 结构图代号

（1）名称代号

@——相等中心距离的代号；

+——圆的代号；

L——长度的代号。

（2）数字代号

N——工字钢；

D——圆木；

d——直径；

g——钢板的直径；

b——宽度、钢板厚度；

h——高度；

r——数量。

2. 施工图中的代号

建筑结构的各种构件，如板、柱等种类繁多、布置复杂，为在图示时把各种构件简明扼要地表示在图纸上，可用构件代号来加以区别。常用构件的代号一般用构件名称汉语拼音第一个字母表示，见表 2-2。

3. 园林工程施工图内容

（1）总平面施工图内容

1）封面：包括工程名称、图纸编号、日期等基本信息。

2）图纸目录：列出所有图纸的名称、编号和页码。

3）设计说明：详细说明工程的设计原则、构思、背景和要求。

4）总平面图：展示整个园林工程的总体布局，包括建（构）筑物、道路、水体、植被等。

5）总平面放线图：提供地面和建筑物的坐标放线图。

常用构件代号 表 2-2

序号	名称	代号	序号	名称	代号	序号	名称	代号
1	板	B	14	屋面梁	WL	27	柱	Z
2	屋面板	WB	15	吊车梁	DL	28	基础	J
3	空心板	KB	16	圈梁	QL	29	柱间支撑	ZC
4	槽形板	CB	17	过梁	GL	30	垂直支撑	CC
5	折板	ZB	18	连系梁	LL	31	水平支撑	SC
6	密肋板	MB	19	基础梁	JL	32	梯	T
7	楼梯板	TB	20	楼梯梁	TL	33	雨篷	YP
8	盖板或沟盖板	GB	21	屋架	WJ	34	阳台	YT
9	挡雨板或檐口板	YB	22	托架	TJ	35	梁垫	LD
10	吊车安全走道板	DB	23	天窗架	CJ	36	预埋	M
11	墙板	QB	24	框架	KJ	37	天窗端壁	TD
12	天沟板	TGB	25	刚架	GJ	38	钢筋网	W
13	梁	L	26	支架	ZJ	39	钢筋骨架	G

6）竖向设计总平面图：示意工程不同高程的布局。

7）分区图：示意工程不同区域的划分。

8）分区平面图：展示各个分区内的建筑和植被布局。

9）分区平面放线图：提供各个分区的坐标放线图。

（2）分部施工图内容

1）封面：包括分部图纸的基本信息和封面图。

2）图纸目录：列出所有分部图纸的名称、编号和页码。

3）设计说明：详细描述分部的设计目标、原理和特殊要求。

4）建（构）筑物施工图：包括建筑和构筑物的平面图、立面图、剖面图、结构详图、给水排水图、照明电路图等。

5）地面铺装施工图：描述铺装细节和规格。

6）小品雕塑施工图：展示小品雕塑的施工细节和材料规格。

7）地形平面放线图：提供地形的坐标放线图。

8）绿化种植施工图：描述植物的种植位置和规格。

9）给水排水施工图：展示给水和排水系统的布局和细节。

10）照明电气施工图：描述照明和电气系统的布局和细节。

这些详细内容将有助于确保工程的各个方面都得到正确的施工和管理，以支持项目的成功实施。绘图比例可能根据具体项目而有所不同，通常在图纸上明确标示。

2.3.5 园林工程施工图纸阅读方法和步骤

要想熟练地识读施工图，除了掌握正投影原理，熟悉国家制图标准，了解图集的常用构造做法，掌握各专业施工图的用途、图示内容和表达方法外，还应经常深入施工现场，对照图纸观察实物，这样才能有效地培养识图能力。

1. 园林工程施工图纸阅读方法

在阅读整套施工图时，应按照"总体了解、顺序识读、前后对照、重点细读"的读图方法，才能够比较全面系统地读懂图纸。

（1）总体了解

一般是先看目录、总平面图和施工总说明，以大致了解工程的概况，如工程设计单位、建设单位，新建房屋的位置、周围环境、施工技术要求等。对照目录检查图纸是否齐全，采用了哪些标准图，并准备齐这些标准图。然后看建筑平面、立面、剖面图，大体上想象一下建筑物的立体形象及内部布置。

（2）顺序识读

在总体了解建筑物的情况以后，根据施工的先后顺序，从基础、墙体（或柱）、结构平面布置、建筑构造及装修的顺序，仔细阅读有关图纸。

（3）前后对照

读图时，要注意平面图、剖面图对照着读、建筑施工图和结构施工图对照着读、土建施工图与设备施工图对照着读。做到对整个工程施工情况及技术要求心中有数。

（4）重点细读

根据工种的不同，将专业施工图的重点仔细读一遍，并将遇到的问题记录下来，及时向设计部门反映。

2. 园林工程施工图纸阅读步骤

（1）了解园林工程整体概况

1）看标题栏及图纸目录：了解工程名称、项目内容、设计日期等。

2）看设计总说明：了解有关建设规模、经济技术指标和室内外的装修标准等。

3）看总平面图。

4）看立面图：大体了解园林工程整体形象、规模和装饰做法等。

5）看各分部工程平面图：本阶段是对整体工程的概况了解，只需了解各分部工程平面布局情况。

6）看剖面图：了解各分部工程的各部分施工标高、总高以及各部分之间的关系。

（2）深入识读

识读一张图纸时，一般应按由外向里、由大到小、由粗到细的顺序进行，还要注意交替看图样与说明，对照看有关图纸，重点看轴线及各种尺寸关系。

1）看平面图。

2）看剖面图，并与相应平面图对照。

3）看立面图。

（3）深入理解工程做法及构造详图

通过以上两阶段的读图，我们已经完整、详细地了解该工程，然后需再进一步深入了解细部构造，如台阶栏杆的做法、水池与防水的做法、喷泉的具体造型与做法等，为下一步详细计算工程量、确定工程造价、编制施工组织设计方案、进行材料准备等工作提供信息。

职业活动训练

【任务目标】

本任务旨在帮助学生在园林工程施工准备方面获得实际经验，提高他们的职业竞争力，并更好地理解课程中的概念和内容。学生需要根据任务单的指导完成各项任务，以取得相关的实际经验。

【任务1】

参观现场工地

1. 任务描述

教师带领学生实地参观一个园林工程施工准备的现场工地，以了解实际工程准备的过程和要素。

2. 任务步骤

（1）注意观察施工准备过程，包括文件、设备和人员的参与。

（2）记录观察结果，包括发现的关键步骤和程序。

（3）后续小组讨论，总结观察结果，提出问题和建议。

3. 提交要求

小组讨论报告，包括观察记录和讨论结果。

【任务 2】

施工准备文件分析

1. 任务描述

学生将分析园林工程施工准备文件，以了解每个文件的作用和重要性。

2. 任务步骤

（1）学生获取一份实际的施工准备文件，如施工计划、材料清单、预算等。

（2）分析文档的内容，了解每个文件在施工准备中的作用和关联。

（3）提交一份文档分析报告，包括对每个文件的评价和建议。

3. 提交要求

文档分析报告。

【思考与练习】

一、选择题

1. 按工程项目施工准备工作的范围不同，下面选项错误的是（　　　）。

A. 单位工程施工准备　　　　　　　　B. 分部分项工程施工准备

C. 全场性施工准备　　　　　　　　　D. 养护与管理准备

2. 下列关于施工准备工作的说法正确的是（　　　）。

A. 施工图预算是施工单位内部编制的一种预算

B. 劳动组织准备不需要专业技术员进行现场施工指导

C. 施工现场准备包括控制网测量、做好"三通一平"即可

D. 季节施工准备是园林建设项目中最不重要的准备工作

3. 下列关于施工现场准备的说法错误的是（　　　）。

A. 做好施工现场的补充勘探，对施工现场做补充勘探是为了进一步寻找隐蔽物

B. 建造临时设施，为正式开工准备好用于生产、办公、生活居住和储存等功能的临时用房

C. 安装调试施工机具不是施工现场准备的一部分

D. 施工现场准备不需要根据现场准备的需求进行分类

4. 根据上述内容，下列（　　　）不是临时设施类别。

A. 施工房屋设施　　　　　　　　B. 工地运输

C. 施工机械设备　　　　　　　　D. 工地供电

5. 在园林工程施工图中，（　　　）不是图纸目录中应包含的内容。

A. 项目名称　　　　　　　　　　B. 设计时间

C. 图纸尺寸　　　　　　　　　　D. 图纸序号

6. 在园林工程施工图中，（　　　）图纸的编号缩写为"LS"。

A. 土方地形假山施工图　　　　　B. 绿化种植施工图

C. 给水排水施工图　　　　　　　D. 照明电气施工图

7. 在阅读园林工程施工图纸时，为了了解各分部工程的施工标高及各部分之间的关系，应该查看（　　　）。

A. 总平面图　　　　　　　　　　B. 立面图

C. 分部工程平面图　　　　　　　D. 剖面图

8. 在阅读园林工程施工图纸时，应该注意采用（　　　）方法来识读图纸。

A. 由大到小看　　　　　　　　　B. 由外向里看

C. 由粗至细看　　　　　　　　　D. 所有选项都是

二、简答题

1. 请简要描述施工现场准备工作中的控制网测量的意义。

2. 为什么园林工程施工图要分成总图和分部施工图两部分？

3. 设计说明中的指标通常包括哪些内容？

4. 阅读园林工程施工图纸的基本方法是什么？

3

项目 3　园林土方工程

学习目标：了解园林土方工程的施工准备。

　　　　学会土方计算及土方施工调配。

　　　　掌握土方工程现场施工流程和工艺要求。

能力目标：能够进行土方工程的计算。

　　　　能够制定土方工程的施工流程和工艺要求。

　　　　具备检验和验收土方施工质量的能力。

素质目标：具备环保和资源节约的意识。

　　　　具有团队协作和沟通的能力。

　　　　具备安全意识和责任感。

【教学引例】

假设你是一名园林工程项目经理，负责一项名为"阳光公园改造工程"的项目。该项目旨在将阳光公园改建成一个现代化的休闲公园，提供更多娱乐和文化活动的场所。其中，土方工程是该项目的首要任务之一。阳光公园地区的地形不均匀，需要进行土方工程来平整场地，以容纳新的景观、道路和小品雕塑。需要规划和管理土方工程，确保按时完成，并在预算内。

【问题】

1. 如何计算阳光公园土方工程的土方量？
2. 哪些土方机械和设备最适合这个项目？
3. 如何制定土方工程的施工计划，包括时间表和资源分配？
4. 如何监控土方工程的进展以及如何应对可能的问题？

园林土方工程施工是园林工程施工过程中的一项重要工作，古人对园林土方施工就有"大凡园筑，必先动土"的描述。在园林建设中，第一项要进行的施工内容就是土方工程的施工，它涵盖的内容很广，如地形的整理和改造、场地平整、建筑物或者构筑物的基础、地下管线的敷设等。地形、地貌是整个园林的骨架，也是后续其他工程的基础，地形处理得正确与否直接影响其他工程的实施以及整个园林的景观，而且地形一经确定，再要改变则牵涉面广、困难大。故土方工程施工质量直接影响整个景观工程。

3.1　园林土方工程施工流程与施工准备

3.1.1　园林土方工程施工工艺流程

1. 施工种类及施工要求

常见的园林土方工程包括场地平整、挖湖堆山、微地形建造、基坑（槽）开挖、管沟开挖、路基开挖、填土、路基填筑以及基坑（槽）回填。要合理安排施工计划，尽量不要安排在雨期施工，同时为了降低土方工程施工费用，贯彻不占或少占农田和可耕地，并有利于改地造田的原则，做出土方的合理调配方案，统筹安排。

土方工程根据其使用期限和施工要求，可分为永久性和临时性两种，这两种都要求场地具有足够的稳定性和密实度，使工程质量和艺术造型符合原设计的要求。同时在施工中还要遵守相关技术规范和原设计的各项要求，以保证工程的稳定和持久。

2. 土的工程性质及工程分类

土的工程性质对土方工程的稳定性、施工方法、工程量及工程投资有很大影响，也关系着工程设计、施工技术和施工组织的安排。

（1）土的密度

土的密度是指单位体积内天然状况下的土的质量，单位为 kg/m^3，在同等地质条件下，密度小、土疏松；密度大、土坚实。土越坚实，挖掘越难。在土方工程中施工工艺和定额就是根据土的类别确定的。

（2）土的自然倾斜角（安息角）

土的自然堆积，经沉落稳定后的表面与地面所形成的夹角，就是土的自然倾斜角，以 α 表示，如图3-1所示。公式为 $\tan\alpha=h/L$。在土方施工中，挖掘和堆土必须考虑土的自然倾斜角的大小。为使工程稳定安全，边坡坡度应参考相应土的自然倾斜角的数值。另外，土的含水量对土的自然倾斜角影响较大。表3-1列出了不同含水量的土壤与土的自然倾斜角的关系，施工前应先测定土的含水量，以便确定工程措施。

不同含水量的土壤与土的自然倾斜角　　　　　　　　　　表3-1

土壤名称	土壤自然倾斜角（安息角）			土壤颗粒尺寸（mm）
	干土	潮土	湿土	
砾石	40°	40°	35°	2~20
卵石	35°	45°	25°	20~200
粗砂	30°	32°	27°	1~2
中砂	28°	35°	25°	0.5~1
细砂	25°	30°	20°	0.05~0.5
黏土	45°	35°	15°	0.001~0.005
壤土	50°	40°	30°	—
腐殖土	40°	35°	25°	—

对于土方施工，稳定性最重要，所以无论挖方或填方都需要有稳定的边坡。土方工程施工时，应结合工程本身的要求（如填方或挖方、永久性或临时性工程）和当地的具体条件（如土的种类、分层情况及压力情况等）使挖方或填方的坡度合乎工程技术规范的要求，如果技术指标不在规范之内，则需进行实地勘测来决定。边坡坡度是指边坡的

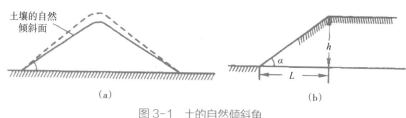

图 3-1　土的自然倾斜角

(a) 土的自然倾斜角；(b) 土的自然倾斜角公式

高度（h）和水平间距（L）的比，习惯用 $1:m$ 表示，m 是坡度系数。$1:m=1:L/h$，故坡度系数是边坡坡度的倒数。例如，边坡坡度为 $1:2$ 的边坡，也可以叫作坡度系数 m 为 2 的边坡。在填方或挖方时，应考虑各层分布的土的性质以及同一土层中土所受压力的变化，根据其压力变化采取相应的边坡坡度。堆土山时坡度由小到大、由下至上逐层堆筑，既符合工程原理，也体现了山的自然形态。各类土在挖填施工时的边坡坡度规定，如对永久性土方工程，其挖方和填方的边坡坡度见表 3-2 和表 3-3。深度在 5m 之内的基坑（槽）和管沟边坡的最大坡度（不加支撑）见表 3-4。临时性填方的边坡坡度见表 3-5。施工中如无支撑和加固措施，边坡坡度不允许突破规定。边坡坡度应根据土质条件、开

永久性土挖方的边坡坡度　　　表 3-2

项次	挖土性质	边坡坡度
1	在天然湿度、层理均匀、不易膨胀的黏土、粉质黏土和砂土（不包括细砂、粉砂）内挖方深度不超过 3m	$1:1.00\sim1:1.25$
2	土质同上，深度为 3~12m	$1:1.25\sim1:1.50$
3	干燥地区内土质结构未经破坏的干燥黄土及类黄土，深度不超过 12m	$1:0.10\sim1:1.25$
4	在碎石土和泥灰岩土的地方，深度不超过 12m，根据土的性质、层理特性和挖方深度确定	$1:0.50\sim1:1.50$
5	在风化岩内的挖方，根据岩石性质、风化程度、层理特性和挖方深度确定	$1:0.20\sim1:1.50$

永久性土填方的边坡坡度　　　表 3-3

序号	土的类型	填方高度 /m	边坡坡度
1	黏土、粉土	6	$1:1.5$
2	砂质黏土、泥灰岩土	6~7	$1:1.5$
3	黏质砂土、细砂	6~8	$1:1.5$
4	中砂和粗砂	10	$1:1.5$
5	砾石和碎石块	10~12	$1:1.5$
6	易风化的岩石	12	$1:1.5$

深度在 5m 之内的基坑（槽）和管沟边坡的最大坡度（不加支撑） 表 3-4

土的种类	边坡坡度（高∶宽）		
	坡顶无荷载	坡顶有静载	坡顶有动载
中密的砂土	1∶1.00	1∶1.25	1∶1.50
中密的碎石类土（充填物为砂土）	1∶0.75	1∶1.00	1∶1.25
硬塑的粉土	1∶0.67	1∶0.75	1∶1.00
中密的碎石类土（充填物为黏性土）	1∶0.50	1∶0.67	1∶0.75
硬塑的粉质黏土、黏土	1∶0.33	1∶0.50	1∶0.67
老黄土	1∶0.10	1∶0.25	1∶0.33
软土（经井点降水后）	1∶1.00	—	—

临时性填方的边坡坡度 表 3-5

序号	土的类型	填方高度 /m	边坡坡度
1	砾石土和粗砂土	12	1∶1.25
2	天然湿度的黏土、砂质黏土和砂土	8	1∶1.25
3	大石块	6	1∶0.75
4	大石块（平整）	5	1∶0.5
5	黄土	3	1∶1.5
6	易风化的岩石	12	1∶1.5

挖深度、填筑高度、地下水位、施工方法、工期长短以及附近堆土因素确定，以确保工程质量和安全。

土的含水量是指土的空隙中的水重和土的颗粒重的比值。土的含水量在 5% 以内称为干土，5%~30% 的称为潮土，大于 30% 的称为湿土。土的含水量的多少直接影响土方施工的难易。如果土的含水量过少，土质过于坚实，就不易挖掘；如果土的含水量过大，土泥泞，也不利于施工，而且会降低人工或机械施工的工效。以黏土为例，当含水量为 5%~30% 时最容易挖掘，如果含水量过大，土的本身的性质就会发生很大的变化，并且会丧失稳定性，此时无论是填方或挖方，土的坡度都会显著下降，因而含水量过大的土不宜做回填土。

（3）土的相对密实度

土的相对密实度是表示土壤实际密度与其最大可能密度之间关系的一个指标，通常以百分比形式表示。相对密实度通常用符号 D_r 表示，其计算公式如下：

$$D_r= 实际体积密度 / 最大可能体积密度 \times 100\%$$ （3-1）

式中，实际体积密度——土壤的实际密度，通常以 g/cm^3 或 kg/m^3 为单位表示。

最大可能体积密度——相同种类的土壤在最紧密堆积情况下的体积密度，通常以 g/cm³ 或 kg/m³ 为单位表示。

相对密实度的计算结果可以帮助工程师和地质学家评估土壤的工程性质，如承载力、水分渗透性等。常用的相对密实度分类包括：0%~15%，非常松散；15%~35%，松散；35%~65%，中等密实；65%~85%，密实；85%~100%，非常密实。它衡量了土壤的密实程度，即土壤颗粒之间的间隙充满了多少空气或水。在填方工程中，土的相对密实度是检查土方施工中密实度的重要指标，为了使土方填筑达到设计要求，施工中采用人工夯实或机械夯实。现多采用机械夯实，其密实度可达到 95%，人工夯实的密实度在 87% 左右。大面积填方（如堆山）时，通常不加以夯实，而是借助土的自重慢慢沉落，久而久之也可达到一定的密实度。另外，堆山时设计好运土路线，靠运土机械的碾压，也会使土达到一定的密实度。

（4）土的可松性

土的可松性是指土经挖掘后，其原有的紧密结构遭到破坏，土体松散导致体积增加的性质。这一性质与土方工程量的计算以及工程运输都有很大的关系。土方工程量是用自然状态的体积来计算的，因此在土方调配、计算土方机械生产率及运输工具数量等时，必须考虑土的可松性。土壤可松性用可松性系数来表示。各级土的可松性系数见表 3-6。

各级土的可松性系数　　　　　　　　　　表 3-6

序号	土的类别		体积增加百分比（%）		可松性系数	
			最初	最终	最初（K_s）	最终（K'_s）
1	一类土	种植土除外	8~17	1~2.5	1.08~1.17	1.01~1.03
		种植土，泥炭	20~30	3~4	1.20~1.30	1.03~1.04
2	二类土	普通土	14~24	1.5~5	1.14~1.28	1.02~1.05
3	三类土	坚土	24~30	4~7	1.24~1.30	1.04~1.07
4	四类土	泥炭岩、蛋白石除外	26~32	69	1.26~1.32	1.06~1.09
		泥炭岩、蛋白石	33~37	11~15	1.33~1.37	1.11~1.15
5	五类土	软石	30~45	10~20	1.30~1.45	1.10~1.20
6	六类土	次坚石	30~45	10~20	1.30~1.45	1.10~1.20
7	七类土	坚石	30~45	10~20	1.30~1.45	1.10~1.20
8	八类土	特坚石	45~50	20~30	1.45~1.50	1.20~1.30

最初可松性系数和最终可松性系数用下式计算。

$$K_s = V_2/V_1, \quad K'_s = V_3/V_1 \tag{3-2}$$

式中，K_s——土的最初可松性系数；

$\quad K_s'$——土的最终可松性系数；

$\quad V_1$——土在天然状态下的体积（m^3）；

$\quad V_2$——土在松散态下的体积（m^3）；

$\quad V_3$——土经压实后的体积（m^3）。

可松性与土方的平衡调配、场地平整土方量的计算、基坑（槽）开挖后的留弃土方量计算以及确定土方运输工具数量等都有着密切的关系。

（5）土的工程分类

土的分类方法有很多，而在实际工作中，常以园林工程预算定额中的土方工程部分的土方分类为准。《建筑工程统一劳动定额：安装工程》中，将土分为八类（表3-7）。按土石坚硬程度和开挖方法及使用工具不同，选择合适的施工机具、确定施工工艺和确定工作量、劳动定额和工程取费。

土的工程分类

表 3-7

土的分类	土的级别	土的名称	坚实系数	密度（kg/m³）	开挖方法及工具
一类土 （松软土）	I	砂土、粉土、冲积砂土层；疏松的种植土、淤泥（泥炭）	0.5~0.6	600~1500	用锹、锄头挖掘，少许用脚蹬
二类土 （普通土）	II	粉质黏土；潮湿的黄土；夹有碎石、卵石的砂土；粉质混卵（碎）石；种植土、填土	0.6~0.8	1100~1600	用锹、锄头挖掘，少许用镐翻松
三类土 （坚土）	III	软及中等密实黏土；重粉质黏土、砾石土；干黄土、含有碎石卵石的黄土、粉质黏土、压实的填土	0.8~1.0	1750~1900	主要用镐，少许用锹、锄头挖掘，部分用撬棍
四类土 （砂砾坚土）	IV	坚硬密实的黏性土或黄土；含碎石、卵石的中等密实黏性土或黄土；粗卵石；天然级配砾石；软泥灰岩	1.0~1.5	1900	整个先用镐、撬棍，后用锹挖掘，部分用楔子及大锤
五类土 （软石）	V~VI	硬质黏土；中密的页岩、泥灰岩、白垩土；胶结不紧的砾岩；软石灰岩及贝壳石灰岩	1.5~4.0	1100~2700	用镐或撬棍、大锤挖掘，部分使用爆破方法
六类土 （次坚石）	VII~IX	泥岩、砂岩、砾岩；坚实的页岩、泥灰岩；密实的石灰岩；风化花岗岩、片麻岩及正长岩	4.0~10.0	2200~2900	用爆破方法开挖，部分用镐
七类土 （坚石）	X~XIII	大理岩、辉绿岩；玢岩；粗、中粒花岗岩；坚实的白云岩、砂岩、砾岩、片麻岩、石灰岩；微风化安山岩、玄武岩	10.0~18.0	2500~3100	用爆破方法开挖
八类土 （特坚石）	XIV~XVI	安山岩、玄武岩；花岗片麻岩；坚实的细粒花岗岩、闪长岩、石英岩、辉长岩、辉绿岩、玢岩、角闪岩	18.0~25.0以上	2700~3300	用爆破方法开挖

注：V~XVI均为岩石类。

3. 园林土方工程施工流程

由于园林工程项目各种施工要素不一样，在编制时应有差异性，表现出施工管理的现场特点。施工流程需根据施工图识读结果，按土方工程施工内容、施工要求和现场条件制定。不同的地质条件和施工图设计不同，其施工流程有很大差别，要认真分析这些情况，安排施工流程。

（1）场地平整施工流程

园林工程中的场地平整施工是确保园地表面平坦、符合设计要求的重要步骤之一。

其施工流程是：现场勘察→清理场地障碍物→标定整平范围→设置水准基点→设置方格网、测量标高→计算土方挖填工程量→平整土方→场地碾压→验收。

（2）地形建造施工流程

园林地形建造分为挖湖堆山和微地形建造两种类型，挖湖堆山主要用于规模较大的公园和绿地，挖湖的土直接用于堆山和地形创造。

其施工流程是：标定湖、山范围→表土开挖留用→地形放线、设立标高桩→计算土方挖填工程量→挖土堆山→湖岸、湖底修整→表土覆盖山体→山体修整→湖底、山体夯实碾压→验收。

微地形创造是在规模较小的空间中，由于地势较平坦、排水不畅，为了给植物的生长、排水创造条件，同时充分利用场地内的挖土而采用的一种地形建造的方式。

其施工流程是：地形放线→土方挖运→地形修整→碾压→验收。

（3）基坑（槽）、管沟开挖施工流程

园林工程中建筑物、构筑物、给水排水管道、排水明沟、暗沟、供电电缆的埋设等施工均涉及基坑（槽）、管沟的开挖，是园林工程常见的挖土施工。

其施工流程是：确认开挖顺序→确定边坡坡度→放线→沿灰线切出坑（槽）边轮廓线→分层开挖→修整坑（槽）边→清底→验收。

（4）路槽开挖施工流程

园路路槽开挖是修建园路的首要工程。

其施工流程是：清理障碍物→路槽放线、设置标桩→分层开挖→修整槽边→槽底夯实→槽底平整碾压→验收。

（5）路基填筑和施工流程

园路修建遇到低洼地段时要抬高路基，以免水的浸泡使其降低使用寿命。由于路基抬高会导致排水受到阻碍，因此，填筑路基时还要考虑修桥或设置涵洞的施工要求。

其施工流程是：清理障碍物→准备路基材料→确定路基边坡→放线、设置标桩、确定桥涵位置、桥涵基础施工→分层填筑→分层碾压→路基平整压实→验收。

（6）园林土方回填施工流程

园林土方回填主要涉及园林建筑基坑（槽）或管沟回填、室内地坪回填等。地下设施工程（如地下结构物、沟渠、管线沟等）的两侧或四周及上部的回填土，应先对地下工程进行各项检查，办理验收手续后方可回填。

其施工流程是：上一工序验收→分层填土→分层→压实→平整→验收。

4. 工程填土与压实方法

（1）人工填土主要用手推车；机械填土主要用推土机填土、铲运机填土、汽车填土。

（2）压实方法一般有碾压法、夯实法、振动压实法以及利用运土工具压实。对于大面积填土工程，多采用碾压法和运土工具压实；较小面积的填土工程，则宜用夯实法进行压实。

3.1.2 园林土方工程施工准备工作

土方工程施工的准备工作主要包括清理场地、排水和定点放线，以便为后续土方工程施工工作提供必要的场地条件和施工依据。准备工作做得好坏，直接影响着工效和工程质量。

1. 清理场地

在施工地范围内，凡有碍工程的开展或影响工程稳定的地面物或地下物都应该清理，例如按设计未予保留的树木、废旧建筑物或地下构筑物等。

凡土方开挖深度不大于 50cm 或填方高度较小的土方施工，现场及排水沟中的树木必须连根拔除。直径在 50cm 以上的大树墩可用推土机或用爆破方法清除。建筑物、构筑物基础下土方中不得混有树根、树枝、草及落叶。建筑物或地下构筑物的拆除根据建筑物或地下构筑物的结构特点采取适宜的施工方法，并遵照《建筑施工安全技术规范》ZBBZH/GJ 12 的规定进行操作。

施工前做好施工场地地下管线的清查工作，以免造成管线损伤，发生事故。施工过程中如发现其他管线或异常物体时，应立即请有关部门协同查清。未搞清前不可施工，以免发生危险或造成其他损失。

2. 排水

地面水排除：在施工前，根据施工区地形特点在场地内及其周围挖排水沟，并防止场地外的水流入。在低洼处或挖湖施工时，除挖好排水沟外，必要时还应加筑围堰或设防水堤。另外，在施工区域内考虑临时排水设施时，应注意与原排水方式相适应，并尽量与永久性排水设施相结合。为了排水通畅，排水沟的纵坡不应小于 0.2%，沟的边坡值取 1 ：1.5，沟底宽及沟深不小于 50cm。

地下水排除：园林土方施工中多用明沟，将水引至集水井，再用水泵抽走。一般按排水面积和地下水位的高低来安排排水系统，先定出主干渠和集水井的位置，再定支渠的位置和数目，土的含水量大、要求排水迅速的，支渠分支应密些，其间距按 1~5m 排布，反之可疏些。

在挖湖施工中，排水明沟应深于水体挖深。沟可一次挖到底，也可依施工情况分层下挖，采用哪种方式可根据出土方向决定。

3. 定点放线

清场之后，为了确定施工范围及挖土或填土的标高，应按设计图纸的要求，用测量仪器在施工现场进行定点放线工作，这一步工作很重要。为使施工充分表达设计意图，测设时应尽量精确。

（1）平整场地的放线

用经纬仪或红外线全站仪将图纸上的方格网测设到地面上，并在每个方格网交点处设立木桩，边界木桩的数目和位置依图纸要求设置。木桩上应标记桩号（取施工图纸上方格网交点的编号）和施工标高（挖土用"+"号，填土用"−"）。木桩规格为 5cm × 5cm × 40cm，下端砍尖。

（2）自然地形的放线（如挖湖堆山等）

同样将施工图纸上的方格网测设到地面上，然后将堆山或挖湖的边界线以及各条设计等高线与方格线的交点，标到地面上并打桩（对于等高线的某些弯曲段或设计地形较复杂、要求较高的局部地段，应附加标高桩或者缩小方格网边长而另设方格控制网，以保证施工质量），木桩上也要标明桩号及施工标高。

堆山时由于土层不断升高，木桩可能被埋没，所以桩的长度应大于每层填土的高度，山土不高于 5m 的，可以用长竹竿做标高桩。在桩上标出每层的标高，不同层用不同颜色标志，以便识别。水体放线挖湖工程的放线工作与堆山基本相同，但由于水体挖深一般较一致，而且池底常年隐没在水下，放线可以粗放些，岸线和岸坡的定点放线应准确，这不仅因为它是水上造景部分，而且和水体岸坡的工程稳定有很大关系。为了精确施工，可以用边坡板控制边坡坡度。

沟槽开挖放线：开挖沟槽时，若用打桩放线的方法，在施工中木桩易被移动，从而影响了校核工作，所以应使用龙门板。每隔 30~100m 设龙门板一块，其间距视沟渠纵坡的变化情况而定。板上应标明沟渠中心线位置、沟上口和沟底的宽度等。板上还要设坡度板，用坡度板来控制沟渠纵坡。

上述各项准备工作以及土方工程施工一般按先后顺序进行，但有时要穿插进行。例如，在土方工程施工过程中，可能会发现新的地下异常物体需要处理；施工时会碰上新的降水；桩线可能被破坏或移位等。

4. 园林土方工程施工准备具体操作技巧

（1）人工挖土施工准备工作

1）施工机具准备：人工挖土主要机具有铁锹（尖、平头两种）、手锤、手推车、梯子、铁镐、撬棍、钢尺、坡度尺、白线绳或 20 号铅丝等。

2）作业条件准备：

①土方开挖前，应摸清地下管线等障碍物，并应根据施工方案的要求，将施工区域内的地上、地下障碍物清除和处理完毕。

②建筑物或构筑物的位置或场地的定位控制线（桩）、标准水平桩及基槽的灰线尺寸必须经过检验合格，并办完预检手续。

③场地表面要清理平整，做好排水坡度，在施工区域内要挖临时性排水沟。

④夜间施工时，应合理安排工序，防止错挖或超挖。施工场地应根据需要安装照明设施，在危险地段应设置明显标志。

⑤开挖低于地下水位的基坑（槽）、管沟时，应根据当地工程地质资料，采取措施降低地下水位，一般要降至低于开挖底面的 50cm，然后再开挖。

⑥熟悉图纸，做好技术交底。

（2）机械挖土施工准备工作

1）施工机械进入现场所经过的道路、桥梁和卸车设施等，应事先检查，必要时要进行加固或加宽等准备工作。

2）选择土方机械，应根据施工区域的地形与作业条件、土的类别与厚度、总工程量和工期综合考虑。

3）施工区域运行路线的布置，应根据作业区域工程的大小、机械性能、运距和地形起伏等情况加以确定。

4）在机械施工无法作业的部位和修整边坡坡度、清理槽底等工作，均应配备人工进行作业。

5）熟悉图纸，做好技术交底。

5. 人工回填土施工准备工作

（1）材料及主要机具准备

宜优先利用基槽中挖出的土，但不得含有有机杂质。使用前应过筛，其粒径不大于 50mm，含水率应符合规定。主要机具有蛙式或柴油打夯机、手推车、筛子（孔径 40~60mm）、木耙、铁锹（尖头与平头）、2m 靠尺、胶皮管、白线绳和木折尺等。

（2）作业条件准备

1）回填前应对基础、箱形基础墙或地下防水层、保护层等进行检查验收，并且要办好隐检手续，其基础混凝土强度应达到规定的要求，方可进行回填土。

2）房心和管沟的回填，应在完成上下水、煤气的管道安装和管沟墙间加固后再进行，并将沟槽、地坪上的积水和有机物等清理干净。

3）施工前，应做好水平标志，以控制回填土的高度或厚度。如在基坑（槽）或管沟边坡上，每隔3m钉上水平板；室内和散水的边墙上弹上水平线或在地坪上钉上标高控制木桩。

6.机械回填土施工准备工作

（1）材料准备

碎石类土、砂土（使用细砂、粉砂时应取得设计单位同意）和爆破石渣，可用作表层以下填料。其最大粒径不得超过每层铺填厚度的2/3或3/4（使用振动碾时），含水率应符合规定。

凡用黏性土的，黏性土含水率必须达到设计控制范围方可使用。另外，盐渍土一般不可使用。

（2）主要机具准备

1）装运土方机械有铲土机、自卸汽车、推土机、铲运机及翻斗车等。

2）碾压机械有平碾、羊足碾和振动碾、蛙式或柴油打夯机等。

3）一般机具有手推车、铁锹（平头或尖头）、2m钢尺、20号铅丝、胶皮管等。

（3）作业条件准备

1）施工前应根据工程特点、填方土料种类、密实度要求、施工条件等，合理地确定填方土料含水量控制范围、虚铺厚度和压实遍数等参数；重要回填土方工程，其参数应通过压实试验来确定。

2）填土前应对填方基底和已完工程进行检查和中间验收，合格后要做好隐检和验收手续。

3）施工前，应做好水平高程标志布置。如大型基坑或沟边上每隔1m钉上水平桩橛或在邻近的固定建筑物上抄上标准高程点。大面积场地上或地坪每隔一定距离钉上水平桩。

4）土方机械、车辆的行走路线，应事先检查，必要时要进行加固加宽等准备工作。

3.2 园林土方工程施工现场组织

3.2.1 土方工程施工技术要点

施工方法的选用要根据场地条件、工程量和当地施工条件决定。在土方规模较大、较集中的工程中，采用机械化施工较经济；但对工程量不大、施工点较分散的工程或因受场地限制，不便采用机械施工的地段，应该用人力施工或机械结合人力施工。

1. 基本施工技术要点

（1）土方开挖

1）人力施工

人力施工应组织好劳动力，而且要注意施工安全和保证工程质量。施工过程中应注意以下几方面：

①施工人员要有足够的工作面，以免互相碰撞，发生危险。一般平均每人应有 $4\sim6m^2$ 的作业面面积。

②开挖土方附近不得有重物和易坍落物体。

③随时注意观察土质情况，符合挖方边坡要求。垂直下挖超过规定深度时，必须设支撑板支撑。

④土壁下不得向里挖土，以防坍塌。

⑤在坡上或坡顶施工者，不得随意向坡下滚落重物。

⑥按设计要求施工，施工过程中应注意保护定位标准桩、轴线引桩、标准水准点、基桩、龙门板或标高桩。挖运土时不得碰撞，也不得坐在龙门板上休息。经常测量和校核其平面位置、水平标高及边坡坡度是否符合设计要求。定位标准桩和标准水准点，也应定期复测检查是否正确。

⑦土方开挖时，应防止邻近已有建筑物或构筑物、道路、管线等发生下沉或变形。必要时，与设计单位或建设单位协商采取防护措施，并在施工中进行沉降和位移观测。

⑧施工中如发现有文物或古墓等，应妥善保护，并立即报请当地有关部门处理，方可继续施工。如发现有测量用的永久性标桩或地质、地震部门设置的长期观测点等，应加以保护。在敷设地上或地下管道、电缆的地段进行土方施工时，应事先取得有关管理部门的书面同意，施工中应采取措施，以防损坏管线。

⑨遵守其他施工操作规范和安全技术要求。

2）机械施工

土方施工中推土机应用较广泛，例如，在挖掘水体时，用推土机推挖，将土堆至水体四周，再运走或堆置地形，最后岸坡再用人工修整，如图3-2所示。

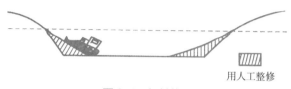

用人工整修

图 3-2　机械施工

用推土机挖湖堆山，效率很高，但必须注意以下几点：

①推土机操作人员应读懂施工图并了解施工对象的情况，如施工地段的原地形情况和设计地形特点，最好结合模型了解。另外施工前还要了解实地定点放线情况，如桩位、施工标高等，这样施工时操作人员心中有数，能得心应手地按设计意图塑造设计地形，这对提高工效有很大帮助，在修饰地形时便可节省许多人力物力。

②注意保护表土。在挖湖堆山时，先用推土机将施工地段的表层熟土（耕作层）推到施工场地外围，待地形整理完成，再把表土铺回来。这对园林植物的生长有利，人力施工地段有条件的也应当这样做。

③为防止木桩受到破坏并有效指引推土机操作人员，木桩应加高或做醒目标志，放线也要明显；同时施工人员要经常到现场校核桩点和放线，以免挖错（或堆错）位置。

（2）土方运输

按土方调配方案组织劳力、机械和运输路线，卸土地点要明确。应有专人指挥，避免乱堆乱卸。

（3）土方填筑

填土应满足工程的质量要求，土壤质量需据填方用途和要求加以选择。土方调配方案不能满足实际需要时应予以重新调整。

1）大面积填方应分层填筑，一般每层厚30~50cm，并应层层压实。

2）斜坡上填土，为防止新填土方滑落，应先将土坡挖成台阶状，然后再填土，这样有利于新旧土方的结合，使填方稳定（图3-3）。

3）土山填筑时，土方的运输路线应以设计的山头及山脊走向为依据，并结合来土方向进行安排。一般以环形线为宜，车辆或人满载上山，土卸在路两侧，空载的车（人）沿路线继续前行下山，车（人）不走回头路、不交叉穿行［图3-4（a）］。随着不断地卸

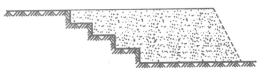

图3-3 斜坡填土

(a)　　　　　　(b)

图3-4 堆山路线组织示意

土，山势逐渐升高，运土路线也随之升高，这样既组织了车（人）流，又使山体分层上升，部分土方边卸边压实，有利于山体稳定，山体表面也较自然。如果土源有几个来向，运土路线可根据地形特点安排几个小环路［图3-4（b）］，小环路的布置安排应互不干扰。

4）填筑施工应注意如下问题：

①施工时，对定位标准桩、轴线引桩、标准水准点、龙门板等，运填土时不得撞碰，也不得在龙门板上休息，并应定期复测和检查这些标准桩点是否正确。

②夜间施工时，应合理安排施工顺序，设有足够的照明设施，防止铺填超厚，严禁汽车直接倒土入槽。

③基础或管沟的现浇混凝土应达到一定强度，不致因填土而受损坏时，方可回填。

④管沟中的管线，基槽内从建筑物伸出的各种管线，均应妥善保护后，再按规定回填。

⑤填土的含水量对压实质量有直接影响。每种土都有其最佳含水量，土在这种含水量条件下，压实后可以获得最大相对密实度。为了保证填土在压实过程中处于最佳含水量，当土过湿时，应予翻松晾干，也可掺不同类土或吸水性填料；当土过干时，则应洒水湿润后再行压实。尤其是作为建筑、广场道路、驳岸等基础对压实要求较高的填土场合，更应注意这个问题。

土的最佳含水量：粗砂（8%~10%）、细砂和黏质砂土（10%~15%）、砂质黏土（6%~22%）、黏土质砂质黏土和黏土（20%~30%）、重黏土（30%~35%）。土料不得碰坏。

（4）土方压实

在压实过程中应注意以下几点：

①压实工作必须分层进行。每层的厚度要根据压实机械、土的性质和含水量来决定。

②压实工作要注意均匀。

③松土不宜用重型碾压机械直接滚压，否则土层会有强烈起伏现象，效率不高。如先用轻碾压实，再用重碾压实会取得较好效果。

④压实工作应自边缘开始逐渐向中间收拢，否则边缘土方易外挤引起坍落。

土方工程施工面较宽、工程量大、工期较长，因此施工组织工作很重要。大规模的工程应根据施工力量、工期要求和条件决定，工程可全面铺开，也可分期进行。施工现场要有专人指挥调度，各项工作要有专人负责，以确保工程按计划完成。

2. 园林建筑基坑（槽）和管沟的开挖

（1）机械施工要求

土方工程施工机械的种类繁多，有推土机、铲运机、平土机、松土机、单斗挖土机及多斗挖土机和各种碾压、夯实机械等。而在园林建筑工程施工中，尤以推土机、铲运机和单斗挖土机应用最广。

施工原则：开挖基坑（槽）按规定的尺寸合理确定开挖顺序和分层开挖深度，连续施工，尽快完成。因土方开挖施工要求标高、断面准确，土体应有足够的强度和稳定性，所以在开挖过程中要随时注意检查。挖出的土除预留一部分用作回填外，不得在场地内任意堆放，应把多余的土运到弃土地区，以免妨碍施工。为防止坑壁滑坡，根据土质情况及坑（槽）深度，在坑顶两边一定距离（一般为 1.0m）内不得堆放弃土，在此距离外堆土高度不得超过 1.5m，否则，应验算边坡的稳定性。

在桩基周围、墙基或围墙一侧，不得堆土过高。在坑边放置有动载的机械设备时，也应根据验算结果，离开坑边较远距离，如地质条件不好，还应采取加固措施。为了防止基底土（特别是软土）受到浸水或其他原因的扰动，基坑（槽）挖好后，应立即做垫层或浇筑基础，否则，挖土时应在基底标高以上保留 150~300mm 厚的土层，待基础施工时再行挖去。

为防止基底土被扰动，结构被破坏，不应直接挖到坑（槽）底，应根据机械种类，在基底标高以上留出 200~300mm，待基础施工前用人工铲平修整。挖土不得挖至基坑（槽）的设计标高以下，如个别处超挖，应用与基土相同的土料填补，并夯实到要求的密实度。如用原土填补不能达到要求的密实度时，应用碎石类土填补，并仔细夯实。重要部位如被超挖时，可用低强度等级的混凝土填补。

采用推土机开挖大型基坑（槽）时，一般应从两端或顶端开始（纵向）推土，把土推向中部或顶端，暂时堆积，然后再横向将土推离基坑（槽）的两侧。

采用铲运机开挖大型基坑（槽）时，应纵向分行、分层按照坡度线向下铲挖，但每层的中心线地段应比两边稍高一些，以防积水。

采用反铲、拉铲挖土机开挖基坑（槽）或管沟时，其施工方法有两种：一是端头挖土法，挖土机从基坑（槽）或管沟的端头以倒退行驶的方法进行开挖，自卸汽车配置在挖土机的两侧装运土；二是侧向挖土法，挖土机一面沿着基坑（槽）或管沟的一侧移动，自卸汽车在另一侧装运土。

挖土机沿挖方边缘移动时，机械距离边坡上缘的宽度不得小于基坑（槽）或管沟深度的 1/2。如挖土深度超过 5m 时，应按专业性施工方案来确定。

土方开挖宜从上到下分层分段依次进行，做成一定坡度，以利泄水。

在开挖过程中，应随时检查槽壁和边坡的状态。深度大于 1.5m 时，根据土质变化情况，应做好基坑（槽）或管沟的支撑准备，以防坍陷。

开挖基坑（槽）和管沟不得挖至设计标高以下，如不能准确地挖至设计基底标高，可在设计标高以上暂留一层土不挖，以便在找平后，由人工挖出。

暂留土层：一般铲运机、推土机挖土时，以 20cm 左右为宜；挖土机用反铲、正铲和拉铲挖土时，以 30cm 左右为宜。

机械施工挖不到的土方，应配合人工随时进行挖掘，并用手推车把土运到机械挖到的地方，以便及时用机械挖走。

修帮和清底：在距槽底设计标高 50cm 槽帮处，划出水平线，钉上小木橛，然后用人工将暂留土层挖走。同时由两端轴线（中心线）引桩拉通线（用小线或铅丝），检查距槽边尺寸，确定槽宽标准，以此修整槽边。最后清除槽底土方。

槽底修理铲平后，进行质量检查验收。

开挖基坑（槽）的土方，在场地有条件堆放时，一定留足回填需用的好土；多余的土方应一次运走，避免二次搬运。

土方开挖一般不宜在冬期施工。如必须在冬期施工，其施工方法应按冬期施工方案进行。采用防止冻结法开挖土方时，可在冻结以前，用保温材料覆盖或将表层土翻耕耙松，其翻耕深度应根据当地气温条件确定，一般不小于 30cm。

开挖基坑（槽）或管沟时，必须防止基础下基土受冻。应在基底标高以上预留适当厚度的松土，或用其他保温材料覆盖。如遇开挖土方引起邻近建筑物或构筑物的地基和基础暴露时，应采取防冻措施，以防产生冻结破坏。

土方开挖一般不宜在雨期进行，否则工作面不宜过大，应逐段、逐片分期完成。雨期施工在开挖基坑（槽）或管沟时，应注意边坡稳定。必要时可适当放缓边坡坡度，或设置支撑。同时应在坑（槽）外侧围以土堤或开挖水沟，防止地面水流入。经常对边坡、支撑、土堤进行检查，发现问题要及时处理。

（2）人工施工要求

各类型基坑（槽）和管沟人工挖方施工技术要求见表 3-8。

坡度的确定：在天然湿度的土中，开挖基坑（槽）和管沟时，当挖土深度不超过下列数值的规定时，可不放坡，不加支撑：密实、中密的砂土和碎石类土（充填物为砂土）1.0m；硬塑、可塑的黏质粉土及粉质黏土 1.25m；硬塑、可塑的黏土和碎石类土（充填物为黏性土）1.5m；坚硬的黏土 2.0m。

各类型基坑（槽）和管沟人工挖方施工技术要求　　　　　　　表 3-8

序号	挖方类型名称	技术要求
1	各种浅基础	如不放坡时，应先沿灰线直边切出槽边的轮廓线
2	浅条形基础	一般黏性土可自上而下分层开挖，每层深度60cm为宜，从开挖端逆向倒退按踏步型挖掘。碎石类土先用镐翻松，正向挖掘，每层深度视翻土厚度而定，每层应清底和出土，然后逐步挖掘
3	浅管沟	与浅条形基础开挖基本相同，仅沟帮不切直修平。标高按龙门板上平往下返出沟底尺寸，当挖土接近设计标高时，再从两端龙门板下面的沟底标高上返50cm为基准点，拉小线用尺检查沟底标高，最后修正沟底
4	放坡的基坑（槽）和管沟	应先按施工方案规定的坡度，粗略开挖，再分层按坡度要求做出坡度线，每隔3m左右做出一条，以此为准进行铲坡。深管沟挖土时，应在沟帮中间留出宽度80cm左右的倒土台
5	大面积浅基坑	沿坑三面同时开挖，挖出的土方装入手推或翻斗车，由未开挖的一面运至弃土点

值得注意的是，开挖基坑（槽）或管沟，当接近地下水位时，应先完成标高最低处的挖方，以便在该处集中排水。开挖后，在挖到距槽底50cm以内时，测量放线人员应配合抄出距槽底50cm平线；在每条槽端部20cm处每隔2~3m在槽帮上钉水平标高小木橛。在挖至接近槽底标高时，用尺或事先量好的50cm标准尺杆，随时以小木橛上平校核槽底标高。最后由两端轴线（中心线）引桩拉通线，检查距槽边尺寸，确定槽宽标准，据此修整槽帮，最后清除槽底土方，修底铲平。

基坑（槽）和管沟的直立帮和坡度在开挖过程和敞露期间应防止塌方，必要时应加以保护。在开挖槽边弃土时，应保证边坡和直立帮的稳定。当土质良好时，抛于槽边的土方（或材料）应距槽（沟）边缘0.8m以外，高度不宜超过1.5m。在柱基周围、墙基或围墙一侧，不得堆土过高。

3. 回填土施工

（1）机械施工要求

填土前，应将基土上的洞穴或基底表面上的树根、垃圾等杂物都处理完毕，清除干净。

检验土质：检验回填土料的种类、粒径有无杂物，是否符合规定以及土料的含水量是否在控制范围内；如含水量偏高，可采用翻松、晾晒或均匀掺入干土等措施；如遇填料含水量偏低，可采用预先洒水润湿等措施。

填土应分层铺摊：每层铺土的厚度应根据土质、密实度要求和机具性能确定，或按表3-9选用。

碾压机械压实填方时，应控制行驶速度，一般不应超过以下规定：平碾2km/h；羊足碾3km/h；振动平碾2km/h。

碾压时，轮（夯）迹应相互搭接，防止漏压或漏夯。长宽比较大时，填土应分段进

填土每层的铺土厚度和压实遍数 表 3-9

压实机具	每层铺土厚度（mm）	每层压实遍数（遍）
平碾	200~300	6~8
羊足碾	200~350	8~16
振动平碾	600~1500	6~8
蛙式或柴油打夯机	200~250	3~4

行。每层接缝处应做成斜坡形，碾迹重叠，重叠 0.5~1.0m，上下层错缝距离不应小于 1m。

填方超出基底表面时，应保证边缘部位的压实质量。填土后，如设计不要求边坡修整，宜将填方边缘宽填 0.5m，如设计要求边坡修平拍实，宽填可为 0.2m。

在机械施工碾压不到的填土部位，应配合人工推土填充，用蛙式或柴油打夯机分层夯打密实。

回填土方每层压实后，应按规范规定进行环刀取样，测出干土的质量密度，达到要求后，再进行上一层的铺土。

填方全部完成后，表面应进行拉线找平，凡超过标准高程的地方，及时依线铲平，凡低于标准高程的地方，应补土找平夯实。

（2）人工施工要求

填土前应将基坑（槽）底或地坪上的垃圾等杂物清理干净。回填前，必须清理到基础底面标高，将回落的松散垃圾、砂浆、石子等杂物清除干净。

检验回填土的质量：有无杂物，粒径是否符合规定以及回填土的含水量是否在控制的范围内；如含水量偏高，可采用翻松、晾晒或均匀掺入干土等措施；如遇回填土的含水量偏低，可采用预先洒水润湿等措施。

回填土应分层铺摊，每层铺土厚度应根据土质、密实度要求和机具性能确定。一般蛙式打夯机每层铺土厚度为 200~250mm，人工打夯不大于 200mm。每层铺摊后，随之耙平。

回填土每层至少夯打三遍。严禁采用水浇使土下沉的所谓"水夯"法。

深浅两基坑（槽）相连时，应先填夯深基础，填至浅基坑相同的标高时，再与浅基础一起填夯。如必须分段填夯时，交接处应填成阶梯形，梯形的高宽比一般为 1：2，上下层错缝距离不小于 1.0m。

基坑（槽）回填应在相对两侧或四周同时进行。基础墙两侧标高不可相差太多，以免把墙挤歪；较长的管沟墙，应采用内部加支撑的措施，然后再在外侧回填土方。

回填房心及管沟时，为防止管道中心线位移或损坏管道，应用人工先在管子两侧填土夯实，并应在管道两侧同时进行，直至管顶 0.5m 以上时，在不损坏管道的情况下，方可采用蛙式打夯机夯实。在抹带接口处、防腐绝缘层或电缆周围，应回填细粒料。

回填土每层填土夯实后，应按规范规定进行环刀取样，测出干土的质量密度，达到要求后，再进行上一层的铺土。

修整找平填土全部完成后，应进行表面拉线找平，凡超过标准高程的地方，及时铲平；凡低于标准高程的地方，应补土夯实。

雨期施工的填方工程，应连续进行，尽快完成，工作面不宜过大，应分层分段逐片进行。重要或特殊的土方回填，应尽量在雨期前完成。雨期施工时，应有防雨措施或方案，要防止地面水流入基坑和地坪内，以免边坡塌方或基土遭到破坏。

填方工程不宜在冬期施工，如必须在冬期施工，其施工方法需经过技术经济比较后确定。冬期填方前，应清除基底上的冰雪和保温材料；距离边坡表层 1m 以内不得用冻土填筑；填方上层应用未冻、不冻胀或透水性好的土料填筑，其厚度应符合设计要求。冬期施工室外平均气温在 -5℃ 以上时，填方高度不受限制；平均气温在 -5℃ 以下时，填方高度不宜超过表 3-10 的规定。但用石块和不含冰块的砂土（不包括粉砂）、碎石类土填筑时，可不受表内填方高度的限制。

冬期填方高度限制 表 3-10

平均气温（℃）	填方高度（m）
-5~-10	4.5
-11~-15	3.5
-16~-20	2.5

冬期回填土方，每层铺筑厚度应比常温施工时减少 20%~25%，其中冻土块体积不得超过填方总体积的 15%，其粒径不得大于 150mm。铺冻土块要均匀分布，逐层压（夯）实。回填土方的工作应连续进行，防止基土或已填方土层受冻，并且要及时采取防冻措施。

3.2.2 土方工程施工质量检测

1. 质量检测的主要方式和方法

（1）质量检测方式

1）自我检测，简称"自检"，即作业组织和作业人员的自我质量检验，包括随做随检和一批作业任务完成后提交验收前的全面自检。随做随检可以使质量偏差得到及时纠正，通过持续改进和调整作业方法，保证工序质量始终处于受控状态。全面自检可以保证验收施工质量的一次交验合格。

2）相互检测，简称"互检"，即相同工种、相同施工条件的作业组织和作业人员，在实施同一施工任务时相互间的质量检验，对于促进质量水平的提高有积极的作用。

3）专业检测，简称"专检"，即专职质量管理人员的例行专业查验，也是一种施工企业质量管理部门对现场施工质量的监督检查方式。

4）交接检测，即前后工序或施工过程进行施工交接时的质量检查，如桩基工程完工后，地下和上部结构施工前必须进行桩基施工质量的交接检测，墙体砌筑完成后抹灰前必须进行墙体施工质量的交接检测等。通过施工质量交接检验，可以控制上道工序的质量隐患，也有利于树立"下道工序是顾客"的质量管理思想，形成层层设防的质量保证链。

（2）质量检测方法

1）目测法，即用观察、触摸等方式所进行的检查，实践中人们把它归纳为"看、摸、敲、照"。

2）量测法，即使用测量器具进行具体的量测，获得质量特性数据，分析判断质量状况及其偏差情况的检查方式，实践中人们把它归纳为"量、靠、吊、套"。

2. 施工质量检查种类和内容

（1）检查种类

1）日常检查，指施工管理人员所进行的施工质量经常性检查。

2）跟踪检查，指设置施工质量控制点，指定专人所进行的相关施工质量跟踪检查。

3）专项检查，指对某种特定施工方法、特定材料、特定环境等的施工质量，或对某类质量通病所进行的专项质量检查。

4）综合检查，指根据施工质量管理的需要，或来自企业职能部门的要求所进行的不定期的或阶段性全面质量检查。

5）监督检查，指来自业主、监理机构、政府质量监督部门的各类例行检查。

（2）检查的一般内容

1）检查施工依据，即检查是否严格按质量计划的要求和相关的技术标准进行施工，有无擅自改变施工方法、粗制滥造降低质量标准的情况。

2）检查施工结果，即检查已完施工的成果是否符合规定的质量标准。

3）检查整改落实，即检查生产组织和人员对质量检查中已被指出的质量问题或需要改进的事项，是否认真执行整改。

3. 挖土施工质量检测要求与程序

（1）检测要求

基底超挖：开挖基坑（槽）或管沟均不得超过基底标高。如个别地方超挖时，其处理方法应取得设计单位的同意，不得私自处理。

软土地区桩基挖土应防止桩基位移，在密集群桩上开挖基坑时，应在打桩完成后，间隔一段时间，再对称挖土；在密集桩附近开挖基坑（槽）时，应事先确定防桩基位移的措施。

基底未保护：基坑（槽）开挖后应尽量减少对基土的扰动。如基础不能及时施工，可在基底标高以上留出 0.3m 厚土层，待做基础时再挖掉。

土方开挖宜先从低处进行，分层分段依次开挖，形成一定坡度，以利排水。

基坑（槽）或管沟底部的开挖宽度：除结构宽度外，应根据施工需要增加工作面宽度。如排水设施、支撑结构所需的宽度，在开挖前均应考虑。

基底不平应加强检查，随挖随修，并认真验收。

机械施工时，必须了解土质和地下水位情况。推土机、铲运机一般需要在地下水位 0.5m 以上推铲土，挖土机一般需要在地下水位 0.8m 以上挖土，以防机械自重下沉。正铲挖土机挖方的台阶高度，不得超过最大挖掘高度的 1.2 倍。

雨期施工基槽、坑底应预留 30cm 土层，在打混凝土垫层前再挖至设计标高。

（2）检测程序

1）按上述要求开展检测，保证项目如柱基、基坑、基槽和管沟基底的土质必须符合设计要求，并严禁扰动。

2）将检测数据比照表 3-11，看允许偏差项目情况，做好观测记录。

3）填写土方开挖工程检测批质量验收记录表。

挖土工程施工质量检测标准   表 3-11

项目	序号	检测项目	允许偏差或允许值（mm）					检查方法
			柱基、基坑、基槽	人工	场地平整机械	管沟	地（路）面基础层	
主控项目	1	标高	−50	±30	±50	−50	−50	水准仪
	2	长度、宽度由设计中心线向两边量	+200 −50	+300 −100	+500 −150	+10 −0	−10	经纬仪、钢尺检查
	3	边坡	设计要求					观察或用坡度尺检查
一般项目	1	表面平整度	20	20	30	20	20	用 2m 靠尺或楔形塞尺检查
	2	基地土性	设计要求					观察或土样分析

注：地（路）面基础层的偏差只适用于直接在挖填土方上做地（路）面基层。

4. 回填压实施工质量检测

（1）回填土施工应注意的质量问题

1）未按要求测定土的干土质量密度：回填土每层都应测定夯实后的干土质量密度，

符合设计要求后才能铺摊上层土。试验报告要注明土料种类、试验日期、试验结论，并要求试验人员签字。未达到设计要求部位，应有处理方法和复验结果。

2）回填土下沉：因虚铺土超过规定厚度或冬期施工时有较大的冻土块，或夯实次数不够，甚至漏夯，坑（槽）底有杂物或落土清理不干净以及冬期做散水时，施工用水渗入垫层中，受冻膨胀等造成。这些问题均应在施工中认真执行规范的各项有关规定，并要严格检查，发现问题及时纠正。

3）管道下部夯填不实：管道下部应按标准要求填夯回填土，如果漏夯不实会造成管道下方空虚，造成管道折断而渗漏。

4）回填土夯压不密：应在夯压时对干土适当洒水加以润湿；如回填土太湿同样夯不密实，呈"橡皮土"现象，应将"橡皮土"挖出，重新换好土再予夯实。

5）在地形、工程地质复杂地区内的填方，且对填方密实度要求较高时，应采取措施（如排水暗沟、护坡桩等），以防填方土粒流失，造成不均匀下沉和坍塌等事故。

6）填方基土为杂填土时，应按设计要求加固地基，并要妥善处理基底下的软硬点、空洞、旧基以及暗塘等。

7）机械回填管沟时，为防止管道中心线位移或损坏管道，应用人工先在管子周围填土夯实，并应从管道两边同时进行，直至管顶0.5m以上，在不损坏管道的情况下，方可采用机械回填和压实。在抹带接口处，防腐绝缘层或电缆周围，应使用细粒土料回填。

8）填方应按设计要求预留沉降量，如设计无要求时，可根据工程性质、填方高度、填料种类、密实要求和地基情况等，与建设单位共同确定（沉降量一般不超过填方高度的3%）。

（2）回填压实施工质量检验方法

填土施工过程中应检查排水措施、每层填筑厚度、含水量控制和压实程序。

填土经夯实后，要对每层回填土的质量进行检验，一般采用环刀法取样测定土的干密度，符合要求才能填筑上层。

按填筑对象不同，规定了不同的抽取标准，基坑回填，每20~50m²取样一组；基槽或管沟，每层按长度20~50m取样一组；室内填土，每层按100~500m²取样一组；场地平整填方每层按400~900m²取样一组。

取样部位在每层压实后的下半部，用灌砂法取样应为每层压实后的全部深度。

每项抽检的实际干密度应有90%以上符合设计要求，其余10%的最低值与设计值的差不得大于0.08t/m³，且应分散，不得集中。

填土施工结束后应检查标高、边坡坡高、压实程度。

3.1 土方工程竖向设计

3.2 土方量计算

3.2.3　土方计算及土方施工调配

1. 平整场地土方量计算与土方调配

在建园过程中，地形改造除挖湖堆山外，还有许多大大小小的地坪、缓坡地需要进行平整，平整场地的工作是将原来高低不平、比较破碎的地形按设计要求整理成为平坦的、具有一定坡度的场地，如停车场、集散广场、体育场、露天剧场等。整理这类地形的土方计算最适宜用方格网法。

方格网法是把平整场地的设计工作和土方量计算工作结合在一起进行，其工作程序是：

1）在附有等高线的施工现场地形图上做方格网，控制施工场地。方格网边长数值，取决于所求的计算精度和地形变化的复杂程度，在园林工程中一般采用 20~40m。

2）在地形图上用插入法求出各角点的原地形标高，或把方格网各角点测设到地面上，同时测出各角点的标高，并记录在图上。

3）依设计意图，如地面的形状、坡向、坡度值等，确定各角点的设计标高。

4）比较原地形标高和设计标高求得施工标高。

5）土方计算。

2. 土方平衡与调配

（1）土方平衡与调配的原则

进行土方平衡与调配，必须考虑工程和现场情况、工程的进度要求和土方施工方法以及分期分批施工工程的土方堆放和调运问题。经过全面研究，确定平衡调配的原则之后，才能着手进行土方的平衡与调配工作。土方平衡与调配的原则是：

1）挖方与填方基本达到平衡，以减少重复倒运；挖（填）方量与运距的乘积尽可能为最小，即总土方运输量或运输费用最小。

2）分区调配与全场调配相协调，避免只顾局部平衡，任意挖填，而破坏全局平衡。好土用在回填质量要求较高的地区，避免出现质量问题。

3）调配应与地下构筑物的施工相结合，有地下设施的填土，应留土后填。要注意选择恰当调配方向、运输路线、施工顺序，避免土方运输出现对流和乱流现象，同时便于机具调配和机械化施工。

划分调配区应注意：划分时应考虑开工及分期施工顺序；调配区大小应满足土方施工使用的主导机械的技术要求；调配区范围应和土方工程量计算用的方格网相协调；一般可由若干个方格组成一个调配区；当土方运距较大或场地范围内土方调配不能达到平衡时，可考虑就近借土或弃土。

（2）土方平衡与调配的步骤和方法

土方平衡与调配的步骤如下：

1）划分调配区。在平面图上先划出挖方区和填方区的分界线，并在挖方区和填方区划分出若干调配区，确定调配区的大小和位置。

3.3　土方施工

2）计算各调配区土方量。根据已知条件计算出各调配区的土方量，并标注在调配图上。

3）计算各调配区之间的平均运距（即指挖方区土方重心至填方区土方重心的距离）。

4）确定土方最优调配方案用"表上作业法"求解，使总土方运输量为最小值，即为最优。

5）调配方案，最后绘出土方调配图。

3.3　土方工程现场施工

3.3.1　清理场地

清理场地如图 3-5 所示。

图 3-5　清理场地

施工要点

在施工场地范围内，凡有碍工程的开展或影响工程稳定的地面物或地下物都应该清理，例如不需要保留的树木、废旧建筑物或地下构筑物等。

（1）伐除树木，凡土方开挖深度不大于50cm，或填方高度较小的土方施工，现场及排水沟中的树木必须连根拔除，清理树墩除用人工挖掘外，直径在50cm以上的大树墩可用推土机铲除或用爆破法清除。关于树木的伐除，大树应慎之又慎，凡能保留者尽量设法保留。

（2）按《建筑施工安全技术统一规范》GB 50870—2013 的规定进行操作。

（3）如果施工场地内的地下或水下发现有管线通过或其他异常物体时，应事先请有关部门协同查清，未查清前，不可动工，以免发生危险或造成其他损失。

3.3.2 排水

排水施工如图 3-6 所示。

图 3-6　排水施工

施工要点

场地积水不仅不便于施工，而且也影响工程质量。在施工之前，应该设法将施工场地范围内的积水或过高的地下水排走。

（1）排除地面积水。在施工之前，根据施工场地地形特点在场地周围挖好排水沟（在山地施工为防山洪，在山坡上方应做截洪沟），使场地内排水通畅，而且场外的水也不致流入。

在低洼处或挖湖施工时，除挖好排水沟外，必要时还应加筑围堰或设水堤。为了排水通畅，排水沟底纵坡坡度不应小于2%，沟的边坡坡度为1∶1.5，沟底宽及沟深不小于50cm。

（2）地下水的排除。排除地下水方法很多，因为明沟较简单经济，一般多采用明沟，将地下水引至集水井，并用水泵排出。一般按排水面积和地下水位的高低来安排排水系统，先定出主干渠和集水井的位置，再定支渠的位置和数目。土壤含水量大、要求迅速排水的，支渠分布应密些，其间距约1.5m，反之可疏些。在挖湖施工中应先挖排水沟，排水沟的深度应深于水体挖深。沟可一次挖掘到底，也可以依施工情况分层下挖，采用哪种方式可根据出土方向决定。

3.3.3 定点放线

定点放线如图3-7所示。

图3-7　定点放线

施工要点

在清场之后，为了确定施工范围及挖土或填土的标高，应按设计图样的要求，用测量仪器在施工现场进行定点放线工作，这一步工作很重要，为使施工充分表达设计意图，测设时应尽量精确。

（1）平整场地的放线：用经纬仪将图样上的方格网测设到地面上，并在每个交点处立桩木，边界上的桩木依图样要求设置。

桩木的规格及标记方法：侧面平滑，下端削尖，以便打入土中，桩上应标示出桩号（施工图上方格网的编号）和施工标高（挖土用"+"号，填土用"-"号）。

（2）自然地形的放线：挖湖堆山，首先确定堆山或挖湖的边界线，但这样的自然地形放到地面上是较难的，特别是在缺乏永久性地面物的空旷地上，在这种情况下应先在施工图上画方格网，再把方格网放大到地面上，而后把设计地形等高线和方格网的交点

——标到地面上并打桩，桩木上也要标明桩号及施工标高。

挖湖工程的放线工作和山体的放线基本相同，但由于水体挖深一般较一致，而且池底常年隐没在水下，放线可以粗放些，但水体底部应尽可能整平，不留土墩，这对养鱼捕鱼有利。岸线和岸坡的定点放线应该准确，这不仅因为它是水上部分，既有造景作用，而且和水体岸坡的稳定有很大关系。为了精确施工，可以用边坡样板来控制边坡坡度。

开挖沟槽时，用打桩放线的方法，在施工中桩木容易被移动甚至被破坏，从而影响了校核工作，故应使用龙门板。龙门板的构造简单，使用也很方便。每隔 30~50m 设龙门板一块，其间距视沟渠纵坡的变化情况而定。板上应标明沟渠中心线位置以及沟上口、沟底的宽度等。板上还要设坡度板，用坡度板来控制沟渠纵坡。

3.3.4 人工土方挖掘

人工土方挖掘施工如图 3-8 所示。

图 3-8　人工土方挖掘施工

施工要点

人工施工时，施工工具主要是锹、镐、钢钎等。人工施工不但要组织好劳动力，而且要注意安全和保证工程质量。

（1）施工者要有足够的工作面，一般平均每人应有 4~6m²。开挖土方附近不得有重物及易塌落物。

（2）在挖土过程中，随时注意观察土质情况，要有合理的边坡。必须垂直下挖，松软土不得超过 0.7m，中等密度土不超过 1.25m，坚硬土不超过 2m，超过以上数值的需设支撑板或保留符合规定的边坡。

（3）挖方工人不得在土壁下向里挖土，以防坍塌。

（4）在坡上或坡顶施工者，要注意坡下情况，不得向坡下滚落重物。施工过程中注意保护基桩、龙门板或标高桩。

3.3.5 机械土方挖掘

机械土方挖掘如图3-9所示。

图3-9 机械土方挖掘

施工要点

主要施工机械有推土机、挖掘机等。在园林施工中推土机应用较广泛。例如，在挖掘水体时，以推土机推挖，将土推至水体四周，再运走或堆置地形，最后岸坡用人工修整。用推土机挖湖堆山，效率较高，但应注意以下几方面：

（1）推土机驾驶员施工前要了解实地定点放线情况，如桩位、施工标高等，这样施工起来驾驶员心中有数，推土铲就像他手中的雕塑刀，能得心应手地按照设计意图去塑造地形。这一步工作做得好，在修饰山体或水体时便可以省去许多人力物力。

（2）注意保护表土：在挖湖堆山时，先用推土机将施工地段的表层熟土（耕作层）推到施工场地外围，待地形整理停当，再把表土铺回来。这样做较麻烦，但对公园的植物生长却有很大好处，有条件之处应该这样做。

（3）桩点和施工放线要明显，因为推土机施工进进退退，其活动范围较大，施工地面高低不平，加上进车或退车时驾驶员视线存在死角，所以桩木和施工放线很容易受破坏。为了解决这一问题：①应加高桩木的高度，桩木上可做醒目标志，如挂小彩旗或桩木上涂明亮的颜色，以引起施工人员的注意；②施工期间，施工人员应该经常到现场，随时随地用测量仪器检查桩点和放线情况，掌握全局，以免挖错（或堆错）位置。

3.3.6　土方运输

土方运输如图3-10所示。

图3-10　土方运输

施工要点

一般竖向设计都力求土方就地平衡，以减少土方的搬运量。土方运输是较艰巨的劳动，人工运土一般都是短途的小搬运，这在有些局部或小型施工中还经常采用。

运输距离较长的，最好使用机械或半机械化运输。不论是车运还是人挑，运输路线的组织都很重要，卸土地点要明确，施工人员随时指点，避免混乱和窝工。如果使用外来土垫地堆山，运土车辆应设专人指挥，卸土的位置要准确，否则乱堆乱卸，必然会给下一步施工增加许多不必要的二次搬运，造成人力物力的浪费。

3.3.7　土方填筑

土方填筑如图3-11所示。

图3-11　土方填筑

施工要点

土方填筑应该满足工程的质量要求，土壤的质量要根据填方的用途和要求加以选择，在绿化地段土壤应满足种植植物的要求，而作为建筑用地则以要求将来地基的稳定为原则。利用外来土垫地堆山，对土质应该先验定后放行，劣土及受污染的土壤，不应放入园内，以免将来影响植物的生长和妨害游客健康。

3.3.8　土方压实

土方压实如图 3-12 所示。

图3-12　土方压实

施工要点

人力夯压可用夯、碾等工具；机械碾压可用碾压机或用拖拉机带动的铁碾碾压。为保证土壤的压实质量，土壤应该具有最佳含水率。如土壤过分干燥，需先洒水湿润后再行压实。在压实过程中应注意如下几点：

（1）压实必须分层进行。

（2）压实要注意均匀。

（3）压实松土时夯压工具应先轻后重。

（4）压实应自边缘开始逐渐向中间收拢，否则边缘土方外挤易引起塌落。

土方工程施工面较宽、工程量大，施工组织工作很重要，大规模的工程应根据施工力量和条件决定，工程可全面铺开，也可以分区、分期进行。施工现场要有人指挥调度，各项工作要有专人负责，以确保工程按期、按计划、高质量完成。

职业活动训练

【任务名称】

参观园林土方工程施工现场

1. 任务目标

旨在帮助学生在园林土方工程施工方面获得实际经验，提高他们的职业竞争力，并更好地理解课程中的概念和内容。学生需要根据任务单的指导完成各项任务，以取得相关的实际经验。

2. 任务描述

教师带领学生实地参观一个园林土方工程施工的现场工地，以了解实际土方工程的过程和要素。

3. 任务步骤

（1）注意观察施工过程与施工要点。

（2）记录观察结果，包括施工的关键步骤和程序。

（3）工地负责人现场教授土方施工流程与施工要点。

（4）后续小组讨论，总结观察结果，提出问题和建议。

4. 提交要求

小组讨论报告，包括观察记录和讨论结果。

【思考与练习】

一、选择题

1. 土的相对密实度在 85%~100% 之间时，土的状态是（　　　）。

A. 非常松散　　　　　　　　　　　B. 松散

C. 中等密实　　　　　　　　　　　D. 非常密实

2. 压实土壤的方法中，不适用于大面积填土工程的是（　　　）。

A. 碾压法　　　　　　　　　　　　B. 夯实法

C. 振动压实法　　　　　　　　　　D. 运土工具压实

3. 施工场地定点放线的目的是（　　　）。

A. 确定施工边界　　　　　　　　　B. 测量地形地貌

C. 确定施工范围及标高　　　　　　　　D. 计算施工用地面积

4. 在机械挖土施工准备工作中，确定施工机械的选择依据不包括（　　　）。

　A. 地形与作业条件　　　　　　　　　　B. 机械的颜色

　C. 土的类别与厚度　　　　　　　　　　D. 总工程量和工期

5. 土方开挖时，为了防止坍塌，当垂直下挖超过规定深度时应采取（　　　）。

　A. 增加劳动力　　　　　　　　　　　　B. 设支撑板支撑

　C. 改用机械挖掘　　　　　　　　　　　D. 增加作业面积

6. 在园林土方工程中，保护表土的重要性主要体现在（　　　）。

　A. 减少施工成本　　　　　　　　　　　B. 加速施工进度

　C. 有利于植物生长　　　　　　　　　　D. 提高土方稳定性

7. 在土方压实工作中，以下措施正确的是（　　　）。

　A. 压实工作不需分层进行，一次性压实以节省时间

　B. 使用重型碾压机械直接对松土进行滚压

　C. 压实工作应自边缘开始逐渐向中间收拢

　D. 边缘土方不易外挤，可以从中间开始向外进行压实

8. 园林建筑基坑（槽）开挖中，不得在坑（槽）顶两边一定距离内堆放弃土的规定距离是（　　　）。

　A. 0.5m　　　　　　　　　　　　　　　B. 1.0m

　C. 1.5m　　　　　　　　　　　　　　　D. 2.0m

9. 在开挖基坑（槽）或管沟时，对于不能准确挖至设计基底标高的情况，设计建议的暂留土层厚度是（　　　）。

　A. 10~20cm　　　　　　　　　　　　　B. 20~30cm

　C. 30~40cm　　　　　　　　　　　　　D. 40~50cm

10. 人工打夯时，每层铺土的推荐最大厚度是（　　　）。

　A. 150mm　　　　　　　　　　　　　　B. 200mm

　C. 250mm　　　　　　　　　　　　　　D. 300mm

11. 在土方工程施工质量检测中，基坑（槽）或管沟的开挖宽度除了结构宽度外，还应基于（　　　）考虑增加工作面宽度。

　A. 设计要求　　　　　　　　　　　　　B. 施工便利性

　C. 安全因素　　　　　　　　　　　　　D. 排水设施和支撑结构所需的宽度

12. 在回填压实施工质量检验中，用于确定土的干密度是否符合设计要求的检验方法是（　　　）。

A. 直接观察法 　　　　　　　　B. 液位测量法

C. 环刀法 　　　　　　　　　　D. 电阻测量法

13. 土方计算中采用方格网法的目的是（　　　）。

A. 简化计算过程 　　　　　　　B. 提高土方调配效率

C. 精确计算土方量和优化设计 　D. 减少土方施工时间

14. 在进行土方填筑时，为了防止新填土方滑落，应该采取（　　　）。

A. 分层填筑 　　　　　　　　　B. 挖成台阶状后填方

C. 压实土壤 　　　　　　　　　D. 洒水湿润土壤

15. 土方压实时，压实松土的夯压工具应采取的操作方式是（　　　）。

A. 先重后轻 　　　　　　　　　B. 先轻后重

C. 始终保持轻压 　　　　　　　D. 始终保持重压

二、简答题

1. 描述土方工程施工过程中涉及的主要步骤。

2. 土的工程性质中，土的自然倾斜角（安息角）对土方施工有何影响？

3. 描述园林土方工程施工流程中，微地形创造的主要步骤。

4. 解释为什么施工前排水是必要的步骤，并描述排水的基本方法。

5. 在土方工程施工中，进行大面积填方时应采取哪些措施以确保工程质量和稳定性？

6. 挖土机进行开挖作业时，应如何避免影响坑（槽）的稳定性？

7. 雨期和冬期回填土施工应注意什么？

8. 土方工程施工质量检测要求中提到的"基底超挖"问题，其防范措施是什么？

9. 如何进行回填压实施工质量的检验？

10. 如何进行土方平衡与调配的计算？

11. 如何进行有效的场地排水？

4

项目 4　园林给水排水工程

学习目标：了解园林给水排水工程的基础知识。

掌握园林给水排水工程施工方法、施工流程和工艺要点。

掌握园林给水排水工程施工的验收标准和方法。

能力目标：能够完成园林给水排水工程施工准备工作。

能够进行园林给水排水系统的施工。

具备检验和验收给水排水工程施工质量的能力。

素质目标：具备水资源保护和节约利用的意识。

具有团队协作和沟通的能力。

具备环保意识和社会责任感。

【教学引例】

假设您的园林工程团队被委托设计一个城市公园的景区，其中包括一个大型人工湖。这个湖将用于娱乐、休闲和生态保护。设计要求包括确保湖泊周围的地区不会受到洪水侵袭，同时要保持湖水的质量和清洁。设计一个排水系统，以有效地管理雨水和湖泊水位。

 【问题】

如何设计一个能够收集并储存雨水的排水系统，以防止洪水侵袭公园区域？

如何确保排水系统不会影响湖泊水质，并能够有效地清除污水和污染物？

需要考虑哪些水文和地理条件来指导排水系统的设计？

4.1 园林给水工程施工组成、内容及流程

4.1.1 园林给水工程基本组成

4.1 园林给水工程

1. 园林给水系统组成要素

（1）园林给水系统的分类

1）生活给水系统

生活给水系统是为办公、餐饮和生活用水（淋浴、洗涤及冲厕、洗地等用水）的供水系统。

2）生产给水系统

生产给水系统是园林生产过程中使用的给水系统，供喷灌、温室、动物笼舍清洗、动物饮水所需的生产用水系统。

3）消防给水系统

消防给水系统是供各类消防设备用水的供水系统。

（2）园林给水系统的组成

园林给水水源多利用城市供水系统，根据公园的位置和水资源条件，也可采用江河以及地下水作为水源。

取水工程一是以自来水为水源，主要工程有阀门井、引入管、闸阀、水表、水泵、

止回阀等。二是以自然水为水源，园林中自然水为水源的取水工程主要是水泵取水构筑物（如泵站）。由于自然水在园林中通常不作为饮用水，只用于生产用水或者消防用水，因此无需净化，其取水工程包括给水管、水泵房、水泵。

配水工程包括输水干管、配水支管、起水器、水龙头、进水管、出水管、消火栓等。

2. 园林给水基本方式

（1）引用式

引用式，即从城市供水系统引入，可一点引入，也可多点引入。给水系统很简单，只需要设置园内管网、水塔、清水蓄水池即可。

（2）自给式

自给式，即利用园内的地下水和地表水作为水源。利用地下水给水系统比较简单，水质好，不用处理，只设水井（或管井）、泵房、消毒清水池、输配水管道。利用地表水给水系统比较复杂，按照取水到用水的顺序应设置取水口、集水井、一级泵房、加矾间与混凝池、沉淀池及排泥阀门、滤池、清水池、二级泵房、输水管网、水塔或高位水池等。

（3）兼用式

在既有城市给水条件，又有地下水、地表水可供采用的地方，接上城市给水系统，作为园林生活用水或游泳池等对水质要求较高的项目用水水源；而园林生产用水、造景用水等，则另设一个以地下水或地表水为水源的独立给水系统。这样做所投入的工程费用稍多一些，但却可以大大节省以后的水费。

在地形高差明显的园林绿地，可考虑分区给水方式。分区给水就是将整个给水系统分成几区，不同区的管道中水压不同，区与区之间可有适当的联系以保证供水可靠和调度灵活。

4.1.2 园林给水工程施工主要内容及流程

1. 一般园林给水管网施工内容与流程

（1）给水管网施工流程

施工准备→定位放线→开挖沟槽→下管→接口→覆土→试压→冲洗、消毒→工地清扫。

（2）园林给水管网施工重点内容

1）定位放线

按照设计图纸，首先在施工现场定出埋管沟槽位置。同时设置高程参考桩。桩位应选择适当，施工过程中高程桩不致被挖去或被泥土、器材等掩盖。

2）开挖沟槽

按定线用机械或人工破除路面。路面材料可以重复使用的应妥善堆放。沟槽用机械挖掘，要防止损坏地下已有的设施（如各种管线）。给水管埋深一般较浅，埋管沟槽通常无需支撑和排水。当埋深较深或土质较差时，需要支撑。在接口处，槽宽和槽深按接口操作的需要而加大。给水管道一般不设基础，槽底高程即为设计的管底高程。槽底挖土要求不动原土，否则应用砂填铺。

3）下管

首先将管材沿沟槽排好，管材下槽前做最后检查，有破损或裂纹的剔除。直径在200mm以下管材的移动和下槽，通常不用机械。大直径管道或三脚架用捯链吊放。排管常从闸阀或配件处开始。管子逐根下槽，顺序做好接口，接口的做法随管材而异。给水管道管材有铸铁管、球墨铸铁管、钢筋混凝土管和钢管。铸铁管、球墨铸铁管和钢筋混凝土管大多采用承插接口；少数和闸阀连接的铸铁管用法兰接口；钢管一般焊接，少数用套管接口。

4）覆土和试压

接口做好之后应立即覆土。覆土时留出接口部分，待试压后再填土。覆土要分层夯实，以免施工后地面沉陷。管道敷设一公里左右时应试压。试压前应先检查管线中弯头和三通处的支墩筑造情况，须合格后才能试压，否则弯头和三通处因受力不平衡，可能引起接口松脱。试压时将水缓缓灌入管道，排出管内空气。空气排空后将管内的水加压至规定值，如能维持数分钟即为试压成功。试压结束，完成覆土，打扫工地。

5）冲洗、消毒

冲洗管道至出水浊度符合饮用水标准为止。用液氯或次氯酸盐消毒。管道内含氯水停留一昼夜后，余氯量应在20mg/L以上，然后再次放水冲洗，对出水做常规细菌检验，至合格为止。

2. 常用园林喷灌系统施工内容与流程

（1）喷灌系统构成组件

喷灌系统构成组件一般由水源、水泵及动力机、过滤器、管道、阀门、控制器和灌水器（喷头、滴头等）组成，有的系统还包括施肥器。

河流、渠道、塘库、井泉、湖泊都可以作为喷灌水源，但必须在灌溉季节能按照喷灌的需要，按时、按质、按量供水。

1）水泵及动力机

水泵及动力机要能满足喷灌所需的压力和流量要求，动力机可采用柴油机、汽油机和电动机，以电动机和柴油机为主。

水泵的作用是从水源取水并加压，对灌溉系统而言，流量和压力是最重要的两个参数，任何一个参数不能满足要求，都将导致灌溉系统的失败。在综合系统中，泵在工作时的输出流量有可能发生比较大的变化，这种变化可能影响泵及灌溉系统的正常工作，这种情况下需要考虑选择变频装置以实现恒压供水并节省运行费用，所以选择合适的泵是非常重要的工作。

2）过滤器

过滤器是用来阻止颗粒物（如悬浮固体颗粒或者类似藻类等的有机体）通过的装置。除水源压力、流量要与系统匹配外，水质也是影响灌溉系统的重要因素。如果水质不好，可能引起喷头堵塞，影响喷洒均匀度或不能出水；砂石等杂质高速冲击齿轮驱动系统，加速齿轮磨损，影响喷头使用寿命，导致喷头旋转及角度调节失灵；喷头堵塞有时会使喷头腔内压力急剧增加，远超出喷头正常工作压力，导致喷头损坏。应根据过滤要求和水质情况结合管路流量选择合适的过滤设备。

3）管道

管道在灌溉系统中起着纽带的作用，它将系统的其他设备连接在一起构成一个输水网络，因此管道系统要求能承受一定的压力和通过一定的流量。一般分成干管和支管两级，干管可地埋也可在灌溉季节固定在地表，常用的地埋管道有塑料管、钢筋混凝土管、铸铁管和钢管；地面固定管道可用塑料管和薄壁铝合金管。支管要方便在地面上移动，常用铝合金管、镀锌薄壁钢管和塑料管。

4）阀门

阀门是灌溉系统中的开关，是可以用人工或者自动的方式打开，由此引起水流动的控制装置。自动阀门常称作电磁阀，也有人称之为电动阀或者自动阀。灌溉系统中电磁阀一般都是隔膜控制（液压控制）阀，这种阀通常是关闭的，通过向阀上的电磁线圈施加 24V 交流电使其打开。根据用途不同，阀门可以分为主阀、截流阀、隔离阀、安全阀、支管阀、泄水阀等。阀通常安装在阀箱中，以利于保护阀并且便于在以后维修查找。

5）控制器

控制器是灌溉系统的大脑，我们一般所说的灌溉控制器是指时序控制器，即按时间顺序进行程序编辑的控制器，它是一个电气仪表面板，用来控制给定站，施加 24V 交流电以便按程序规定的时间顺序开闭单个或者多个阀，顺序和时间设置由系统操作员编程确定。灌溉控制器由 110V 或 220V 交流电源供电，但向端子条输出的是 24V 交流电。

6）喷头

喷头是喷灌的专用设备，也是喷灌系统最重要的部件，其作用是把管道中的有压集中水流分散成细小的水滴均匀地散布在绿地上。喷头的种类很多，按其工作压力及控制范围大小可分为低压喷头、中压喷头和高压喷头；按喷头的结构形式与水流形状可分为固定式、孔管式和旋转式。目前使用得最多的是中压旋转式喷头，其中又以全圆转动和扇形转动的摇臂式喷头最为普遍。

（2）喷灌系统施工基本流程

定位放线→挖基坑、管槽→浇筑水泵、动力机基座→安装水泵、动力机基座和管道→冲洗→试压→回填→试喷。

（3）喷灌系统施工重点内容

1）定位放线

采用经纬仪和水准仪放线，在图上量出各段管线的方位角和距离，确定管线各转折点的标高，然后在现场用经纬仪和水准仪把管线放在地面上，钉立标桩并撒上白灰线。管道系统放线主要是确定管道的轴线位置，弯头、三通、四通及喷点（即竖管）的位置和管槽的深度。

2）挖基坑和管槽

在便于施工的前提下管槽尽量挖得窄些，只是在接头处挖一较大的坑，这样管子承受的压力较小，土方量也小。管槽的底面就是管子的铺设平面，所以要挖平以减少不均匀沉陷。基坑管槽开挖后最好立即浇筑基础铺设管道，以免长期敞开造成坍塌和风化底土，影响施工质量及增加土方工作量。

3）浇筑水泵、动力机基座

浇筑水泵、动力机基座关键在于严格控制基脚螺栓的位置和深度，用一个木框架，按水泵、动力机基脚尺寸打孔，按水泵、动力机的安装条件把基脚螺栓穿在孔内进行浇筑。

4）管道安装

给水管安装按所用管材的安装工艺标准操作，按图纸预留给水管网的预埋孔洞。冲洗管子装好后先不装喷头，开泵冲洗管道，把竖管敞开任其自由溢流，把管中砂石都冲出来，以免以后堵塞喷头。

5）试压

将开口部分全部封闭，竖管用堵头封闭，逐段进行试压。试压的压力应比工作压力大一倍，保持这种压力10~20min，各接头不应当有漏水，如发现漏水应及时修补，直至不漏为止。

6）回填

经试压证明整个系统施工质量合乎要求，进行回填。如管道埋深较大应分层轻轻夯实。采用塑料管应掌握回填时间，最好在气温等于土壤平均温度时，以减少温度变形。

7）试喷

装上喷头进行试喷，必要时要检查正常工作条件下各喷点处是否达到喷头的工作压力，用量雨筒测量系统均匀度，看是否达到设计要求，检查水泵和喷头运转是否正常。

4.2 园林给水工程施工配套准备

4.2.1 园林给水管材基本性能

1. 给水管材性能

给水工程中，管网投资占工程费的 50%~80%，而管道工程总投资中，管材费用在 1/3 以上。因此，管材的性能对给水工程非常重要。

管材对水质有影响，管材的抗压强度影响管网的使用寿命。管网属于地下永久性隐蔽工程设施，要求很高的安全可靠性，管材的配件包括阀门、接头等均对管网造成影响。

园林给水管道管材主要有铸铁管、钢管、钢筋混凝土管、塑料管（高密度聚乙烯管、聚丙烯管）等。

1）铸铁管

铸铁管分为灰铸铁管和球墨铸铁管。灰铸铁管具有经久耐用、耐腐蚀性强、使用寿命长的优点，但质地较脆，不耐振动和弯折，重量大；球墨铸铁管在抗压、抗震上有很大提高。灰铸铁管是以往使用最广的管材，主要用在 DN80~DN1000mm 的地方，但运用中易发生爆管，不适应城市的发展，在国外已被球墨铸铁管代替。球墨铸铁管节省材料，现已在国内一些城市使用。

2）钢管

钢管有焊接钢管和无缝钢管两种。焊接钢管又分为镀锌钢管（白铁管）和非镀锌钢管（黑铁管）。钢管有较好的机械强度，耐高压、震动，重量较轻，单管长度长，接口方便，适应性强，但耐腐蚀性差，防腐造价高。镀锌钢管就是防腐处理后的钢管，它防腐、防锈、不使水质变坏，并延长了使用寿命，是室内生活用水的主要给水管材。

3）钢筋混凝土管

钢筋混凝土管防腐能力强，不需任何防腐处理，有较好的抗渗性和耐久性，但水管重量大、质地脆，装卸和搬运不便。其中自应力钢筋混凝土管会后期膨胀，可使管材疏松，不用于主要管道；预应力钢筋混凝土管能承受一定压力，在国内大口径输水管中应用较广，但由于接口问题，易爆管、漏水。为克服这个缺陷现采用预应力钢筒混凝土管（PCCP 管），其是利用钢筒和预应力钢筋混凝土管复合而成，具有抗震性好、使用寿命长、耐腐蚀、抗渗漏的特点，是较理想的大水量输水管材。

4）塑料管

在塑料给水管材中，高密度聚乙烯管、PP-R 管、聚丙烯管（HDPE）是常用的管材。

PP-R 管，是一种新型的塑料给水管材，在建筑给水工程中使用比较普遍，一般管径范围为 DN15~DN150mm，采用的连接方式为热熔承插连接，连接需要专用管道配件，管道配件价格较高，热熔承插连接时容易在连接处形成熔瘤，减小水流断面，增大局部水头损失。管长受材质的限制，不宜弯曲，管道接头较多，管材较脆、柔韧性较差，适合短距离的输水，如建筑物卫生间给水。在安装质量可以较好控制的情况下，较小规模的园林给水工程中可以使用 PP-R 管，比较适应园林给水的特点。

HDPE管，是采用先进的生产工艺和技术，通过热挤塑而成型，具有耐腐蚀、内壁光滑、流动阻力小、强度高、韧性好、重量轻等特点。HDPE 管的管径从 DN15~DN150mm 均有生产。HDPE 管在温度 190~240℃将被熔化，利用这一特性，将管材（或管件）熔化的部分充分接触，并保持适当压力，冷却后两者便可牢固地融为一体。因此，HDPE 管的连接方式与 PP-R 管有所不同，HDPE 管通常采用电热熔连接及热熔对接两种方式，而 PP-R 管是不能热熔对接连接的。按照管径大小情况具体可分为：DN<63mm 时，采用注塑热熔承插连接；DN<75mm 时，采用热熔对接连接或电熔承插连接；与不同材质连接时采用法兰或丝扣连接。

2. 管件及阀门性能

（1）管件

给水管的管件种类很多，不同的管材有些差异，但分类差不多，有接头、弯头、三通、四通、管堵等，每类又有很多种。钢管部分管件如图 4-1 所示。

（2）阀门

阀门的种类很多，园林给水工程中常用的阀门按阀体结构形式和功能可分为截止阀、闸阀、蝶阀、球阀、电磁阀等；按照驱动动力分为手动、电动、液动和气动 4 种方式；按照承受压力分为高压、中压、低压 3 类。园林中大多为中低压阀门，驱动方式以手动为主。

4.2.2 园林给水管件选择与配置

1. 常用管材选择

常用管材选择取决于承受的水压、价格、输送的水量、外部荷载、埋管条件、供应情况等。管材特性与选用对照见表 4-1。

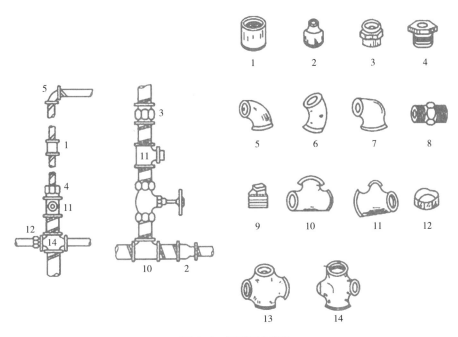

图 4-1　钢管部分管件

1—管接头；2—异径接头；3—活接头；4—补芯；5—弯头；6—45°弯头；7—异径弯头；
8—内接头；9—管堵；10—三通；11—异径三通；12—根母；13—四通；14—异径四通

| | 管材特性与选用对照 | 表 4-1 |

管径（mm）	主要管材
<50	镀锌钢管；硬聚氯乙烯（UPVC）等塑料管
<200	连续浇筑铸铁管，采用柔性接口；塑料管价低、耐腐蚀，使用可靠，但抗压较差
300~1200	球墨铸铁管较为理想，但目前产量少，规格不多，价格高。铸态球墨铸铁管价格较便宜，不易爆管，是当前可选用的管材；质量可靠的预应力和自应力钢筋混凝土管，价格便宜，可以选用
>1200	薄型钢筒预应力混凝土管，性能好，价格适中，但目前产量较低。钢管性能可靠，价格高，在必要时使用，但要注意内外防腐。质量可靠的预应力钢筋混凝土管是较经济的管材

　　塑料给水管，特别是 HDPE 管和 PP-R 管在管材的性能和使用上都比铸铁管、镀锌钢管、UPVC 管更适应园林给水的特点，而 HDPE 管又比 PP-R 管更适应园林给水工程，不仅解决了园林给水中接头数量多、渗漏严重的弊端，而且管道耐腐蚀、耐破损性能大大加强，管道安装简便，材料费和工程的安装费得到了降低。当园林给水工程规模不大时，可以使用 PP-R 管。

　　HDPE 管和 PP-R 管均为塑料管材，不耐长期阳光照射，不宜长期露天敷设。

2. 管网附属设施选择

（1）地下龙头

地下龙头一般用于绿地浇灌，它由阀门、弯头及直管等组成，通常用 DN20mm 或 DN25mm。一般把部件放在井中，埋深 300~500mm，周边用砖砌成井，大小根据管件多少而定，以能人为操作为宜，一般内径（或边长）300mm 左右。地下龙头的服务半径 50m 左右，在井旁应设出水口，以免附近积水。

（2）阀门井

阀门是用来调节管线中的流量和水压的，主管和支管交接处的阀门常设在支管上。一般把阀门放在阀门井内，其平面尺寸由水管直径及附件种类和数量定，一般阀门井内径 1000~2800mm（管径 DN75~DN1000mm 时），井口 DN600~DN800mm，井深由水管埋深决定。

（3）排气阀井和排水阀井

排气阀装在管线的高起部位，用于排出管内空气。排水阀设在管线最低处，用于排除管道中沉淀物和检修时放空存水。两种阀门都放在阀门井内，井的内径为 1200~2400mm 不等，井深由管道埋深确定。

（4）消火栓

消火栓分地上式和地下式，地上式易于寻找，使用方便，但易碰坏。地下式适于气温较低地区，一般安装在阀门井内。在城市中，室外消火栓间距在 120m 以内，公园或风景区根据建筑情况而定。消火栓距建筑物在 5m 以上，距离车行道不大于 2m，便于消防车的连接。

（5）其他设备、设施

给水管网附属设施较多，还有水泵站、泵房、水塔、水池等，由于在园林中很少应用，在这里不详细说明。

3. 提水设备选择

提水设备最为常用的是水泵，因此必须重视水泵选择。

（1）水泵参数与型号选择

园林工程常用的水泵有：IS 型单级单吸清水离心泵、BA 型单级单吸离心泵、SH 型单级双吸水平中开式离心泵、SA 型单级双吸水平中开式离心泵、ISG 型管道式离心泵以及潜水泵等。

选择什么样的水泵主要是根据喷灌设计及现场的需要。选泵时要考虑水泵参数，水泵的主要参数包括：流量 Q（m^3/h）、扬程 H（m）、转速、功率、效率、吸上真空高度等。购买水泵时常用参数是流量、扬程和功率。其中扬程和流量是选择水泵两个重要指标。

对于园林中常用的潜水泵来说，额定电流参数（A）非常重要，特别是采用恒压变频水泵时，必须满足要求。

电机的主要参数是电机功率（kW）、转速（r/min）、额定电压（V）、额定电流（A）。

（2）水泵、电机、变频器匹配

水泵应根据设计与现场情况而定，功率越大并不一定越好。功率太大，耗电量越大。因此，水泵应与电机和变频器相匹配。

1）电压匹配，变频器的额定电压与水泵的额定电压相符。

2）电流匹配，普通的离心泵、变频器的额定电流与电机的额定电流相符。对于特殊的负载如深水泵等则需要参考电机性能参数，以最大电流确定变频器电流和过载能力。

3）转矩匹配，这种情况在恒转矩负载或有减速装置时有可能发生。

4）在使用变频器驱动高速电机时，由于高速电机的电抗小，高次谐波增加导致输出电流值增大。因此用于高速电机的变频器的选型，其容量要稍大于普通电机的选型。

5）变频器如果需要长电缆运行时，此时要采取措施抑制长电缆对地耦合电容的影响，避免变频器出力不足，所以在这种情况下，变频器容量要放大一档或者在变频器的输出端安装输出电抗器。

6）对于一些特殊的应用场合，如高温、高海拔，会引起变频器的降容，变频器容量要放大一档。

4.3 园林给水管线施工

4.3.1 给水管线敷设原则

1. 水管管线以上的覆土深度，在不冰冻地区由外部荷载、水管强度、土壤地基及与其他管线交叉等情况决定。金属管道一般不小于 0.7m，非金属管道不小于 1.0~1.2m。

2. 冰冻地区除考虑以上条件外，还须考虑土壤冰冻深度。

3. 在土壤耐压力较高和地下水位较低时，水管可直接埋在天然地基上。在岩基上应加垫砂层。对承载力达不到要求的地基土层，应进行基础处理。

4. 给水管道相互交叉时，其净距不小于 0.15m，与污水管平行时，间距取 1.5m，与污水管或输送有毒液体管道交叉时，给水管道应敷设在上面，且不应有接口重叠，当给水管敷设在下面时，应采用钢管或钢套管。给水管与构筑物之间的最小水平净距见表 4-2。

给水管与构筑物之间的最小水平净距 表 4-2

构筑物名称	与给水管道的水平净距 L（m）	构筑物名称	与给水管道的水平净距 L（m）
铁路钢轨（或坡脚）	5.0	高压煤气管	1.5
道路侧石边缘	1.5	热力管	1.5
建筑物（DN ≤ 200mm）	1.0	乔木（中心）、灌木	1.5
建筑物（DN>200mm）	3.0	通信及照明杆	0.5
污水雨水排水管（DN ≤ 200mm）	1.0	高压铁塔基础边	3.0
污水雨水排水管（DN>200mm）	1.5	电力电缆	0.5
低、中压煤气管	0.5	电信电缆	1.0
次高压煤气管	1.0		

注：公园的管网由于压力小，其规定可适当降低。

4.3.2 给水管线施工技术要点

1. 基础工作

熟悉设计图纸，熟悉管线的平面布局、管段的节点位置、不同管段的管径、管底标高、阀门井以及其他设施的位置等。

清除场地内有碍管线施工的设施和建筑垃圾等。

2. 现场施工

施工定点放线：根据管线的平面布局，利用相对坐标和参照物，把管段的节点放在场地上，连接邻近的节点即可。如是曲线，可按曲线相关参数或方格网放线。

开沟挖槽：根据给水管的管径确定挖沟的宽度：

$$D=d+2L \qquad (4-1)$$

式中：D——沟底宽度（cm）；

d——水管设计管径（cm）；

L——水管安装工作面（cm），一般为 30~40cm。

沟槽一般为梯形，其深度为管道埋深，如遇岩基和承载力达不到要求的地基土层，应挖得更深一些，以便进行基础处理；沟顶宽度根据沟槽深度和不同土的放坡系数（参考土方工程的有关内容）决定。

基础处理水管一般可直接埋在天然地基上，不需要做基础处理；遇岩基或承载力达不到要求的地基土层，应做垫砂或基础加固等处理。处理后需要检查基础标高与设计的管底标高是否一致，有差异需要做调整。

管道安装：在管道安装之前，要准备管材、安装工具、管件和附件等，管材和管件根据设计要求，工具主要有管丝针、扳手、钳子、车丝钳和车床等，附件有浸油麻丝和生料带等；如果其接口不是螺纹丝口，而是承插口（如铸铁管、UPVC 管等）和平接口（钢筋混凝土管），则须准备密封圈、密封条和胶粘剂等。

材料准备后，计算相邻节点之间需要管材和各种管件的数量，如果是用镀锌钢管则要进行螺纹丝口的加工，再进行管道安装。安装顺序一般是先干管后支管再立管，在工程量大和工程复杂地区可以分段和分片施工，利用管道井、阀门井和活接头连接。施工中注意接口要密封稳固，防止水管漏水。

覆土填埋管道安装完毕，通水检验管道渗漏情况再填土，填土前用砂土填实管底和固定管道，不使水管悬空和移动，防止在填埋过程中压坏管道。

修筑管网附属设施，在日常施工中遇到最多的是阀门井和消火栓，要按照设计图纸进行施工。地上消火栓主要是管件的连接，注意管件连接件的密封和稳定，特别是消火栓的稳固更重要，一般在消火栓底部用 C30 混凝土做支墩，与钢架一起固定消火栓。地下消火栓和阀门一样都设在阀门井内，阀门井由井底、井壁、井盖和井内的阀门、管件等组成；阀门、管件等的安装与给水管网的水管一样，主要是注意连接的密封和稳定；阀门井的井底在有地下水的地方用 C20 厚 60~80mm 素混凝土，在没有地下水的地方可用碎石或卵石垫实；井壁用 MU5 的黏土砖砌筑，表面用 1：3 的水泥砂浆饰面；井盖用预制钢筋混凝土或金属井盖。

3. 试水使用

上述施工程序施工结束后，要对所有施工要素进行预检，在此基础上进行试水工作，符合设计要求后才能正式运行。

4.4 园林给水工程施工质量检测

4.4.1 园林给水工程施工质量检测说明

园林给水工程主要涉及园林建筑供水和园林水景供水、园林喷灌供水三项主要供水工程，本节主要说明园林建筑供水和园林喷灌供水的质量检测标准和方法。由于园林供水多由城市供水系统接入或利用园内水体作为水源，所用管材多为塑料管材，如施工中遇有其他管材，应按相应的标准完成检测工作。

给水工程所涉及的原材料、成品、半成品、配件、设备等必须满足设计、使用要求。材料、成品、半成品、配件、设备等进入施工现场，相关责任各方面要进行检查验收。并按现行有关标准规定，进行进场复验。必须符合设计要求和规范要求。

园林给水工程验收分部分项划分见表4-3。

园林给水工程验收分部分项划分 表4-3

分部	分项
土方工程	沟槽开挖、砂垫层和土方回填、井室砌筑
管道安装	管道及配件安装、管道防腐、水压试验、调试试验
设备安装	喷头安装及调试、消火栓安装及调试、水泵安装及调试、喷泉安装及调试

4.4.2 园林给水工程分部分项质量验收标准和方法

1. 土方工程验收

（1）沟槽开挖主控项目

必须严格按照规范规定的沟槽底宽和边坡进行开挖；严禁扰动天然地基，地基处理必须符合设计要求。

一般项目：槽底应平整、直顺，无杂物、浮土等现象；边坡坡度符合施工、设计的规定。给水工程沟槽开挖质量检测允许偏差见表4-4。

给水工程沟槽开挖质量检测允许偏差 表4-4

序号	项目	允许偏差（mm）	检验频率		检验方法
			范围（m）	点数	
1	槽底高程	±20	50	3	用水准仪测量
2	槽底中心线及每侧宽度	±20	50	3	用钢尺量
3	坡度	不小于设计坡度	50	3	用坡度尺检验

（2）砂垫层和土方回填

1）砂垫层的质量验收标准和方法如下：

①主控项目：砂的类型必须符合设计要求。

②一般项目：砂垫层回填后，根据不同管材进行水压或振实。

③允许偏差项目：砂垫层的厚度偏差为±10cm。

④检测方法：用尺量。

⑤检查数量：每 30m 取 2 点，不少于 2 点。

2）土方回填的质量验收标准和方法如下：

一般规定槽底至管顶以上 50cm 范围内，不允许含有有机物、冻土以及粒径大于 50mm 的砖石等硬块；管沟位于绿地范围内时，回填土质量还应满足有关绿化要求；管沟位于道路、广场范围内时，回填土质量还应满足道路、广场有关规定的要求。

3）检测方法为观察法；检查数量为每层每 30m 做一组，不少于 3~5 组。

（3）井室砌筑验收

1）主控项目

必须按照设计要求的标准图进行施工；砌砖前必须浇水湿润；基础强度必须满足设计要求。

2）一般项目

井室砌筑砂浆应饱满；抹面应平整、光滑；井圈安装牢固；井盖安放平稳，无翘曲、变形。

①允许偏差项目：井室尺寸允许偏差为 20mm。

②检测方法：尺量。

③检查数量：每座井 2 点。

2. 管道安装

（1）管道及配件安装

主控项目给水管配件必须与主管材相一致；管道转角必须符合规范要求；给水喷灌不得直接穿越污水井、化粪池、公共厕所等污染源；在管道安装过程中，严禁砂、石、土等杂物进入管道；管道穿园内主要道路基础时必须加套管或设管沟；水表安装前必须先清除管道内杂物，以免堵塞水表；水表必须水平安装，严禁反装；阀门安装前，必须做强度和严密性试验；给水喷灌在埋地敷设时，必须在冰冻线以下，如必须在冰冻线以上铺设时，应采取可靠的保温防潮措施；喷灌必须装有排空阀；若管材在施工中被切断，必须在插口端进行倒角。

阀门强度和严密性试验检测频率：应在每批（同牌号、同型号、同规格）数量中抽查 10%，且不少于 1 个，对于安装在主干管上起切断作用的阀门，应逐个做强度和严密性试验。

阀门强度和严密性试验有关规定：阀门的强度试验压力为公称压力的 1.5 倍，严密性试验压力为公称压力的 1.1 倍，试验压力在试验持续时间内应保持不变，且壳体填料及阀瓣密封面无渗漏。阀门试压持续时间不小于表 4-5 的规定。

阀门试压持续时间 表 4-5

公称直径 DN（mm）	持续时间（s）		
	严密性试验		强度试验
	金属密封	非金属密封	
<50	15	15	15
60~200	30	15	60

一般项目：管材外观不应出现破损、裂纹，应满足使用要求；水表应安装在查看方便，不受暴晒、污染和不易损坏的地方；水表前后应安装阀门；管道接口法兰、卡扣、卡箍等应安装在检查井内，不应埋在土壤中；给水系统各井室内的管道安装，如设计无要求，管径小于或等于 450mm 时，井壁距法兰或承接口的距离不得小于 350mm；给水喷灌与污水管道在不同标高平行敷设，其垂直间距在 500mm 以内时，给水管管径小于或等于 200mm 的，管壁水平间距不得小于 1.5m；管径大于 200mm 的，不得小于 3m。检验方法：观察和尺量检查；管道连接应符合工艺要求，阀门、水表等安装位置应正确。塑料给水喷灌系统上的水表、阀门等设施其重量或启闭装置的扭矩不得作用于管道上，当管径大于 50mm 时必须设独立的支承装置。给水管道安装质量允许偏差见表 4-6。

给水管道安装质量允许偏差 表 4-6

序号	项目	材料	允许偏差（mm）		检验方法
1	标高	塑料复合管	埋地敷设在地沟内或架空	±20	拉线或尺量检查
2	水平管纵横向弯曲	塑料复合管	直段（25m 以上）起点—终点	20	拉线或尺量检查
3	支管垂直度			10	用尺量

（2）水压试验

主控项目给水喷灌系统安装必须进行水压功能试验；水压试验检测方法如下：试验压力为工作压力的 1.5 倍，但不得小于 0.6MPa；管材为钢管时，试验压力下 10min 内压力降不应大于 0.05MPa，然后降至工作压力进行检查，压力应保持不变，不渗不漏；管材为塑料管时，试验压力下稳压 1h 压力降不大于 0.05MPa，然后降至工作压力进行检查，压力应保持不变，不渗不漏。

一般项目：水压试验前，除接口外，管道两侧及管顶以上回填高度不应小于 0.5m；水压试验时间内，管道不渗不漏。

（3）调试试验

出水正常，满足设计、使用要求。

检测方法：观察。

检查数量：全数检查。

（4）设备安装

1）喷头安装及调试

主控项目：喷头类型、质量必须符合设计要求；与支管连接必须牢固、紧密。

一般项目：喷头不得有裂缝、局部损坏；喷洒范围合理，出水通畅，满足设计使用要求。

允许偏差项目：喷头安装位置允许偏差为 20mm。

检测方法：观察、尺量。

检查数量：全数检查。

2）消火栓安装及调试

主控项目：系统必须进行水压试验，试验压力为工作压力的 1.5 倍，但不得小于 0.6MPa。

检测方法：试验压力下，10min 内压力降不大于 0.5MPa，然后降至工作压力进行检查，压力保持不变，不渗不漏。

消防管道在竣工前，必须对管道进行冲洗。

检测方法：观察冲洗出水的浊度。

消防水泵接合器和消火栓的位置标志应明显，栓口的位置应方便操作。当消防泵接合器和室外消火栓采用墙壁式时，如设计未要求，进、出水栓口的中心安装高度距地面应为 1.1m，其上方应设有防坠落物打击的措施。

一般项目：室外消火栓和消防水泵接合器的各项安装尺寸应符合设计要求，栓口安装高度允许偏差为 ±20mm；地下式消防水泵接合器顶部进水口或地下式消火栓的顶部出水口与消防井盖底面的距离不得大于 400mm，井内应有足够的操作空间，并设爬梯。寒冷地区井内应做防冻保护；消防水泵接合器的安全阀及止回阀安装位置和方向应正确，阀门启闭应灵活；出口畅通，满足使用功能要求。

检测方法：观察、尺量、扳手检查。

检查数量：全数检查。

3）水泵安装及调试

主控项目：水泵安装必须有安装说明书；带底座泵必须安装稳固；必须进行无负荷运转和负荷运转，运行正常。

一般项目：移动泵吸水口距池底距离不小于 20cm；水泵配管与泵体连接不得强行组合连接，且管道重量不能附加在泵体上。

水泵安装调试应符合要求：电机与水泵转向相符，各固定连接部位无松动，运转中无异常声音，试运转时间应符合设备技术文件要求，各指示仪表指示正常，填料、轴承升温正常，各密封部位不泄漏，泵的径向振动符合设备技术文件要求。

允许偏差项目：带基础泵安装允许偏差见表4-7。

带基础泵安装允许偏差 表 4-7

序号	项目	允许偏差（mm）	检查频率		检验方法
			范围	点数	
1	基础强度	不小于设计规定	单个基础	1	—
2	基础尺寸	5	单个基础	1	用钢尺量
3	中心线	0.3	单个基础	1	吊线与尺结合
4	标高	0.3	单个基础	1	水准仪
5	水平线	0.3	单个基础	2	吊线与尺结合

4.5　园林排水工程施工

4.2　园林排水工程

4.5.1　园林排水工程施工流程与施工准备

1. 园林排水工程施工流程

（1）园林排水的种类与主要方式

园林排水的种类：从需要排出的水的种类来说，园林绿地所排放的主要是雨雪水（天然降水）、生产废水、游乐废水和一些生活污水。这些废、污水所含有害污染物质很少，主要含有一些泥砂和有机物，净化处理也比较容易。

4.3　排水工程设计和施工

1）天然降水

园林排水管网要收集、输送和排除雨水及融化的冰、雪水。这些天然的降水在落到地面前后，受到空气污染物和地面泥砂等的一定污染，但污染程度不高，一般可以直接向园林水体，如湖、池、河流中排放。

2）生产废水

盆栽植物浇水时多浇的水，鱼池、喷泉池、睡莲池等较小的水景池排放的废水，都属于园林的生产废水。这类废水一般可直接向河流等流动水体排放。面积较大的水景池，其水体已具有一定的自净能力，因此常常换水，当然也就不排出废水。

3）游乐废水

游乐设施中的水体一般面积不大，积水太久会使水质变坏，所以每隔一定时间就要换水。如游泳池、戏水池等，就常在换水时有废水排出。游乐废水中所含污染物不算多，可以酌情向园林湖池中排放。

4）生活污水

园林中的生活污水主要来自餐厅、茶室、厕所、宿舍等处。这些污水中所含有机污染物较多，一般不能直接向园林水体中排放，而要经过除油池、沉淀池、化粪池等进行处理后才能排放。另外，做清洁卫生时产生的废水也可划入这一类中。

园林排水主要排除的是雨水和少量生活污水；因园林中地形起伏多变，很利于采用地面排水；园林中大多有水体，雨水可以就近排入水体，不同地段可根据其具体情况采用适当的排水方式。

（2）排水模式

园林中生活污水、生产废水、游乐废水和天然降水从产生地点收集、输送和排放的基本方式，称为排水系统的模式。排水设计中所采用的排水模式不同，其排水工程设施的组成情况也会不同，明确排水模式的选用和排水工程的基本构成情况，对进行园林排水设计有直接帮助。排水模式主要有分流制与合流制两类。

分流制排水特点是"雨、污分流"。雨雪水、园林生产废水、游乐废水等污染程度低，不需净化处理，可直接排放，为此而建立的排水系统，称雨水排水系统。

为生活污水和其他需要除污净化后才能排放的污水另外建立的一套独立的排水系统，称污水排水系统。两套排水管网系统虽然是一同布置，但互不相连，雨水和污水在不同的管网中流动和排出。

分流制排水系统如图4-2所示。

合流制排水的排水特点是"雨、污合流"。排水系统只有一套管网，既排雨水又排污水。这种排水模式适于在污染负荷较轻，没有超过自然水体环境的自净能力时采用。一些公园、风景区的水体面积很大，水体的自净能力完全能够消化园内有限的生活污水，为了节约排水管网建设的投资，就可以在近期考虑采用合流制排水系统，待以后污染加重了，再改造成分流制系统，如图4-3所示。

为了解决合流制排水系统对园林水体的污染，可以将系统设计为截流式合流制排水系统，如图4-4所示。截流式合流制排水系统，是在原来普通的直泄式合流制系统的基础上，增建一条或多条截流干管，将原有的各个生活污水出水口串联起来，把污水拦截到截流干管中。经干管输送到污水处理站进行简单处理后，再引入排水管网中排除。在

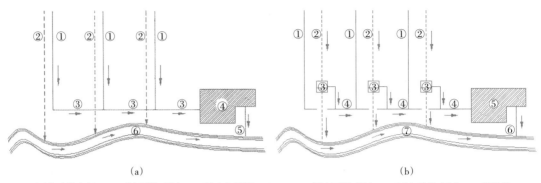

（a）

1—污水干管（沟）；2—雨水干管（沟）；3—污水主干管
（沟）；4—污水处理厂；5—出水口；6—河流

（b）

1—污水干管（沟）；2—雨水干管（沟）；3—溢流井；
4—污水主干管（沟）；5—污水处理厂；6—出水口；7—河流

图 4-2　分流制排水系统

（a）完全分流制排水系统；（b）半分流制排水系统

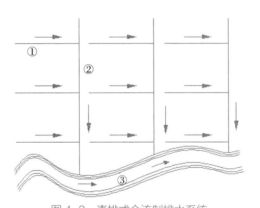

图 4-3　直排式合流制排水系统

1—合流支管（沟）；2—合流干管（沟）；3—河流

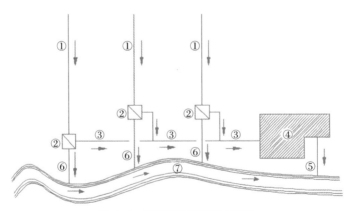

图 4-4　截流式合流制排水系统

1—合流干管（沟）；2—溢流井；3—截流主干管（沟）；4—污水处理厂；5—出水口；6—溢流干管（沟）；7—河流

生活污水出水管与截流干管的连接处，还要设置溢流井。通过溢流井的分流作用，把污水引到通往污水处理站的管道中。

合流制和分流制的优缺点比较：

在环保方面，合流制对环境污染大，雨天时部分污水溢流到水体，造成污染。

在造价方面，合流制比分流制可省投资 20%~40%，但合流制泵站和污水处理厂投资要高于分流制，总造价看，完全分流制高于合流制。而采用不完全分流制，初期投资少、见效快，在新建地区适于采用。

在维护管理方面，晴天时合流制管道内易于沉淀，在雨天时沉淀物易被雨水冲走，减少了合流制管道的维护管理费。但是合流制污水处理厂运行管理复杂。

园林排水工程的构成，包括从天然降水、废水、污水的收集、输送，到污水的处理和排放等一系列过程。从排水工程设施方面来分，主要可以分为以下两大部分：

1）作为排水工程主体部分的排水管渠，其作用是收集、输送和排放园林各处的污水、废水和天然降水。

2）污水处理设施，包括必要的水池、泵房等构筑物。从排水的种类方面来分，园林排水工程由雨水排水系统和污水排水系统两大部分构成，园林排水系统构成如图 4-5 所示。

采用不同排水模式的园林排水系统，其构成情况有些不同。表 4-8 是不同排水模式的排水系统构成情况。

（3）园林排水主要方式

公园中排除地表径流有地面排水、沟渠排水和管道排水三种方式，其中地面排水最为经济。在我国，大部分绿地都采用地面排水为主，沟渠和管道排水为辅的综合排水方式。

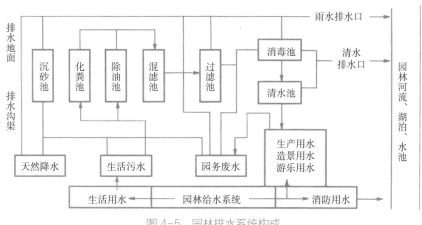

图 4-5　园林排水系统构成

不同排水模式的排水系统构成　　　　　　　　　表 4-8

排水类型	排水系统构成	说明
雨水排水系统	汇水坡地、集水浅沟和建筑物的屋面、天沟、雨水斗、竖管、散水； 排水明渠、暗沟、截水沟、排洪沟； 雨水口、雨水井、雨水排水管网、出水口； 在利用重力自流排水困难的地方，还可能设置雨水排水泵站	园林内的雨水排水系统不只是排除雨水，还要排除园林生产废水和游乐废水
污水排水系统	室内污水排放设施，如厨房洗物槽、下水管、房屋卫生设备等； 除油池、化粪池、污水集水口； 污水排水干管、支管组成的管道网； 管网附属构筑物如检查井、连接井、跌水井等； 污水处理站，包括污水泵房、澄清池、过滤池、消毒池、清水池等； 出水口，是排水管网系统的终端出口	主要是排除园林生活污水，包括室内和室外部分
合流制排水系统	雨水集水口； 室内污水集水口； 雨水管渠、污水支管； 雨、污水合流的干管和主管； 管网上附属的构筑物如雨水井、检查井、跌水井，截流式合流制系统的截流干管与污水支管交接处所设的溢流井等； 污水处理设施，如混凝澄清池、过滤池、消毒池、污水泵房等	合流制排水系统只设一套排水管网，其基本组成是雨水系统和污水系统的组合

　　地面排水的方式可以归结为五个字：拦、阻、蓄、分、导。

　　1）拦：把地表水拦截于原地或者某局部之外。

　　2）阻：在径流流经的路线上设置障碍物挡水，达到消力降速以减少冲刷的作用。

　　3）蓄：包含两方面的意义，一是采取措施使土地多蓄水，二是利用地表洼处或池塘蓄水，这对于干旱地区的园林绿地尤其重要。

　　4）分：用山石建筑墙体等将大股的地表径流分成多股细流，以减少灾害。

　　5）导：把多余的地表水或者造成危害的地表径流，利用地面、明沟、道路边沟或者地下管道及时排放到园内（或园外）的水体或雨水管渠内。

　　某些局部，如广场、主要建筑周围或难于利用地面排水的局部，可以设置暗沟或明沟排水。暗沟（盲沟）是指利用地下沟（有时设置管）排除绿地土壤多余水分的排水技术措施，多余水分可以从暗沟接头处或管壁滤水微孔渗入管内排走，起到控制地下水位、调节土壤水分、改善土壤理化性状的作用。暗沟排水有利于地表机械化作业、节省用地和提高土地利用率，但一次性投资较大，施工技术要求较高，如防砂滤层未处理好，使用过程中易淤堵失效。

　　排水暗沟有土暗沟和装填滤料的滤水槽两种。前者需定期翻修，后者易于堵塞，使用期较短。土暗沟一般用深沟犁在绿地开挖成狭沟，上盖土堡。滤水槽一般先开挖明槽，然后填入碎石、碎砖瓦、煤渣等材料。暗沟排水构造如图 4-6 所示。

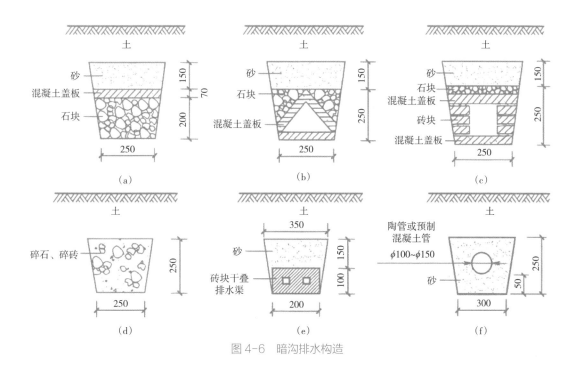

图 4-6　暗沟排水构造

明沟排水系统是指以开挖的明槽沟道构成的排水沟系及其配套建筑物。一个完整的农田明沟排水系统，大多包括干、支、斗、农 4 级固定沟道系统，以及截流沟和其附属的闸、涵、桥、泵站及必要的监测站点等。明沟排水沟就地开挖而成，主要为土方工程，是绝大部分农田排水建设采用的排水方式，根据地表或地下水体和排水沟中水体的水位差，借重力作用汇集农田多余的暴雨径流和通过对排水沟周边的入渗，汲引土壤水和地下水，并逐级汇流，输送到容泄区。其优点是不需衬护，上下级沟道易于衔接，技术简单；过水流量大，具有一定的槽蓄能力；投资小，施工速度快。其缺点是排水沟常年暴露，过水断面易于风化、剥蚀、冻融、淤积、生草，维护管理工作量大。明沟排水构造如图 4-7 所示。

管道排水在园林中的某些局部，如低洼的绿地、铺装广场和建筑物周围等，多采用敷设管道的方式排水，优点是不妨碍地面活动、卫生和美观、排水效率高；缺点是造价高、检修困难。

4.5.2　园林污水处理方法

园林中的污水是城市污水的一部分，但和城市污水不尽相同。园林污水量比较少，性质也比较简单。它基本上由餐饮部门排放的污水和厕所及卫生设备产生的污水两部分组成。在动物园或带有动物展览区的公园里，还有部分动物粪便及清扫禽兽笼舍的脏水。

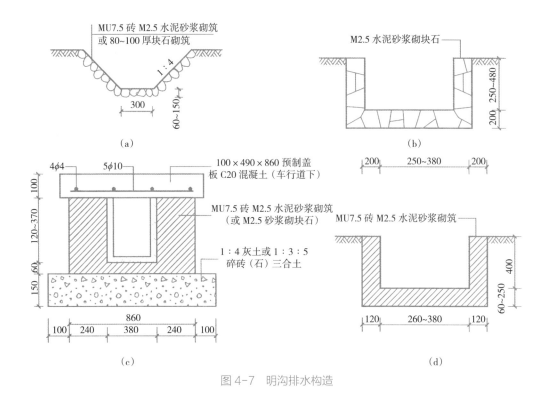

图 4-7　明沟排水构造

由于园林污水性质简单，排放量小，所以处理这些污水也相对简单些。

1. 除油池

除油池是用自然浮法分离，取出含油污水中浮油的一种污水处理池。污水从池的一端流入池内，再从另一端流出，通过技术措施将浮油导流到池外。用这种方式，可以处理公园内餐厅、食堂排放的污水。

2. 化粪池

化粪池是一种设有搅拌与加温设备，在自然条件下消化处理污物的地下构筑物，是处理公园、宿舍、公厕粪便最简易的一种方法。其主要原理是：将粪便导流入化粪池沉淀下来，在厌氧细菌作用下，发酵、腐化、分解，使污物中的有机物分解为无机物。化粪池内部一般分为三格：第一格供污物沉淀发酵；第二格供污水澄清；第三格使澄清后的清水流入排水管网系统中。

3. 沉淀池

沉淀池是指水中的固体物质（主要是可沉固体）在重力作用下下沉，从而与水分离。根据水流方向，沉淀池可分为平流式、辐流式和竖流式三种。平流式沉淀池，水从池子一端流入，按水平方向在池内流动，从池的另一端溢出，池呈长方形，在进口处的底部有贮泥斗；辐流式沉淀池，池表面呈圆形或方形，污水从池中间进入，澄清的污水从池周溢出；竖流式沉淀池，污水在池内也呈水平方向流动，水池表面多为圆形，但也有呈方形或多角形者，污水从池中央下部进入，由下向上流动，清水从池边溢出。

4. 过滤池

过滤池使污水通过滤料（如砂等）或多孔介质（如布、网、微孔管等），以截留水中的悬浮物质，从而使污水净化。这种方法在污水处理系统中，既用于以保护后继处理工艺为目的的预处理，也用于出水能够再次复用的深度处理。

5. 生物净化池

生物净化池是以土壤自净原理为依据，在污水灌溉的实践基础上，经间歇砂滤池和接触滤池而发展起来的人工生物处理。污水长期以滴状散布在表面上，就会形成生物膜。生物膜成熟后，栖息在膜上的微生物摄取污水中的有机污染物作为营养，从而使污水得到净化。

6. 污水的排放

净化污水应根据其性质，分别处理。如饮食部门的污水主要是残羹剩饭及洗涤废水，污水中含有较多油脂。对这类污水，可设带有沉淀池的隔油井，经沉淀隔油后，排入就近的水体。这些肥水可以养鱼，也可以给水生生物施肥，水体中可广种藻类、荷花、水浮莲等水生植物。水生植物通过光合作用放出大量的氧，溶解在水中，为污水的净化创造了良好的条件。

粪便污水处理则应采用化粪池。污水在化粪池中经沉淀、发酵、沉渣，再发酵澄清后，可排入城市污水管网，也可作园林树木的灌溉用水。少量可排入偏僻的或不进行水上活动的园内水体，水体应种植水生植物及养鱼。对化粪池中的沉渣污泥，应根据气候条件每三个月至一年清理一次。这些污泥是很好的肥料。

排放污水的地点应该远离设有游泳场之类的水上活动区以及公园的重要部分。排放时也宜选择闭园休息时间。

4.5.3 排水管网的附属构筑物

为了排除污水，除管渠本身外，还需在管渠系统上设置一些附属构筑物。在园林绿地中，常见的构筑物有雨水口、检查井、跌水井、闸门井、倒虹管、出水口等。

1. 雨水口

雨水口是在雨水管渠或合流管渠上收集雨水的构筑物。一般雨水口是由基础、井身、井口、井箅四部分构成的（图 4-8）。其底部及基础可用 C15 混凝土做成；井身、井口可

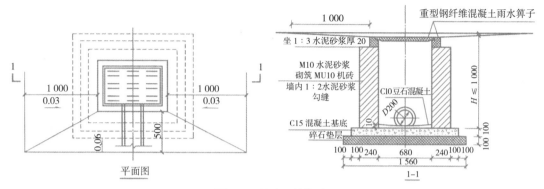

图 4-8　雨水口的构造

用混凝土浇筑而成，也可以用砖砌筑，砖壁厚 240mm。为了避免过快的锈蚀和保持较高的透水率，井算应当用铸铁制作，算条宽 15mm 左右，间距 20~30mm。雨水口的水平截面一般为矩形，长 1m 以上，宽 0.8m 以上。竖向深度一般为 1m 左右，井身内需要设置沉泥槽时，沉泥槽的深度应不小于 12cm。雨水管的管口设在井身的底部。与雨水管或合流制干管的检查井相接时，雨水口支管与干管的水流方向以在平面上呈 60° 交角为好。支管的坡度一般不应小于 1%。雨水口呈水平方向设置的时候，井算应略低于周围路面及地面 3cm 左右，并与路面或地面顺接，以方便雨水的汇集和泄入。

2. 检查井

对管渠系统做定期检查，必须设置检查井。检查井通常设在管渠交汇、转弯、管渠尺寸或坡度改变、跌水等处以及相隔一定距离的直线管渠段上。

检查井的平面形状一般为圆形，大型管渠的检查井也有矩形或扇形的。井下的基础部分一般用混凝土浇筑，井身部分用砖砌成下宽上窄的形状，井口部分形成颈状。检查井的深度，取决于井内下游管道的埋深。为了便于检查人员上、下井室工作，井口部分的大小应能容纳人身的进出。检查井有雨水检查井和污水检查井两类。在合流制排水系统中，只设雨水检查井。由于各地地质、气候条件相差很大，在布置检查井的时候，最好参照全国通用的给水排水标准图集和地方性的排水通用图集，根据当地的条件直接在图集中选用合适的检查井，而不必再进行检查井的计算和结构设计。检查井的构造如图 4-9 所示。

3. 跌水井

由于地势或其他因素的影响，使得排水管道在某地段的高程落差超过 1m 时，就需要在该处设置一个具有水力消能作用的检查井，这就是跌水井。根据结构特点来分，跌水井有竖管式和溢流堰式两种形式（图 4-10）。

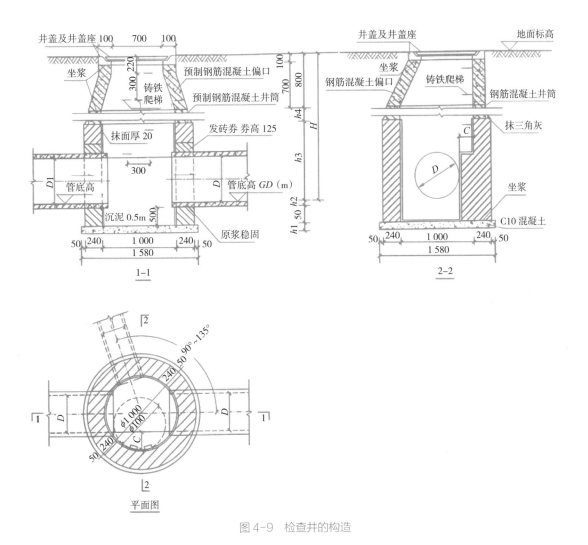

图 4-9　检查井的构造

　　竖管式跌水井一般适用于管径不大于 400mm 的排水管道上。井内允许的跌落高度，因管径的大小而异。当管径不大于 200mm 时，一级的跌落高度不宜超过 6m；当管径为 250~400mm 时，一级跌落高度不超过 4m。

　　溢流堰式跌水井多用于 400mm 以上大管径的管道上。当管径大于 400mm 而采用溢流堰式跌水井时，其跌水水头高度、跌水方式及井身长度等，都应通过有关水力学公式计算求得。

　　跌水井的井底要考虑对水流冲刷的防护，要采取必要的加固措施。当检查井内上、下游管道的高程落差小于 1m 时，可将井底做成斜坡，不必做成跌水井。

4. 闸门井

　　由于降雨或潮汐的影响，使园林水体水位增高，可能对排水管形成倒灌；或为了防

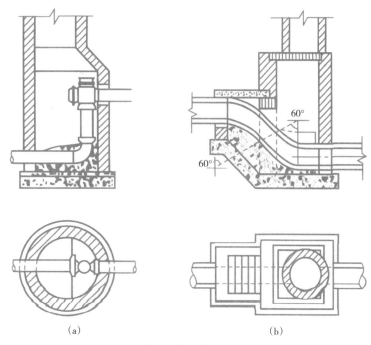

图 4-10 跌水井
(a) 竖管式跌水井；(b) 溢流堰式跌水井

止非雨时污水对园林水体的污染和调节、控制排水管道内水的方向与流量时，就要在排水管网中或排水泵站的出口处设置闸门井。闸门井由基础、井室和井口组成，其构造如图 4-11 所示。如单纯为了防止倒灌，可在闸门井内设活动拍门。活动拍门通常为铁制，圆形，只能单向开启。当排水管内无水或水位较低时，活动门依靠自重关闭；当水位增高后，由于水流的压力而使拍门开启。如果为了既控制污水排放，又防止倒灌，也可在闸门井内设能够人为启闭的闸门。闸门的启闭方式可以是手动的，也可以是电动的；闸门结构比较复杂，造价也较高。

5. 倒虹管

由于排水管道在园路下布置时有可能与其他管线发生交叉，而它又是一种重力自流式的管道，因此，要尽可能在管线综合布置中解决好交叉时管道之间的标高关系。但有时受地形所限，如遇到要穿过沟渠和地下障碍物等，排水管道就不能按照正常情况敷设，而不得不以一个下凹的折线形式从障碍物下面穿过，这段管道就成了倒置的虹吸管，即所谓的倒虹管，穿越溪流的倒虹管如图 4-12 所示。

一般排水管网中的倒虹管是由进水井、下行管、平行管、上行管和出水井等部分构成的。倒虹管采用的最小管径为 200mm，管内流速一般为 1.2~1.5m/s，不得低于 0.9m/s，

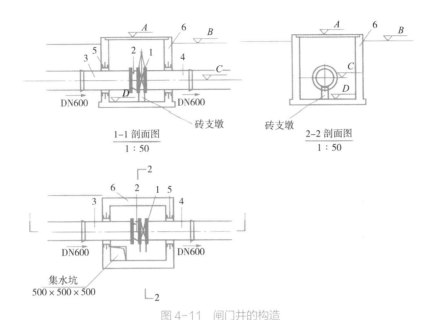

图 4-11 闸门井的构造

1—弹性底座封闸阀；2—双法兰传力接头；3—盘承短管；4—盘插短管；5—穿墙套管；6—阀门井

图 4-12 穿越溪流的倒虹管

并应大于上游管内流速。平行管与上行管之间的夹角不应小于 150°，要保证管内的水流有较好的水力条件，以防止管内污物滞留。为了减少管内泥砂和污物淤积，可在倒虹管进水井之前的检查井内，设一沉淀槽，使部分泥砂污物在此预沉下来。

6. 出水口

排水管渠的出水口是雨水、污水排放的最后出口，其位置和形式应根据污水水质、下游用水情况、水体的水位变化幅度、水流方向、波浪情况等因素确定。在园林工程中，出水口最好设在园内水体的下游末端，要和给水取水区、游泳区等保持一定的安全距离。

雨水出水口的设置一般为非淹没式，即排水管出水口的管底高程要安排在水体的常年水位线以上，以防倒灌。当出水口高出水位很多时，为了降低出水对岸边的冲击力，应考虑将其设计为多级的跌水式出水口。污水系统的出水口，则一般布置成为淹没式，即把出水管管口布置在水体的水面以下，以使污水管口流出的水能够与河湖水充分混合，减轻对水体的污染。出水口的排水处理如图4-13所示。

图4-13　出水口的排水处理

4.5.4　排水管网施工流程

1. 排水施工基本流程

排水施工基本流程如图4-14所示。

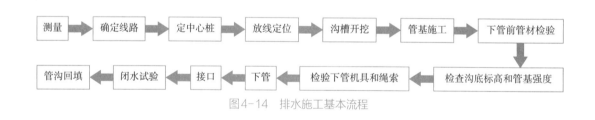

图4-14　排水施工基本流程

2. 排水构筑物施工流程

园林排水构筑物常用的有雨水口、检查井、跌水井、闸门井、倒虹管、出水口，虽然它们的构造不同，但其施工流程基本相同。园林排水构筑物以砖石结构为主，施工流程如图4-15所示。

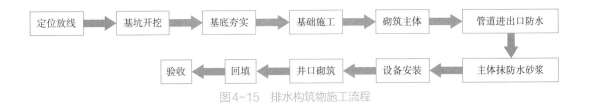

图4-15 排水构筑物施工流程

3. 园林排水工程施工准备

（1）技术准备

1）施工人员已熟悉掌握图纸，熟悉相关国家或行业验收规范和标准图等。

2）已有经过审批的施工组织设计，并向施工人员交底。

3）技术人员向施工班组进行技术交底，使施工人员掌握操作工艺。

（2）材料准备

1）排水管及管件规格品种应符合设计要求，应有产品合格证。管壁薄厚均匀，内外光滑整洁，不得有砂眼、裂缝、飞刺和疙瘩。要有出厂合格证，无偏扣、乱扣、方扣、断丝和角度不准等缺陷。

目前，常用管道多是圆形管，大多数为非金属管材，具有抗腐蚀的性能，且价格便宜，主要有混凝土管和钢筋混凝土管、陶土管和塑料管。

①混凝土管和钢筋混凝土管制作方便，价低，应用广泛，有抵抗酸碱侵蚀等优点及抗渗性差、管节短、节口多、搬运不便等缺点。混凝土和钢筋混凝土管适用于排除雨水、污水，分为混凝土管、轻型钢筋混凝土管、重型钢筋混凝土管三种，可以在专门的工厂预制，也可在现场浇筑。管口通常有承插式、企口式、平口式三种。

②陶土管内壁光滑，水阻力小，不透水性能好，抗腐蚀，但易碎，抗弯、拉强度低，管节短，施工不便，不宜用在松土和埋深较大之处。

③塑料管的管材、管件的规格、品种、公差应符合国家产品质量的要求，管材、管件、胶粘剂、橡胶圈及其他附件等应是同一厂家的配套产品。

由于塑料管具有表面光滑、水力性能好、水力损失小、耐磨蚀、不易结垢、重量轻、加工接口搬运方便、漏水率低及价格低等优点，因此，在排水管道工程中已得到应用和普及。

2）各类阀门有出厂合格证，规格、型号、强度和严密性试验符合设计要求。丝扣无损伤，铸造无毛刺、无裂纹，开关灵活严密，手轮无损伤。

3）附属装置应符合设计要求，并有出厂合格证。

4）捻口水泥一般采用强度不小于42.5的硅酸盐水泥和膨胀水泥。水泥必须有出厂合格证。

5）胶粘剂应标有生产厂名称、生产日期和有效期，并应有出厂合格证和说明书。

6）型钢、圆钢、管卡、螺栓、螺母、油、麻、垫、电焊条等符合设计要求。

（3）主要机具

1）施工机具主要有挖沟机、推土机、夯实机、电焊机、切割机、扳手、管子剪、管钳、钢锯、钢卷尺、热熔机、铁锹、卡尺、洋镐等。不同管材、管径、地质条件使用的工具也不同，应根据不同管材和管径准备机具。

2）测量仪器主要有经纬仪、水准仪、测杆、铁锹等。除此之外，还要准备钢尺、龙门桩等放线工具。

（4）作业条件

1）管道施工区域内的地面要进行清理，杂物、垃圾弃出场地。管道走向上的障碍物要清除。

2）在饮用水管道附近的厕所、粪坑、污水坑和坟墓等应在开工前迁至业主指定的地方，并将脏物清除干净后进行消毒处理，方可将坑填实。

3）在施工前应摸清地下高、低压电缆，电线，煤气、热力等管道的分布情况，并做出标记。

（5）施工组织及人员准备

1）施工前应建立健全质量管理体系和工程质量检测制度。

2）施工组织应设立技术组、质安组、管道班、电气焊班、开挖班、砌筑班、抹灰班、测量班等。

3）施工人员数量根据工程规模和工程量的大小确定，一般应配备的人员有给水排水专业技术人员、测量工、管道工、电焊工、气焊工、起重工、油漆工、泥瓦工、普工。

4.6　园林排水工程施工技术与质量检测

4.6.1　园林排水工程施工一般技术要点

熟悉施工图纸：开工前首先必须了解图纸、熟悉图纸，以免开工时忙中出错。至少要做到以下几点：

1. 图纸交底

（1）到现场结合图纸了解工程的基本全貌，比如管线长度、管线走向、管材直径、检查井位数量等，还要充分了解与工作面开挖有关的地形、地貌、地物等。

（2）最好依照图纸确定的桩号走向水准测量复测一遍，避免出错。因为图纸设计前所提供的地形资料有时间差的问题，有可能因时间而发生地形变化，难免影响到工程预算造价问题。

（3）每百米左右设置一个水准高程参照点，建立起准确的水准高程控制网，便于对管道施工进行测量。但须经闭合检验测量正确无误，且符合国家标准方可使用。有关控制网点桩点必须牢固地设置在显而易见又不致丢失和不易遭受埋没破坏的位置。

2. 排除障碍

开工前，管线走向及施工开挖工作面和堆土堆料所占场地与地形、地貌、地物等以及交通设施都要仔细查看。妨碍施工的任何因素都要记入笔录，及时向领导汇报，呈请有关单位或部门协助排除。

3. 施工放线

地面可见障碍排除后，即可照图打桩撒灰放线。中心线、边坡系数加宽后因开挖受限制，开挖面变窄，要考虑沟槽内设置支撑保证安全施工，以免塌方伤人造成事故。

4. 管沟开挖

注意边坡放坡的科学合理性，既要安全又要经济。特别注意沟内不得超挖，对于超挖部分要仔细回填夯实，严禁低洼处进水积水，严禁夯填中使用腐殖土、垃圾土、淤泥等。

5. 管基施工

管沟开挖验收合格即可按图纸设计要求的尺寸和强度等级、中心线等进行管基施工，如工期紧，考虑到保养、气候、混凝土远距离运输等不利因素，可以提高一个强度等级，争取较快达到一定强度后下管。

6. 管材安装

没下管前要仔细检查管基中心线、边线、井基等尺寸和高程是否符合图纸要求，检查井位置、井距、各种部位混凝土基础的强度等级、接口防渗砂浆的调配等都要仔细认真，施工符合国家规定标准。两管接口处安装时因挤压而造成管内接口部位必有 3cm 左右砂浆凸出接缝，若不及时处理将会造成流水断面减少，影响流速，影响排水通畅，极易造成杂物堆积和堵塞现象。DN400mm 以上的管材可使身材瘦小工人钻入管内，将接口挤出的砂浆抹平，不严实的接缝部位填满砂浆使其饱满不漏水，并且认真清除管内杂物，特别注意绝不允许管道内有漏水积水和倒流水的现象发生。

7. 砌检查井

挖沟槽时即可将检查井中心桩依井基圆圈相应尺寸挖好井基，经测高程正确无误后连同条基同时浇筑制作完成，经保养达到一定强度后即可下管，预留井筒位置即可介入砌检查井的工序中。特别要注意，不同管径的管底高程与井底高程的连接最容易出错。

管材放稳调直管线管口，高程正确即可砌井，要注意砂浆饱满，流槽通顺，井壁尺寸符合要求，砖缝砂浆饱满。管材与井筒砌筑后立即埋入闭水试验的弯管接头，因为有个提高强度的时间问题，为了闭水时弯管接水管牢固稳固，所以早做为妙。特别注意管底高程、井底高程、井盖高程要正确无误，完全符合图纸设计要求，经通水查验不得有积水、漏水、倒流水现象。

8. 闭水试验

闭水试验的管段，应仔细检查每根管材是否有砂眼裂缝，管口接口处是否严密，若不符合质量要求可用细砂浆修补，有渗水部位可调水泥浆刷补填死。闭水管段不急于回填，也不进行管材下部与条基的连接，待闭水试验合格后再回填，闭水不合格的管段可采取补救措施或尽快返工。

9. 管沟回填

对于当年不修路的管道和管顶 50cm 以内的回填，一般要求密度达到 85% 以上即可，如要修路则按有关要求认真操作。管顶 50cm 内回填又称腹腔回填，有的设计要求该处回填过筛，不得填入粒径大于 100mm 的石块或砖块等杂物。回填时沟内不得有积水，不得使用腐殖土、垃圾土和淤泥等。

4.6.2　园林排水工程管道埋设施工具体方法

1. 测量、定位

（1）测量之前先找好水准点，其精度不应低于 D1 级。

（2）在测量过程中，沿管道线路设置临时水准点。

（3）测量管线中心线和转弯处的角度，并与当地固定建（构）筑物相连。

（4）管道线路与地下原有管道或构筑物交叉处，要设置特别标记示众。

（5）在测量过程中应做好记录，并记明全部水准点和连接线。

（6）排水管道坐标和标高偏差要符合相关标准的规定，从测量定位起就应控制偏差值符合偏差要求。

2. 沟槽开挖

（1）按当地土层深度，通过计算确定沟槽开挖尺寸，放出上开口挖槽线。如果是冰冻层，注意下面开挖尺寸计算。

$D<300$mm 时：$D+$ 管皮 + 冻结深 +0.2m；

300mm $\leqslant D<600$mm 时：$D+$ 管皮 + 冻结深；

$D \geqslant 600$mm 时：$D+$ 管皮 + 冻结深 -0.3m。

管道沟槽底部的开挖宽度，宜按：$B=D_1+2 \times （b_1+b_2+b_3）$ 计算。

式中：B——管道沟槽底部的开挖宽度（mm）；

　　D_1——管道结构的外缘宽度（mm）；

　　b_1——管道一侧的工作面宽度，可按表 4-9 采用；

　　b_2——管道一侧的支撑厚度，可取 150~200mm；

　　b_3——现场浇筑混凝土或钢筋混凝土灌渠一侧模板的厚度（mm）。

管道一侧的工作面宽度 表 4-9

管道结构的外缘宽度 D_1（mm）	管道一侧的工作面宽度 b_1（mm）	
	非金属管道	金属管道
$\leqslant 500$	400	300
$500 < D_1 \leqslant 1\,000$	500	400
$1\,000 < D_1 \leqslant 1\,500$	600	500
$1\,500 < D_1 \leqslant 3\,000$	800~1 000	700

（2）按设计图纸要求及测量定位的中心线，依据沟槽开挖计算尺寸，撒好灰线。

（3）按人数和最佳操作面划分段，按照从浅到深顺序进行开挖。

（4）一、二类土可按 30cm 分层逐层开挖，倒退踏步型开挖，三、四类土先用镐翻松，再按 30cm 左右分层正向开挖。

（5）每挖一层清底一次，挖深 1m 切坡成型一次，并同时抄平，在边坡上打好水平控制小木桩。

（6）挖掘管沟和检查井底槽时，沟底留出 15~20cm 暂不开挖。待下道工序进行前抄平开挖，如个别地方不慎破坏了天然土层，要先清除松动土壤，用砂等填至标高，夯实。

（7）岩石类管基填以厚度不小于 100mm 的砂层。

（8）当遇到有地下水时，排水或人工抽水应保证下道工序进行前将水排除。

（9）敷设管道前，应按规定进行排尺，并将沟底清理到设计标高。

（10）采用机械挖沟时，应由专人指挥。为确保机械挖沟时沟底的土层不被扰动和破坏，用机械挖沟当天不能下管时，沟底应留出 0.2m 左右一层不挖，待铺管前人工清挖。

3. 管基施工

排水管道的基础，对于排水管道的质量影响很大，往往由于管道基础做得差，而使管道产生不均匀沉陷，造成管道漏水、淤积、错口、断裂等现象，导致对附近地下水的污染、影响环境卫生等不良后果。

排水管道的基础和一般构筑物基础不同。管体受到浮力、土压、自重等作用，在基础上保持平衡。因此管道基础的形式，取决于外部荷载的情况、覆土的厚度、土的性质及管道本身的情况。

地基是指沟槽底的土壤部分，承受管子和基础的重力、管内水重量、管上土压力和地面上的荷载；基础是指管子与地基间的设施，有时地基强度较低，不足以承受上面压力时，要靠基础增加地基的受力面积，把压力均匀地传给地基；管座是在基础与管子下侧之间的部分，使管子与基础连成一个整体，以增加管道的刚度。

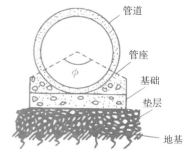

图4-16 管道基础断面

管道基础断面如图4-16所示。常用的排水管道基础有砂土基础、混凝土枕基及混凝土带形基础。

（1）砂土基础

砂土基础包括弧形素土基础和砂垫层基础，如图4-17所示。弧形素土基础是在原土上挖弧形管槽，通过采用90°弧形，管子落在弧形管槽里，这种基础适用于无地下水、岩石或多石土壤，管道直径不大（陶土管管径$D<450mm$，承插混凝土管管径$D<600mm$）、埋深在1.5~3.0m的排水管道。

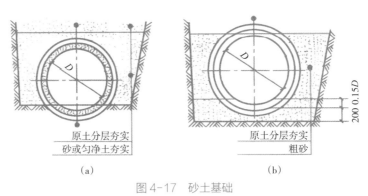

（a）　　　　　　　　　（b）

图4-17 砂土基础

（a）弧形素土基础；（b）砂垫层基础

砂垫层基础是在挖好的弧形管上，用粗砂填好，使管壁与弧形槽相吻合。砂垫层厚度通常为100~150mm。

（2）混凝土枕基

混凝土枕基是只在管道接口处才设置的管道局部基础，如图4-18所示。

通常在管道接口下用混凝土做成枕状垫块。这种基础适用于干燥土的雨水管道及不太重要的污水支管。

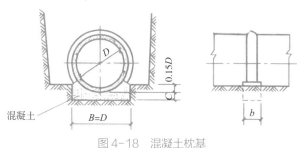

图 4-18　混凝土枕基

（3）混凝土带形基础

混凝土带形基础是沿管道全长铺设的基础。按管座的形式不同可分为 90°（Ⅰ型）、135°（Ⅱ型）、180°（Ⅲ型）三种管座基础，如图 4-19 所示。这种基础适用于各种潮湿土壤以及地基软硬不均匀处的排水管道，并常加碎石垫层。管座的中心角在无特殊荷重时，一般采用 90°；如果地基非常松软或有特殊荷载，容易产生不均匀沉陷的地区，一般可采用 135° 或 180°；在地震烈度为 8 度以上，土质又松软的地区，最好采用钢筋混凝土带形枕基。

4. 下管前的检测准备

下管前应进行管材检验、检查沟底标高和管基强度、检验下管机具和绳索、下管接口闭水试验等工作。

（1）检查管材、套环及接口材料的质量。管材有破裂、承插口缺口、缺边等缺陷不允许使用。

（2）检查基础的标高和中心线。基础混凝土强度须达到设计强度等级的 50% 和不小于 5MPa 时方准下管。

（3）管径大于 700mm 或采用列车下管法，须先挖马道，宽度为 300mm 以上，坡度采用 1 : 15。

（4）用其他方法下管时，要检查所用的大绳、木架、捯链、滑车等机具，无损坏现象方可使用。临时设施要绑扎牢固，下管后座应稳固牢靠。

（5）校正测量及复核坡度板，是否被挪动过。

（6）铺设在地基上的混凝土管，根据管子规格量准尺寸，下管前挖好枕基坑，枕基低于管底皮 10mm。

5. 下管

（1）根据管径大小和现场的施工条件，分别采用压绳法、三脚架法、大绳二绳挂钩法、捯链滑车法等，如图 4-20 所示。

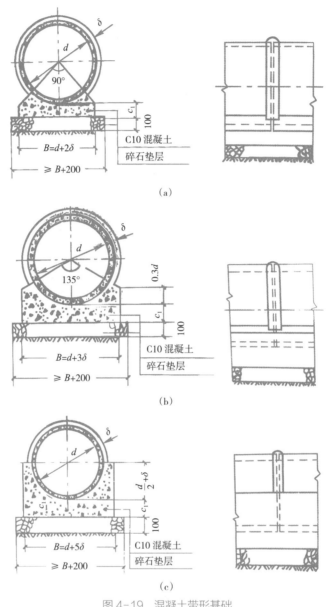

图 4-19　混凝土带形基础

（a）Ⅰ型基础；（b）Ⅱ型基础；（c）Ⅲ型基础

（2）下管前要从两个检查井的一端开始，若为承插管铺设时以承口在前。

（3）稳管前将管口内外全刷洗干净，管径在 600mm 以上的平口或承插管道接口，应留有 10mm 缝隙；管径在 600mm 以下的，留出不小于 3mm 的对口缝隙。

（4）下管后找正拨直，在撬杠下垫以木板，不可直插在混凝土基础上。

（5）使用套环接口时，稳好一根管子再安装一个套环。铺设小口径承插管时，稳好

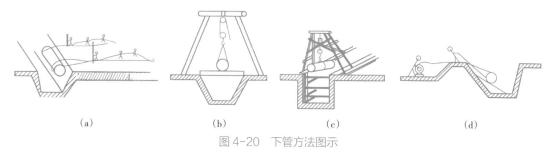

图 4-20 下管方法图示

(a) 压绳法; (b) 三脚架法; (c) 大绳二绳挂钩法; (d) 捯链滑车法

第一节管后,在承口下垫满灰浆,再将第二节管插入,挤入管内的灰浆应从里口抹平。

6. 管道接口

(1) 承插铸铁管、混凝土管及缸瓦管接口

水泥砂浆抹口或沥青封口,在承口的 1/2 深度内,宜用油麻填严塞实,再抹 1∶3 水泥砂浆。

承插铸铁管或陶土管(缸瓦管)一般采用 1∶9 水灰比的水泥打口。先在承口内打好三分之一的油麻,将和好的水泥,自下而上分层打实再抹光,覆盖湿土养护。

(2) 套环接口

调整好套环间隙。用小木楔 3~4 块将缝垫匀,让套环与管同心,套环的结合面用水冲洗干净,保持湿润。

按照石棉∶水泥 2∶7 的配合比拌好填料,将灰自下而上地边填边塞,分层打紧。管径在 600mm 以上的要做到四填十六打,前三次每填 1/3 打四遍。管径在 500mm 以下采用四填八打,每填一次打两遍。最后找平。

打好的灰口,较套环的边凹 2~3mm,打灰口时,每次灰钎子重叠一半,打实打紧打匀。填灰打口时,下面垫好塑料布,落在塑料布上的石棉灰,一小时内可再用。

管径大于 700mm 的对口缝较大时,在管内用草绳塞严缝隙,外部灰口打完再取出草绳,随即打实内缝。切勿用力过大,免得松动外面接口。管内管外打灰口时间不准超过 1h。

灰口打完用湿草袋盖住,1h 后洒水养护,连续 3d。

(3) 平口管子接口

水泥砂浆抹带接口必须在八字包接头混凝土浇筑完以后进行抹带工序。

抹带前洗刷净接口,并保持湿润。在接口部位先抹上一层薄薄的水泥浆,分两层抹压,第一层为全厚的 1/3。将其表面划成线槽,使表面粗糙,待初凝后再抹第二层。然后用弧形抹子赶光压实,覆盖湿草袋,定时浇水养护。

管子直径在 600mm 以上接口时，对口缝留 10mm。管端如不平以最大缝隙为准。注意接口处不可用碎石、砖块塞缝。

设计无特殊要求时带宽宜：管径小于 450mm、带宽为 100mm、高 60mm；管径大于或等于 450mm、带宽为 150mm、高 80mm。

（4）塑料管接口

必须将管端外侧和承口内侧擦拭干净，使被粘接面保持清洁、无尘砂与水迹。表面粘有油污时，必须用棉纱蘸丙酮等清洁剂擦净。

采用承口管时，应对承口与插口的紧密程度进行验证。粘接前必须将两管试插一次，使插入深度及松紧度配合情况符合要求，并在插口端表面划出插入承口深度的标线。管端插入承口深度可按现场实测的承口深度。

涂抹胶粘剂时，应先涂承口内侧，后涂插口外侧，涂抹承口时应顺轴向由里向外涂抹均匀、适量，不得漏涂或涂抹过量。

涂抹胶粘剂后，应立即找正方向对准轴线将管端插入承口，并用力推挤至所画标线。插入后将管旋转 1/4 圈，在不少于 60s 时间内保持施加的外力不变，并保证接口的直度和位置正确。

插接完毕后，应及时将接头外部挤出的胶粘剂擦拭干净。应避免受力或强行加载，其静止固化时间不应少于表 4-10 的规定。

静止固化时间（单位：min）　　表 4-10

外径 DN（mm）	管材表面温度	
	18~40℃	5~18℃
>50	20	30
63~90	45	60

粘接接头不得在雨中或水中施工，不宜在 5℃ 以下操作。所使用的胶粘剂必须经过检验，不得使用已出现絮状物的胶粘剂，胶粘剂与被粘接管材的环境温度宜基本相同，不得采用明火或电炉等设施加热胶粘剂。

（5）混凝土管五合一施工法

五合一施工法是指基础混凝土、稳管、八字混凝土、包接头混凝土、抹带等五道工序连续施工。管径小于 600mm 的管道，设计采用五合一施工法时，程序如下：

1）先按测定的基础高度和坡度支好模板，并高出管底标高 2~3mm，为基础混凝土的压缩高度，随后浇灌。

2）洗刷干净管口并保持湿润。落管时徐徐放下，轻落在基础底下，立即找直、找正、拨正，滚压至规定标高。

3）管子稳好后，随后打八字和包接头混凝土，并抹带。但必须使基础、八字和包接头混凝土以及抹带合成一体。

4）打八字前，用水将其接触的基础混凝土面及管皮洗刷干净；八字和包接头混凝土可分开浇筑，但两者必须合成一体；包接头模板的规格质量，应符合要求，支搭应牢固，在浇筑混凝土前应将模板用水湿润。

5）混凝土浇筑完毕后，应切实做好保养工作，严防管道受振而使混凝土开裂脱落。

（6）排水管道闭水试验

管道应于充满水 24h 后进行严密性检查，水位应高于检查管段上游端部的管顶。如地下水位高出管顶时，则应高出地下水位。一般采用外观检查，检查中应补水，水位保持规定值不变，无漏水现象则认为合格。

（7）回填

1）管道安装验收合格后应立即回填。

2）回填时沟槽内应无积水，不得带水回填，不得回填淤泥、有机物及冻土。回填土中不得含有石块、砖及其他杂硬物体。

3）沟槽回填应从管道、检查井等构筑物两侧同时对称回填，确保管道不产生位移，必要时可采取限位措施。

4）管道两侧及管顶以上 0.5m 部分的回填，应同时从管道两侧填土分层夯实，不得损坏管子和防腐层，沟槽其余部分的回填也应分层夯实。管子接口工作坑必须仔细夯实。

5）回填设计填砂时应遵照设计要求。

6）管顶 0.7m 以上部位可采用机械回填，机械不能直接在管道上部行驶。

7）管道回填宜在管道充满水的情况下进行，管道敷设后不宜长期处于空管状态。

（8）成品保护

1）定位控制桩，挖好的沟槽等均应有保护措施。

2）给水管道敷设完毕、管沟回填之前，应有保护措施，以免管道受破坏。

3）冬期施工水压试验应有保护措施，试压完毕后应排尽水，以免管道冻裂。

4）消火栓、消防水泵接合器等安装完毕交工之前施工现场应有保护措施。

（9）安全措施

1）吊装管子的绳索必须绑牢，吊装时要服从统一指挥，动作要协调一致，管子起吊后，沟内操作人员应避开，以防伤人。

2）施工人员要戴好安全帽。

3）用手工切割管子时不能过急过猛，管子将要断时应扶住管子，以免管子滚下垫木时砸脚。

4）管道对口过程中，要相互照应，以防挤手。

5）夜间挖管沟时必须有充足的照明，在交通要道外设置警告标志。

6）管沟过深时上下管沟应用梯子，挖沟过程中要经常检查边坡状态，防止塌方伤人。

7）抡镐和大锤时，注意检查镐头和锤头，防止脱落伤人。

8）管沟上下传递物件时，不准抛掷，应系在绳子上，上下传递。

4.6.3　园林排水工程施工质量检测

1. 边沟的施工质量检测

凡挖方地段或路基边缘高度小于边沟深度的填方段，均应设置边沟。边沟深和底宽一般不应小于 0.4m。当流量较大时，断面尺寸应根据相关水力公式计算确定。

土质地段一般选用梯形边沟，其边坡内侧坡度一般为 1：1~1：1.5，外侧与挖方边坡相同；有碎落台时，外侧坡度也可采用 1：10，如选用三角形边沟，其边坡内侧坡度一般为 1：2~1：4，外侧坡度一般为 1：1~1：2。石方地段的矩形边沟，其内侧边坡应按其强度采用坡度 1：0.5 至直立，外侧与挖方边坡相同。

所有边沟的断面尺寸、沟底纵坡均应符合设计要求。沟底纵坡一般与路线纵坡一致，不得小于 0.2%，在特殊情况下允许减至 0.1%，坡度准确、平整、密实。路线纵坡不能满足边沟纵坡需要时，可采用加大边沟、增设涵洞或将填方路堤提高等措施。梯形边沟的长度，平原区一般不宜超过 500m，重丘、山岭区一般不宜超过 300m，三角形边沟长度不宜超过 200m。

路堑与路堤交接处，应将路堑边沟水徐缓引向路基外侧的自然沟、排水沟或取土坑中，勿使路基附近积水。当边沟出口处易受冲刷时，应设泄水槽或在路堤坡脚的适当长度内进行加固处理。

平曲线处边沟沟底纵坡应与曲线前后沟底相衔接，并且不允许曲线内侧有积水或外溢现象发生。回头曲线外的边沟宜按其原来方向，沿山坡开挖排水沟，或用急流槽引下山坡，不宜在回头曲线处沿着路基转弯冲泻。

一般不允许将截水沟和取水坑中的水排至边沟中。在必须排至边沟时，要加大或加固该段边沟。在路堑地段应做成路堤形式，并在路基与边沟间做成不小于 2m 宽的护道。

边沟的铺砌应按图纸或监理工程师的指示进行。在铺砌之前应对边沟进行修整，沟底和沟壁应坚实、平顺，断面尺寸应符合设计图纸要求。

采用浆砌片石铺砌时，浆砌片石的施工质量应满足相关的要求；采用混凝土预制块铺砌时，混凝土预制块的强度、尺寸应符合设计，外观应美观，砌缝砂浆应饱满，勾缝应平顺，沟身不漏水。

2. 截水沟的施工质量检测

无弃土堆时，截水沟边缘至堑顶距离，一般不小于 5m，但土质良好、堑坡不高或沟内进行加固时，也可不小于 2m。湿陷性黄土路堑，截水沟至堑顶距离一般不小于 1m，并应加固防渗。有弃土堆时，截水沟应设于弃土堆上方，弃土堆坡脚与截水沟边缘间应留不小于 10m 的距离。弃土堆顶部设 2% 倾向截水沟的横坡。截水沟挖出的土，可在路堑与截水沟之间填筑土台，台顶应有 2% 倾向截水沟的坡度，土台坡脚离路堑外缘不应小于 1m。

截水沟横截面一般做成梯形，底宽和深度应不小于 0.5m，流量较大时，应根据水力公式计算确定。截水沟的边坡，一般为 1∶1~1∶1.5。沟底纵坡，一般不小于 0.5%，最小不得小于 0.2%。

山坡上的路堤，可用取土坑或截水沟将水引离路基。路堤坡脚与取土坑和截水沟之间，应设宽度不小于 2m 的护道，护道表面应有 2% 的外向坡度。

截水沟长度超过 500m 时，应选择适当地点设出水口或将水导入排水沟中。

3. 排水沟的施工质量检测

排水沟的横断面一般为梯形，其断面大小应根据水力公式计算确定。排水沟的底宽和深度一般不应小于 0.5m；边坡可采用 1∶1~1∶1.5；沟底纵坡一般不应小于 0.5%，最小不应小于 0.2%。

排水沟应尽量采用直线，如需转弯时，其半径不宜小于 10m。排水沟的长度不宜超过 500m。排水沟与其他沟道连接，应做到顺畅。当排水沟在结构物下游汇合时，可采用半径为 10~12 倍排水沟顶宽的圆弧或用 45° 角连接；当其在结构物上游汇合时，除满足上述条件外，连接处与结构物的距离应不小于 2 倍河床宽度。

所有边沟、截水沟、排水沟，如果发现流速大于该土壤容许冲刷的流速，则应采取土沟表面加固措施或设法减小纵坡。

4. 跌水与急流槽的施工质量检测

跌水和急流槽的边墙高度应高出设计水位，射流时至少 0.3m，细（贴）流时至少 0.2m。边墙的顶面宽度，浆砌片石为 0.3~0.4m，混凝土为 0.2~0.3m；底板厚为 0.2~0.4m。跌水和急流槽的进、出水口处，应设置护墙，其高度应高出设计水位至少 0.2m。基础应埋至冻结深度以下，并不得小于1m。进、出水口5~10m内应酌情予以加固。出水口处也可视具体情况设置跌水井。

跌水阶梯高度，应视当地地形确定，多级跌水的每阶高度一般为0.3~0.6m，每阶高度与长度之比一般应大致等于地面坡度；跌水的台面坡度一般为2%~3%。

跌水与急流槽应按图纸要求修建，如图纸未设置跌水和急流槽而监理工程师指示设置时，承包人应按指示提供施工图纸，经监理工程师批准后方可进行施工。

混凝土急流槽施工前，承包人应提供一份详细的施工方案，以取得监理工程师的批准。工程施工方案中，应说明各不同结构部分的浇筑、回填、压实等作业顺序，证明各施工阶段结构的稳定性。

浆砌片石急流槽的砌筑，应使自然水流与涵洞进、出水口之间形成一平滑的过渡段，其形状应使监理工程师满意。

急流槽应分节修筑，每节长度以5~10m为宜，接头处应用防水材料填缝，要求密实，无漏水现象，并经监理工程师检查认为满意为止。陡坡急流槽应每隔2.5~5m设置基础凸榫，凸榫高宜采用0.3~0.5m，以不等高度相间布置嵌入土中，以增强基底的整体强度，防止滑移变位。

路堤边坡急流槽的修筑，应能为水流流入排水沟提供一顺畅通道。路缘开口及流水进入路堤边坡急流槽的过渡段应按图纸和监理工程师指示修筑，以便排出路面雨水。

5. 蒸发池的施工质量检测

当取土坑作蒸发池时，其与路基坡脚间的距离，一般应不小于10m，面积较大的蒸发池至路基坡脚的距离应不小于20m，坑内水面应低于路基边缘至少0.6m；蒸发池的容量一般不超过200~300m³，蓄水深度应不大于1.5m。池周围可用土埂围护，防止其他水流入池中。蒸发池的设置，应不使附近地区的环境卫生受影响。

6. 土沟工程质量检测

基本要求：土沟边坡必须平整、稳定，严禁贴坡。沟底应平顺、整齐，不得有松散土和其他杂物，排水要畅通。

外观鉴定：表面坚实整洁，沟底无阻水现象。

7. 浆砌排水沟工程质量检测

基本要求：砌体砂浆配合比准确，砌缝内砂浆均匀、饱满，勾缝密实；浆砌片（块）石、混凝土预制块的质量和规格应符合设计要求；基础沉降缝应和墙身沉降缝对齐；砌体抹面应平整、压实、抹光、直顺，不得有裂缝、空鼓现象。

外观鉴定：砌体内侧及沟底应平顺；沟底不得有杂物及阻水现象；浆砌排水沟实测项目及标准见表4-11。

浆砌排水沟实测项目及标准　　　　　　　　　　　　　　表 4-11

项次	检查项目	规定值或允许偏差	检查方法和频率
1	砂浆强度（MPa）	在合格标准内	按砂浆质量规范检查
2	轴线偏位（mm）	50	经纬仪：每 200m 测 5 点
3	沟底高程（mm）	±50	水准仪：每 200m 测 5 点
4	墙面直顺度或坡度（mm）	±30 或不小于设计值	20m 拉绳、坡度尺：每 200m 测 2 点
5	断面尺寸（mm）	±30	尺量：每 200m 测 2 点
6	铺砌厚度（mm）	不小于设计值	尺量：每 200m 测 2 点
7	基础垫层宽、厚（mm）	不小于设计值	尺量：每 200m 测 2 点

8. 盲沟（暗沟）工程质量检测

基本要求：盲沟的设置及材料规格、质量等，应符合设计要求和施工规范规定。反滤层应用筛选过的中砂、粗砂、砾石等渗水性材料分层填筑。排水层应采用石质较硬的较大颗粒填筑，以保证排水孔隙度。

外观鉴定：反滤层应层次分明；进、出水口应排水通畅；杂物要及时清理干净。

盲沟实测项目及标准见表 4-12。

盲沟实测项目及标准　　　　　　　　　　　　　　　　表 4-12

项次	检查项目	规定值或允许偏差	检查方法和频率
1	沟底纵坡（%）	±1	水准仪：每 10~20m 测 1 点
2	断面尺寸（mm）	不小于设计值	尺量：每 20m 测 1 处

9. 管道基础及管节安装工程质量检测

基本要求：管材必须逐节检查，不合格的不得使用。基础混凝土强度达到 5MPa 以上时，方可进行管节铺设。管节铺设应平顺、稳固，管底坡度不得出现反坡，管节接头处流水面高差不得大于 5mm。管内不得出现泥土、砖石、砂浆等杂物。当管径大于 1m 时，应在管内做整圈勾缝。管口内缝砂浆应平整、密实，不得有裂缝、空鼓现象。抹带前，管口必须洗刷干净，管口表面应平整、密实，无裂缝现象，抹带后应及时覆盖养护；设计中要求防渗透的排水管须做渗漏试验，渗漏量应符合要求。

外观鉴定：管道基础混凝土表面应平整、密实，侧面蜂窝不得超过该表面积的 1%，深度不超过 10mm。管节铺设直顺，管口缝带圈平整、密实，无开裂、脱皮等现象。

管道基础及管节安装实测项目及标准见表 4-13。

管道基础及管节安装实测项目及标准　　　　　　　表 4-13

项次	检查项目	规定值或允许偏差	检查方法和频率
1	混凝土抗压强度和砂浆强度（MPa）	在合格标准内	按照混凝土和砂浆质量规范检查
2	轴线偏位（mm）	20	经纬仪或拉线：每两井间测 3 处
3	管内底高程（mm）	±10	水准仪：每两井间测 2 处
4	基础厚度（mm）	不小于设计值	尺量：每两井间测 3 处
5	管座厚度（mm）	不小于设计值	尺量、拉边线：每两井间测 2 处
6	抹带宽度、厚度（mm）	不小于设计值	尺量：按 10% 抽查

10. 检查井工程质量检测

基本要求：井基混凝土强度达到 5MPa 时，方可砌筑井体。砌筑砂浆配合比准确，井壁砂浆饱满、灰缝平整。圆形检查井内壁应圆顺，抹面光实，踏步安装牢固。井框、井盖安装必须平稳，井口周围不得有积水。

外观鉴定：井内砂浆抹面无裂缝，井内平整圆滑，收分均匀。检查井实测项目及标准见表 4-14。

检查井实测项目及标准　　　　　　　表 4-14

项次	检查项目	规定值或允许偏差	检查方法和频率
1	砂浆强度（MPa）	在合格标准内	按照混凝土和砂浆质量规范检查
2	轴线偏位（mm）	50	经纬仪或拉线：每两井间测 3 处
3	圆井直径或方井长宽（mm）	±20	水准仪：每两井间测 2 处

11. 倒虹吸管工程质量检测

基本要求：见管道基础及管节安装部分。

外观鉴定：上下游沟槽与竖井连接顺畅，流水畅通。井身竖直，内表面平整。

倒虹吸管实测项目及标准见表 4-15。

倒虹吸管实测项目及标准　　　　　　　表 4-15

项次	检查项目	规定值或允许偏差	检查方法和频率
1	混凝土强度（MPa）	在合格标准内	按照混凝土和砂浆质量规范检查
2	管轴线偏位（mm）	20	经纬仪或拉线：每两井间测 3 处
3	涵底流水面高程（mm）	±10	水准仪：每两井间测 2 处

续表

项次	检查项目		规定值或允许偏差	检查方法和频率
4	相邻管节地面错口（mm）	管径≤1m	3	用水平尺检查接头处
		管径>1m	5	
5	竖井尺寸（mm）	长、宽	±20	尺量
		直径	±20	
6	竖井高程（mm）	顶部	±20	用水准仪检查
		底部	±15	

12. 排水泵站工程质量检测

基本要求：地基应具有足够的承载能力；井壁混凝土要密实；混凝土强度达到合格标准后才能进行下沉。下沉过程中，应随时注意正位，发现偏位及倾斜时及时纠正。封底应密实、不漏水。

外观鉴定：泵站轮廓线条清晰，表面平整。

排水泵站实测项目及标准见表4-16。

排水泵站实测项目及标准　　　　　　　　　　表4-16

项次	检查项目	规定值或允许偏差	检查方法和频率
1	混凝土强度（MPa）	在合格标准内	按照混凝土质量规范检查
2	轴线平面偏位（mm）	1.0% 井深	用经纬仪检查纵横向各2点
3	垂直度（mm）	1.0% 井深	用垂线检查纵横向各1点
4	地面高程（mm）	±50	用水准仪检查4点

13. 园林室外排水系统试验方法

室外生活排水管道施工完毕后，需做闭水试验，在管道内施加适当压力，以观察管接头处及管材上有无渗水情况。

（1）试验步骤

1）试验前需对管道内部进行检查，要求管内无裂纹、小孔、凹陷、残渣和孔洞。

2）上游井和下游井处用钢制堵板堵住管子两端，同时在上游井的管沟边设置一试验水箱，进行试验。

3）将进水管接至堵板下侧，下游井内管子的堵板下侧应设泄水管，并挖好排水沟。

4）昼夜进行预检查。无漏水现象。检查方法：从水箱向管内充水，管道充满水后，一般以无气泡为合格。

5）无特殊要求的排水管道试验时，允许有未形成水流的个别湿斑，若数量不超过检查段管子根数的 5%，则认为预检查合格。然后用测定渗出（或渗入）水量的方法，水的渗出（或渗入）水量如不大于所规定的渗漏水量，试验合格。试验时观察时间不应小于 30min。管道允许的渗漏水量见表 4-17。

管道允许的渗漏水量   表 4-17

管径（mm）	<150	200	250	300	350	400	450	500	600
钢筋混凝土管、混凝土管、石棉水泥瓦管（m³）	7.0	20	24	28	30	32	34	36	40
陶土管（m³）	7.0	12	15	18	20	21	22	23	23

（2）试验注意事项

1）在潮湿土壤中检查地下水渗入管内的水量，可根据地下水位线的高低而定。

2）地下水位线超过管顶 2~4m，渗入管内的水量不应超过表 4-17 的规定。地下水位线超过管顶 4m 以上，则每增加 1m，渗入水量允许增加 10%。当地下水位不高于 2m 时，可按干燥土壤进行试验。

3）检查干燥土壤中管道的渗出水量，其充水高度应高出上游检查井内管顶 4m，渗出的水量不应大于表 4-17 的规定。

4）对于雨水和与其性质相似的管道，除敷设在大孔性土壤及水源地区外，可不做渗水量试验。

5）排出腐蚀性污水的管道，不允许有渗漏。

职业活动训练

 【任务名称】

小型绿地给水排水工程施工技术的资料整理。

1. 任务背景

本任务旨在让学生掌握园林给水排水工程技术知识。学生将分组完成一个小型绿地给水排水工程施工技术的资料整理，包括设计、材料选择、建造和安装等步骤的资料。这将有助于他们理解园林给水排水工程的施工流程和施工要点。

2. 任务目标

（1）理解园林给水排水工程的设计原则、构造技术和材料选择。

（2）通过团队收集资料，培养学生解决问题、协作和沟通能力。

（3）熟悉园林给水排水工程施工，为未来的园林工程项目做好准备。

3. 任务步骤

（1）学生自行收集相关资料。

（2）后续小组讨论，总结结果，提出问题和建议。

（3）将讨论后的资料整合成报告。

4. 提交要求

资料收集报告，包括收集记录和讨论结果。

 【思考与练习】

一、选择题

1. 喷灌系统的构成组件通常不包括（　　　）。

A. 水源　　　　　　B. 控制器　　　　　　C. 施肥器　　　　　　D. 照明设备

2. 喷灌系统中，过滤器的主要功能是（　　　）。

A. 提高水压　　　　　　　　　　　B. 阻止颗粒物通过

C. 自动控制水流　　　　　　　　　D. 增加水流量

3. 在园林给水工程中，（　　　）被认为具有较好的耐腐蚀性和使用寿命，但质地较脆，不适应城市发展。

A. 钢筋混凝土管　　B. 灰铸铁管　　　　C. 球墨铸铁管　　　D. HDPE 管

4. 地下龙头的服务半径大约是（　　　）。

A. 20m　　　　　　　　　　　　　B. 50m

C. 80m　　　　　　　　　　　　　D. 100m

5. 在不冰冻地区，给水管道覆土深度的标准是（　　　）。

A. 金属管道不小于 0.7m，非金属管道不小于 0.5m

B. 金属管道不小于 0.7m，非金属管道不小于 1.0m

C. 金属管道和非金属管道都不小于 0.7m

D. 金属管道和非金属管道都不小于 1.0m

6. 施工中给水管道和污水管道的最小净距是（　　　）。

A. 交叉时不小于 0.1m，平行时不小于 1.0m

B. 交叉时不小于 0.15m，平行时不小于 1.5m

C. 交叉时不小于 0.2m，平行时不小于 2.0m

D. 交叉时不小于 0.25m，平行时不小于 2.5m

7. 在土方工程验收中，砂垫层厚度的允许偏差是（   ）。

A. ±5cm

B. ±10cm

C. ±15cm

D. ±20cm

8. 合流制排水系统的特点是（   ）。

A. 只排雨水不排污水

B. 雨水和污水通过两套管网分别排放

C. 雨水和污水在一套管网中流动和排出

D. 无需处理直接排入水体

9. 园林排水中地面排水的方式包括（   ）基本原则。

A. 拦、阻、蓄、分、导

B. 挖、填、盖、排、收

C. 积、流、分、集、输

D. 控、调、储、排、利

10. （   ）情况下需要设置跌水井。

A. 当管径小于 200mm

B. 当管道高程落差超过 1m

C. 当排水管道与其他管线交叉

D. 当管道以下凹形式穿越地下障碍物

11. 下管前的检测准备工作中，检查管基强度的设计要求是（   ）。

A. 基础混凝土强度须达到设计强度等级的 50% 和不小于 5MPa

B. 基础混凝土强度须达到设计强度等级的 75% 和不小于 10MPa

C. 基础混凝土强度须达到设计强度等级的 100% 和不小于 20MPa

D. 基础混凝土强度须达到设计强度等级的 30% 和不小于 3MPa

12. 排水管道闭水试验中，以下（   ）是不正确的。

A. 管道应充满水 24h 后进行严密性检查

B. 外观检查中，应补水以保持水位不变

C. 如地下水位高于管顶，水位应高于地下水位

D. 无漏水现象则认为管道合格

13. 关于回填的说法，（   ）是正确的。

A. 回填时可带水回填，但不得回填淤泥、有机物及冻土

B. 回填设计填砂时应不考虑设计要求

C. 管道回填应在管道充满水的情况下进行

D. 机械回填可以直接在管道上部行驶

14. 排水沟的底宽和深度一般不应小于（ ）。

A. 0.2m   B. 0.3m

C. 0.4m   D. 0.5m

二、简答题

1. 在设计园林给水系统时，考虑到地形高差明显，应如何组织给水方式，以确保供水系统的有效性和经济性？

2. 喷灌系统中选择水泵时需要考虑哪些重要参数？

3. 描述水压试验的主要步骤和要求。

4. 描述园林排水工程施工的主要步骤和考虑因素。

5. 简要说明雨水口在园林排水系统中的作用和主要构造要素。

6. 请简要说明管沟开挖过程中边坡放坡的注意事项。

7. 请简述管沟回填过程中的要求。

8. 请简述沟槽开挖的具体步骤。

9. 根据安全措施部分提到的内容，列举三项管道施工中的安全措施。

10. 请简要说明浆砌排水沟的施工质量检测要求。

11. 请简述园林室外排水系统试验方法的试验步骤。

5

项目5　园林水景工程

学习目标：了解园林水景的基础知识。

掌握各类园林水景工程施工流程和施工要点。

学会园林水景工程施工的质量检测要求和方法。

能力目标：能够完成各类园林水景工程施工准备工作。

能够进行各类园林水景工程的施工。

具备检验和验收园林水景工程质量的能力。

素质目标：具备对自然水资源的尊重和保护意识。

具有审美和创造性的思维。

具备负责任的职业道德和文化素养。

某园林水景工程涵盖数个大型喷泉，场地（水域）面积较大，需要实现安全、高效和精美的施工。问题：在水景工程中，如何保证水域施工的安全性、高效性和精美性？

5.1 园林水景基础知识

随着时代的发展，人们对水的理解和审美发生了很大的改变，对水体的应用也有了质的飞跃。在园林景观设计中，充分发挥水体的特性，不仅能给人们的心理和生理带来愉悦感，还能赋予园林灵气，因此水常常被称为"园之灵魂"。在我国传统的园林中，有"有山皆是园，无水不成景"的说法，使用水景能提升景观的审美趣味和增添实用功能，成为园林景观的点睛之笔。

水景可以增加空气的湿度，调节气候，减少尘埃，改善环境。平静的水面给人安静、放松、惬意的感觉；飞动的瀑布则气势磅礴，令人心潮澎湃。水景设计要遵循自然生态平衡，同时要利用好水体的特征，把水体和环境景观有机结合，满足人们生理上和精神上的双重需求，调节人的思想情操，使水景设计最终能服务于人。

5.1.1 园林景观水景作用

1. 系带作用

水面能够将不同的园林空间和园林景点联系起来，避免景观结构松散，这种作用叫作水面的系带作用。它有线型和面型两种表现形式，如图 5-1 和图 5-2 所示。

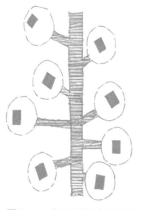 

图5-1　水面系带（线型）　　　图5-2　水面系带（面型）

（1）线型，将水作为一种关联因素，可以在散落的景点之间产生紧密结合的关系，互相呼应，共同成景。曲折而狭长的水面，在造景中能够将许多景点串联起来，形成一个线状分布的风景带。

（2）面型，一些宽阔的水面，如杭州西湖，把环湖的山、树、塔、庙、亭、廊等众多景点、景物和湖面上的苏堤、断桥、白堤、阮公墩等名胜古迹紧紧地联结在一起，构成了一个丰富多彩、优美动人的巨大风景面。园林水体这种具有广泛联系特点的造景作用，称为面型系带作用。

2. 统一作用

当许多零散的景点均以水面作为联系纽带时，水面的统一作用就成了造景最基本的作用。如苏州拙政园中，众多的景点均以水面为底景，使水面处于全园构图的核心，所有景观都围绕水面布置，使景观结构更加紧密，风景体系也就呈现出来，大大加强了景观的整体性和统一性。

3. 焦点作用

喷涌的喷泉、跌落的瀑布等动态水的形态和声响能引起人们的注意，吸引人们的视线。在设计中，除了处理好它们与环境的尺度和比例关系外，还应考虑它们所处的位置。通常将水景安排在向心空间和轴线的焦点上、空间的醒目处或视线容易集中的地方，使其突出并成为焦点，可以作为焦点水景布置的水景设计形式有喷泉、瀑布、水帘、水墙、壁泉等。

5.1.2 园林水景的分类

1. 自然型

利用地势或土建结构，仿照自然景观而成，如溪流、瀑布、泉涌、水帘、跌水等，这些在我国传统园林中有较多应用，而现代水景则向大型化方向发展。

2. 人工型

依靠喷泉设备造景，建成各种各样的喷泉，如音乐喷泉、程序控制喷泉、旱地喷泉、雾化喷泉、玻光喷泉等。这类水景近年来在建筑领域广泛应用，其发展速度很快。

5.2 水池结构类型

水池工程在现代园林工程中占有重要的地位。这里所讲的水池是有别于天然的河流、湖泊和池塘的，水池面积相对较小，多取人工水源，因此必须设置进水、泄水的管线，有的水池还要做循环水设施，如图 5-3 所示。

目前，园林中人工水池从结构上可以分为刚性结构水池、柔性结构水池两类，前者主要包括砖砌结构水池、毛石砌结构水池和钢筋混凝土结构水池，如图 5-4 所示；后者有 EPDM（三元乙丙橡胶）防水膜水池、玻璃布沥青席等。

当水池较小，池水较浅，池壁高度小于 1m，对防水要求不太高时，可以采用砖、石结构。当水池较大或设于室内、屋顶花园或其他防水要求较高的场合时，应当选用钢筋

图 5-3　人工水池

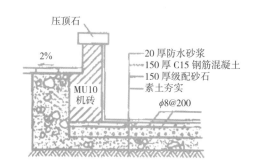

（a）

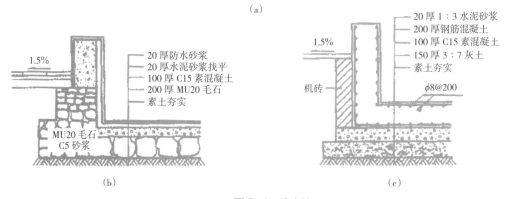

（b）　　　　　　　　　　　　　　　　　（c）

图 5-4　喷水池

（a）砖砌结构；（b）毛石砌结构；（c）钢筋混凝土结构

混凝土结构水池，它防水性能好、结构稳固、使用期长。具体选用哪类水池，可根据功能的需要而定。

水池除池壁外，池底亦必须人工铺砌而且壁底一体。

5.3 园林水景工程施工准备

5.3.1 熟悉水景工程施工图

1. 读懂水体工程施工图

水体工程施工图包括平面图、立面图、剖面图、管线布置图、详图等图样。

平面图用以表达水体平面设计的内容，主要表示水体的平面形状、布局及周围环境；构筑物及地下、地上管线中心的位置；表示进水口、泄水口、溢水口的平面形状、位置和管道走向。若表示喷水池或种植池，则还需标出喷头和种植植物的平面位置。

水体平面图中，水池的水面位置按常水位线表示。同时，一般要标注出必要尺寸和标高，具体包括：放线的基准点、基准线；规则几何图形的轮廓尺寸；自然式水池轮廓直角坐标网格；水池与周围环境，构筑物及地上、地下管线、管道位置距离的尺寸；水体的进水口、泄水口、溢水口等的形状和位置的尺寸和标高；自然水体最高水位、常水位、最低水位的标高；周围地形的标高，池岸岸顶、岸底、池底转折点、池底中心、池底标高及排水方向；对设计有水泵的，则应标注出泵房、泵坑的位置和尺寸，并注写出必要的标高。

立面图表示水体立面设计内容，着重反映水池立面的高度变化、水体池壁顶与附近地面高差变化、池壁顶形状及喷水池的喷泉水景立面造型。

剖面图表示剖面结构设计的内容，主要表示水体池壁坡高，池底铺砌及从地基至池壁顶的断面形状、结构、材料和施工方法与要求；表层（防护层）和防水层的施工方法；池岸与山石、绿地、树木结合的做法；池底种植水生植物的做法等内容。剖面图的数量及剖切的位置，应根据表示内容的需要确定。剖面图中主要标注出断面的分层结构尺寸及池岸、池底、进水口、泄水口、溢水口的标高。对与公河连接的园林水体，在剖面图中应标注常水位、最高水位和最低水位的标高。

放样详图表示水体的一些结构、构造，必要时应绘制出详图。

2. 领会驳岸工程施工图、驳岸工程设计图

驳岸工程施工图和设计图主要有平面图、断面图，必要时还采用立面图和详图补充。

驳岸平面图表示驳岸的平面位置、区段划分及水面的形状、大小等内容。若为园林

内部水体的驳岸，则根据总体设计确定驳岸平面位置；若水体与公河连接，则按照城市规划河道系统规定的平面位置确定驳岸平面位置。

在设计平面图中，一般以常水位线显示水面位置：对垂直驳岸，常水位线就是驳岸向水一侧的平面位置，即水面平面投影重合于驳岸平面投影位置；对倾斜驳岸的平面位置，根据倾斜度和岸顶高程向外推算求得，即驳岸平面投影位置应比水面平面投影位置稍大。在平面图中，驳岸的平面位置根据直角坐标网格确定，直角坐标网格应尽量与确定驳岸的平面位置的规划图样一致。

驳岸的断面图，主要表示驳岸的纵向坡度的形状、结构、大小尺寸和标高以及驳岸的建造材料、施工方法与要求等，并标注出水体的底部、水位（包括常水位、最高水位、最低水位）和驳岸顶部、底部的位置和标高。对人工水体，则标注出溢水口标高为常水位标高。对整形驳岸，驳岸断面形状、结构尺寸和有关标高均应标注；对自然式驳岸，由于形体欠规则，尺寸精度要求不高，为了简化图样中的尺寸，一般采用直角坐标网格直接确定驳岸，宽度（即驳岸的壁厚）为横坐标，高程为纵坐标，这时设计图中只需注明一些必要的、要求较高的尺寸和标高。

3. 水景工程施工图判读时应注意的问题

（1）了解图名、比例。

（2）了解放线基准点、基准线的依据。

（3）了解水体平面的形状、大小、位置及其与周围环境、构筑物、地上地下管线的距离。

（4）了解池岸、池底的结构，表层（防护层）、防水层、基础做法。

（5）了解进水口、泄水口、溢水口位置、形状、标高。

（6）了解池岸、池底、池底转折点、池底中心标高及排水方向。

（7）了解池岸与山石、绿地、树木结合做法及池底种植水生植物的做法。

（8）了解给水排水、电气管线布置及配电装置、泵房等情况。

5.3.2 园林水景工程施工基础材料准备

1. 人工水池、施工材料

人工水池、喷水池主要施工材料有水泥、细砂、粒料、混凝土、钢筋、灰土、防水剂或防水卷材、添加剂等，柔性结构水池常用的有玻璃布沥青、三元乙丙橡胶薄膜、再生橡胶薄膜、油毛毡等。具体材料的型号应根据不同的设计选择。

主要机具有混凝土、砂浆搅拌机、振捣器、检测仪器、尖（平）头铁锹、手推车、蛙式夯土机。大型水景需准备挖掘机、推土机、装载机等大型机械。

2. 湖底基础材料

通常对于基址条件较好的湖底不做特殊处理，适当夯实即可，但渗漏严重的，常采用灰土层湖底、塑料薄膜湖底和混凝土湖底。湖底施工时由于水位过高会使湖底受地下水位的挤压而被抬高，所以要特别注意地下水的排放。

常用的材料有灰土、碎石、混凝土、塑料薄膜、聚乙烯薄膜、三元乙丙橡胶。

常用的机械有挖土机、推土机、混凝土搅拌机、夯土机、发电机、带孔聚氯乙烯管、尖（平）头铁锹、手推车等。

3. 工程中常见的池底结构

灰土层池底：当池底的基土为黄土时，可在池底做 40~45cm 厚的 3:7 灰土层，并每隔 20m 留一伸缩缝。

聚乙烯薄膜防水层池底：当基土微漏，可采用聚乙烯防水膜池底做法。

混凝土池底：当水面不大，防漏要求又很高时，可以采用混凝土池底结构。这种结构的水池，如其形状比较规整，则 50m 内可不做伸缩缝。如其形状变化较大，则在其长度约 20m 并在其断面狭窄处做伸缩缝。

一般池底可贴蓝色瓷砖或水泥加入蓝色，色彩上的变化，增加景观美感。

4. 常用防水材料

目前，水池防水材料种类较多，按材料分，主要有沥青类、塑料类、橡胶类、金属类、砂浆、混凝土及有机复合材料等；按施工方法分，有防水卷材、防水涂料、防水嵌缝油膏和防水薄膜等。

沥青材料主要有建筑石油沥青和专用石油沥青两种。专用石油沥青可在音乐喷泉的电缆防潮防腐中使用。建筑石油沥青与油毡结合形成防水层。

防水卷材品种有油毡、油纸、玻璃纤维毡片、三元乙丙再生胶及 603 防水卷材等。其中油毡应用最广；三元乙丙再生胶用于大型水池、地下室、屋顶花园，用作防水层效果较好；603 防水卷材是新型防水材料，具有强度高、耐酸碱、防水防潮、不易燃、有弹性、寿命长、抗裂纹等优点，且能在 –50~80℃ 环境中使用。

防水涂料常见的有沥青防水涂料和合成树脂防水涂料两种。

防水嵌缝油膏主要用于水池变形缝防水填缝，种类较多。按施工方法的不同分为冷用嵌缝油膏和热用灌缝胶泥两类。

防水剂常用的有硅酸钠防水剂、氯化物金属盐防水剂和金属皂类防水剂。注浆材料主要有水泥砂浆、水泥玻璃浆液和化学浆液三种。

5. 喷泉施工材料

喷头是喷泉的一个主要组成部分，其作用是把具有一定压力的水，经过

5.1 喷泉水池设计和施工

喷嘴的造型作用，在水面上空喷射出各种预想的、绚丽的水花。喷头的形式、结构、材料、外观及工艺质量等对喷水景观具有较大的影响。

一般常用青铜或黄铜制作喷头，近年也有用铸造尼龙制作的喷头，其有耐磨、润滑性好、加工容易、轻便、成本低等优点，但也有易老化、寿命短、零件尺寸不易严格控制等缺点，因此主要用于低压喷头。

喷头类型：喷头的种类较多，常用喷头可归纳为以下几种类型。

（1）单射流喷头。其喷出的压力水是最基本的形式，也是喷泉中应用最广的一种喷头。可单独使用，组合使用时能形成多种样式的花型，如图5-5所示。

（2）喷雾喷头。这种喷头内部装有一个螺旋状导流板，使水流螺旋运动，喷出后细小的水流弥漫成雾状水滴。在阳光与水珠、水珠与人眼之间的连线夹角为40°36″~42°18″时，可形成缤纷瑰丽的彩虹景观，如图5-6所示。

（3）环形喷头。出水口为环状断面，使水形成中空外实且集中而不分散的环形水柱，气势粗犷、雄伟，如图5-7所示。

（4）旋转喷头。利用压力水由喷嘴喷出时的反作用力或用其他动力带动回转器转动，使喷嘴不断地旋转运动。水形成各种扭曲线形，飘逸荡漾、婀娜多姿，如图5-8所示。

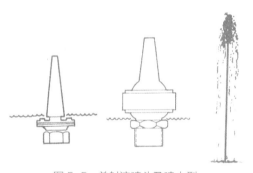

图5-5　单射流喷头及喷水型

图5-6　喷雾喷头

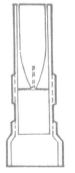

图5-7　环形喷头

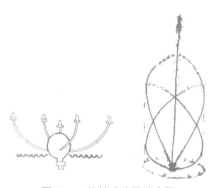

图5-8　旋转喷头及喷水型

（5）扇形喷头。在喷嘴的扇形区域内分布数个呈放射状排列的出水孔，可喷出扇形的水膜或像孔雀开屏一样美丽的水花，如图 5-9 所示。

（6）多孔喷头。这种喷头可以是由多个单射流喷嘴组成的一个大喷头，也可以是由平面、曲面或半球形的带有很多细小孔眼的壳体构成的喷头。多孔喷头能喷射出造型各异、层次丰富的盛开的水花，如图 5-10 所示。

（7）变形喷头。这种喷头的种类很多，共同特点是在出水口的前面有一个可以调节的、形状各异的反射器。当水流经过时反射器起到水花造型的作用，从而形成各种均匀的水膜，如半球形、牵牛花形、扶桑花形等，如图 5-11 所示。

（8）蒲公英喷头。它是在圆球形壳体上安装多伞同心放射状短管，并在每个短管端部安装一个半球形变形喷头，从而喷射出像蒲公英一样美丽的球形或半球形水花，新颖、典雅，如图 5-12 所示。此种喷头可单独使用，也可几个喷头高低错落地布置。

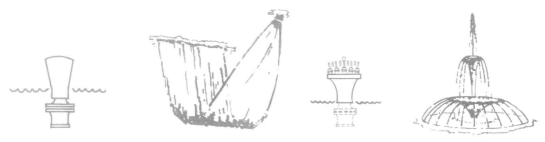

图 5-9　扇形喷头及喷水型　　　　　　　图 5-10　多孔喷头及喷水型

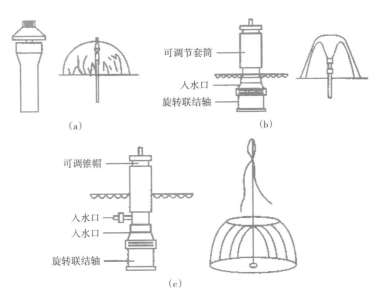

图 5-11　变形喷头及喷水型

（a）半球形喷头及喷水型；（b）牵牛花形喷头及喷水型；（c）扶桑花形喷头及喷水型

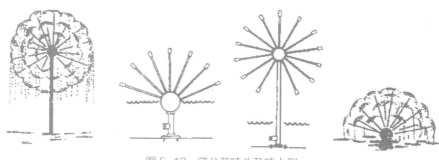

图 5-12　蒲公英喷头及喷水型

（9）吸力喷头。此种喷头是利用压力水喷出时，在喷嘴的喷口处附近形成负压区。由于压差的作用，它能把空气和水吸入喷嘴外的环套内，与喷嘴内喷出的水混合后一并喷出。这时水柱的体积膨大，同时因为混入大量细小的空气泡，形成白色不透明的水柱。它能充分地反射阳光，因此光彩艳丽。夜晚如有彩色灯光照明则更为光彩夺目。吸力喷头又可分为吸水喷头、加气喷头和吸水加气喷头。

（10）组合喷头。指由两种或两种以上、形体各异的喷嘴，根据水花造型的需要，组合而成的一个大喷头。它能够形成较复杂的喷水花型。

各类喷泉喷头种类如图 5-13 所示。

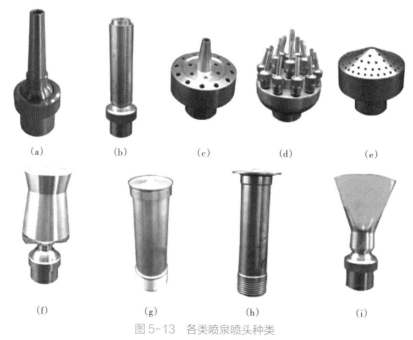

图 5-13　各类喷泉喷头种类

（a）万向直流喷头；（b）玉柱喷头；（c）花柱喷头；（d）可调三层花喷头；（e）礼花喷头；（f）冰塔喷头；
（g）喇叭花喷头；（h）蘑菇半球喷头；（i）扇形喷头

另外喷泉构筑物里还需要水泵、阀门井盖、彩灯、电缆、电脑等机具和材料。

6. 池壁、驳岸材料

刚性池壁的主要材料有钢筋、混凝土、水泥砂浆、防水材料等。一般用卵石、块石修饰表面或岸坡。柔性水池池壁多用灰土、素混凝土、沥青、橡胶薄膜等做基础材料，用卵石、花岗石等镶边。

砌石驳岸墙身多用混凝土、毛石、砖砌筑。压顶为驳岸最上部分，作用是增强驳岸稳定性，阻止墙后土壤流失，美化水岸线。压顶用混凝土或大块石做成，岸边植乔木。在古典园林中，驳岸往往用自然山石砌筑，与假山、置石、花木相组合，共同组成园景，如图5-14所示。

桩基驳岸的桩基材料有木桩、石桩、灰土桩、混凝土桩、竹桩、板桩等。

护坡常见的有块石护坡和园林绿地护坡。块石护坡的石料最好选用石灰岩、砂岩、花岗岩等相对密度大、吸水率小的顽石。园林绿地护坡主要有草皮、花坛、石钉等形式。

图5-14　山石驳岸

5.4　园林水景工程施工工艺

5.4.1　园林水景工程施工工艺流程

1. 人工刚性水池

（1）施工工序

材料准备→地面开挖→池底施工→浇筑混凝土池壁→混凝土抹灰→试水等。

（2）施工要求

1）钢筋混凝土壁板和壁槽灌缝之前，必须将模板内杂物清除干净，用水将模板湿润。

2）池壁模板不论采用无支撑法还是有支撑法，都必须将模板紧固好，防止混凝土浇筑时，模板发生变形。

3）防渗混凝土可掺用素磺酸钙减水剂，掺用减水剂配制的混凝土，耐油、抗渗性

5.2　自然式园林水景设计和施工

好，而且节约水泥。

4）矩形钢筋混凝土水池，由于工艺需要，长度较长，在底板、池壁上没有伸缩缝。施工中必须将止水钢板或止水胶皮正确固定好，并注意浇筑，防止止水钢板、止水胶皮移位。

5）水池混凝土能否达到设计强度，养护是重要的一环。底板浇筑完后，在施工池壁时，应注意养护，保持湿润。池壁混凝土浇筑完后，在气温较高或干燥情况下，过早拆模会引起混凝土收缩产生裂缝。因此，应继续浇水养护，底板、池壁和池壁灌缝的混凝土的养护期应不少于14d。

2. 人工湖体

（1）施工工序

施工准备→定点放线→开挖土方→湖池底施工→湖池岸线施工→养护试水→验收。

（2）施工要求

1）注意湖体现状情况。主要看是否有建筑垃圾、堆积土、漏水洞等。

2）注意选用施工材料。按照施工图给出的资料施工是保证施工质量的基础，但在施工中因环境差异还得视实际土质来定，不同的施工结构需要的材料不一样，必须分析好。

3）环境准备时，做好测量放线工作，先测设平面控制点、高程控制点、主要建筑物轴线方向桩等控制点。根据控制点，建立施工控制网，在三等以上精度的控制网点及湖体轴线标志点处设固定桩，桩号与设计采用的桩号一致。

4）填挖、整形要根据各控制点，采用自上而下分层开挖的施工方法，开挖必须符合施工图规定的断面尺寸和高程。

5）湖底防渗工程只能按质施工好，要按"下部支持层施工＋防渗层施工＋保护层施工"顺序进行，绝不能偷工减料。

6）湖岸立基的土壤必须坚实。在挖湖前必须对湖的基础进行钻探，探明土质情况，再决定是否适合挖湖，或施工时应采取适当的工程措施。湖底做法应因地制宜。湖岸的稳定性对湖体景观有特殊意义，应予以重视。

3. 驳岸护坡

（1）施工工序

施工准备→定点放线→挖槽→夯实地基→砌筑基础→砌筑岸墙→砌筑压顶等。

（2）施工要求

1）园林驳岸是起防护作用的工程构筑物，由基础、墙体、盖顶等组成。驳岸常用条石或块石混凝土、混凝土或钢筋混凝土做基础；用浆砌条石、浆砌块石勾缝、砖砌抹防水砂浆、钢筋混凝土以及用堆砌山石做墙体；用条石、山石、混凝土块料以及植被做盖顶。在盛产竹、木材的地方也可用竹、木圆条和竹片、木板经防腐处理后做竹木桩驳岸。

2）修筑时要求坚固和稳定驳岸，多以打桩作为加强基础的措施。选坚实的大块石料为砌块，也有采用断面加宽的灰土层做基础，将驳岸筑于其上。驳岸最好直接建在坚实的土层或岩基上。

3）如果地基疲软，须做基础处理。近年来中国南方园林构筑驳岸，多用加宽基础的方法以减少或免除地基处理工程。驳岸每隔一定长度要有伸缩缝，其构造和填缝材料的选用应力求经济耐用，施工方便。寒冷地区驳岸背水面需做防冻胀处理，方法有填充级配砂石、焦渣等多孔隙易滤水的材料；砌筑结构尺寸大的砌体，夯填灰土等坚实、耐压、不透水的材料。

4. 人工瀑布

（1）施工工序

施工准备→定点放线→基坑（槽）挖掘→基础施工→水池施工→瀑身构筑物施工→管线安装→扫尾→试水→验收。

（2）施工要求

自然式瀑布实际上是山水的直接结合。其工程要素是假山（或塑山塑石）、湖池、溪流等的配合布置，施工方法可参照有关内容。需要指出的是，整个水流线路必须做好防渗漏处理，将石隙封严堵死，以保证结构安全和瀑布的景观效果。此外，无论自然式瀑布还是规则式瀑布，均应采取适当措施控制堰顶蓄水池供水管的水流速度。瀑布的管线必须均是隐蔽的，施工时要对所供管道、管件的质量进行严格检查，并严格按照有关施工操作规程进行施工。

5. 人工小溪

（1）施工工序

施工准备→定点放线→基坑（槽）挖掘→基地施工→溪底施工→溪壁施工→管线安装→扫尾→试水→验收。

（2）施工要求

可用石灰粉按照设计图纸放出溪流（溪壁外沿）的轮廓线，作为挖方边界线。挖掘溪槽时，不可挖到底，槽底设计标高以上应预留 20cm，待溪底垫层施工时再挖至设计标高，不得超挖，否则需原土回填并夯实。使用柔性防水材料时，需在柔性防水材料与碎石垫层之间设置一厚约 25~50mm 的砂垫层，对防水层起衬垫保护作用。砌筑溪壁时主要考虑景观的自然性，砂浆暴露要尽量少。

6. 人工喷泉

（1）施工工序

水源（河湖、自来水）→泵房（水压若符合要求，则可省去。也可用潜水泵直接放于池内而不用泵房）→进水管→分水槽（以便喷头等在等压下同时工作）、分水器、控制阀门（如变速电机、电磁阀等时控或音控）→喷嘴（因喷嘴构造不同而可喷出各种花色图案）→配光灯（辅以音乐和水下彩灯，增加其迷幻的效果）。

（2）施工要求

一旦池水水位升高溢出，可由设于顶部的溢流口，通过溢水管流入阴井，直接排放至城市排水管道中。如若回收循环使用，则通过溢流管回流到泵房，作为补给水回收。日久有泥砂沉淀，可经格栅沉淀室（井）进入泄水管进行清污，污泥由清污管入阴井而排出，以保证池水的清洁，如图5-15和图5-16所示。

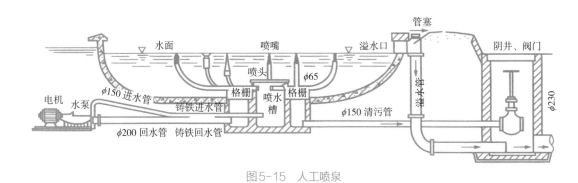

图5-15 人工喷泉

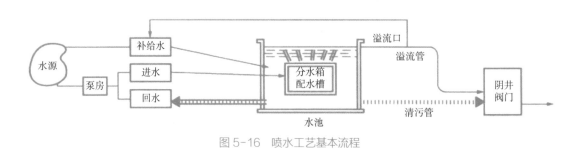

图5-16 喷水工艺基本流程

5.4.2 园林水景工程应用实例

本节以景观喷水池的施工为例，说明其施工流程及基本要求。

1. 熟悉设计图纸和掌握工地现状

施工前，应首先对喷泉设计图有总体的分析和了解，体会其设计意图，掌握设计手法，在此基础上进行施工现场勘察，对现场施工条件要有总体把握，哪些条件可以充分利用，哪些必须清除等。

2. 组织好工程事务工作

根据工程的具体要求，编制施工预算，落实工程承包合同，编制施工计划，绘制施工图表，制定施工规范、安全措施、技术责任制及管理条例等。

3. 精心做好准备工作

（1）布置好各种临时设施，职工生活及办公用房等。仓库按需而设，做到最大限度地降低临时性设施的投入。

（2）组织材料、机具进场，各种施工材料、机具等应有专人负责验收登记，做好施工进度控制，要有购料计划，进出库时要履行手续，认真记录，并保证用料规格、质量。

（3）做好劳务调配工作。应视实际的施工方式及进度计划合理组织劳动力，特别采用平行施工或交叉施工时，更应重视劳力调配，避免窝工浪费。

（4）回水槽施工时应注意

1）核对永久性水准点，布设临时水准点，核对高程。

2）测设水槽中心桩，管线原地面高程，施放挖槽边线，堆土、堆料界线及临时用地范围。

3）槽开挖时严格控制槽底高程，不可超挖，槽底高程可以比设计高程提高 10cm 做预留部分，最后用人工清挖，以防槽底被扰动而影响工程质量。槽内挖出的土方，堆放在距沟槽边沿 1.0m 以外，土质松软危险地段采用支撑措施以防沟槽塌方。

4. 槽底素土夯实

按要求（如土质、土含水量、密实度要求）分层夯实。

5. 溢水、进水管线、喷泉管网安装

溢水、进水管线、喷泉管网的安装，应参照设计图纸。

6. 系统调试

（1）系统调试前准备

1）清洁水池，并将水池注水至正常水位。

2）清扫机房室内卫生及清洁设备外壳和柜（箱）内杂物。

3）对电气设备进行干燥处理。

4）检查系统流程安装是否完全正确。

5）对电气设备进行单机试运行。

（2）系统调试

1）检查所有阀门：打开所有控制阀门，关闭所有排水通道的阀门。检查所有喷嘴是否安装到位，并查看喷嘴有无堵塞等不良状况。按流程图及管道施工图查看管道安装情况，有无脱裂、变形等有可能导致漏水、压力损失的问题。

2）单机调试：按电气原理图及电控柜二次接线图仔细查看水泵、水下灯、变频器、程控器接线是否准确无误。在确认水泵有工作水源的情况下，单机手动开启调试（在某一台水泵单机调试时，关闭其他所有用电设备的电源，以免引起连锁破坏）。水泵运转后，根据出水状况查看水泵有无反转、噪声等不良状况。

3）所有水泵手动开启：在每台水泵都单机调试过后，将所有水泵一并开启（注意此时应关闭控制回路，以防意外）查看喷泉的喷水效果。

4）变频器单台手动调试：根据每台变频器所连水泵电机的参数，对每台变频器进行参数设置，并根据每台变频器工作要求设置好所有参数。参数设置好后，对每组变频器带相应水泵进行单组手动调试。

（3）对所有变频器带相应水泵手动开机，查看喷水效果及各设备运转情况。

1）整体试机运行：将变频器、水泵等全部打到自动控制，让程控器运行，查看整个喷泉的运转情况。

2）调整阀门大小及频率高低：根据喷泉的各式喷嘴的喷水高低及效果要求调整阀门及变频器频率大小，使相关水型高度一致，形状大小达到设计要求。

3）根据设计要求及程序，进行最终效果调试，调整相关的时间长短控制及各喷嘴变换程序穿插，以使水型及整个喷泉效果达到最佳状态。

（4）各种辅助材料的拆除。

（5）水体水面清洁：清扫池底池壁，试水后检测水质，并多次放水清洗水池。

（6）喷水池消毒清洁：水池消毒方法多样，比较简便的方法是采用漂白粉处理，也可采用 1%~2% 高锰酸钾消毒。

做好上述工作后，施工单位应先进行自检，如排水、供电、彩灯、水型等，一切正常后，开始准备验收资料。

5.4.3 园林水景工程施工技术要点

1. 人工湖施工

（1）施工特点

湖的布置应充分利用湖的水景特色。无论天然湖或人工湖，大多依山傍水，岸线曲折有致。其次，湖岸处理要讲究"线"形艺术，有凹有凸，不宜呈明显折角、对称、圆弧、螺旋线、波线、直线等。园林湖面忌"一览无余"，应采取多种手法组织湖面空间。可通过岛、堤、桥、舫等形成阴阳虚实、湖岛相间的空间分隔，使湖面富于层次变化。同时，岸顶应有高低错落的变化，水位宜高，蓄水丰满，水面应接近岸边游人，湖水盈盈、碧波荡漾，易于产生亲切之感。还有，开挖人工湖要视基址情况巧做布置。湖的基址宜选择土质细密、土层厚实之地，不宜选择过于黏质或渗透性大的土质为湖址。如果渗透力大于 0.009m/s，则必须采取工程措施设置防漏层。

（2）施工技术

人工湖底施工对于基址土壤抗渗性好、有天然水源保障条件的湖体，湖底一般不需做特殊处理，只要充分压实，相对密度达 90% 以上即可，否则，湖底需做抗渗处理，如图 5-17 所示。

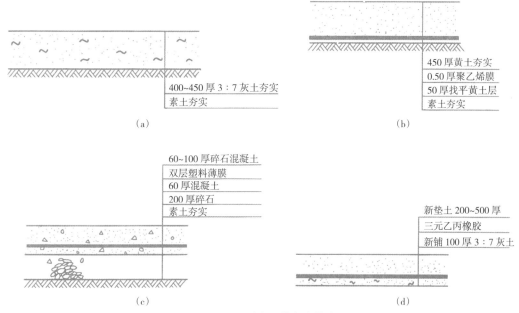

（a）

450 厚黄土夯实
0.50 厚聚乙烯膜
50 厚找平黄土层
素土夯实

（b）

60~100 厚碎石混凝土
双层塑料薄膜
60 厚混凝土
200 厚碎石
素土夯实

400~450 厚 3：7 灰土夯实
素土夯实

新垫土 200~500 厚
三元乙丙橡胶
新铺 100 厚 3：7 灰土

（c）

（d）

图 5-17　几种常见的湖底做法

（a）灰土层湖底做法；（b）塑料薄膜湖底做法；（c）塑料薄膜防水层小湖底做法；（d）旧水池翻新池底做法

开工前根据设计图纸结合现场调查资料（主要是基址土壤情况）确认湖底结构设计的合理性。施工前清除地基上面的杂物。压实基土时如杂填土或含水量过大或过小应采取措施加以处理。

对于灰土层湖底，灰土比例常用 3：7。土料含水量要适当，并用 16~20mm 筛子过筛。生石灰粉可直接使用，如果是块灰闷制的熟石灰要用 6~10mm 筛子过筛。注意拌合均匀，最少翻拌两次。灰土层厚度大于 200mm 时要分层压实。

对于塑料薄膜湖底，应选用延展性强和抗老化能力高的塑料薄膜。铺贴时注意衔接部位要重叠 0.5m 以上。摊铺上层黄土时动作要轻，切勿损坏薄膜。

湖岸的稳定性对湖体景观有特殊意义，应予以重视。先根据设计图严格将湖岸线用石灰放出，放线时应保证驳岸（或护坡）的实际宽度，并做好各控制基桩的标注。开挖后要对易崩塌之处用木条、板（竹）等支撑，遇到孔、洞等渗漏性大的地方，要结合施工材料用抛石、填灰土、三合土等方法处理。如岸壁土质良好，做适当修整后可进行后续施工。

人工湖防渗一般包括湖底防渗和岸墙防渗两部分。湖底由于不外露，又处于水平状态，一般采用防水材料上覆土或混凝土的方法进行防渗；而湖岸处于竖立状态，又有一部分露出水面，要兼顾美观，因此岸墙防渗较之湖底防渗要复杂些，方法也较多样。

（3）湖岸岸墙常用防渗方法

方法1：新建重力式浆砌石墙，土工膜绕至墙背后的防渗方法。这种方法的施工要点是将复合土工膜铺入浆砌石墙基槽内并预留好绕至墙背后的部分，然后在其上浇筑垫层混凝土，砌筑浆砌石墙。若土工膜在基槽内的部分有接头，应做好焊接，并检验合格后方可在其上浇筑垫层混凝土。为保护绕至背后的土工膜，应将浆砌石墙背后抹一层砂浆，形成光滑面与土工膜接触，土工膜背后回填土。土工膜应留有余量，不可太紧。

这种防渗方法主要适用于新建的岸墙。它将整个岸墙用防渗膜保护，伸缩缝位置不需经过特殊处理，若土工膜焊接质量好，土工膜在施工过程中得到良好的保护，这种岸墙防渗方法效果相当不错。

方法2：在原浆砌石挡墙内侧再砌浆砌石墙，土工膜绕至新墙与旧墙之间的防渗方法。这种方法适用于旧岸墙防渗加固。这种方法中，新建浆砌石墙背后土工膜与旧浆砌石墙接触，土工膜在新旧浆砌石墙之间，与方法1相比，土工膜的施工措施更为严格。施工时应着重采取措施保护土工膜，以免被新旧浆砌石墙破坏。旧浆砌石墙应清理干净，上面抹一层砂浆形成光面，然后把土工膜贴上。新墙应逐层砌筑，每砌一层应及时将新墙与土工膜之间的缝隙填上砂浆，以免石块扎破土工膜。

此方法在湖岸防渗加固中造价要低于混凝土防渗墙，但由于浆砌石墙宽度较混凝土墙大，因此会侵占湖面面积，不适用于面积较小的湖区。

2. 水体驳岸护坡施工

（1）砌石类驳岸施工

砌石驳岸，是指在天然地基上直接砌筑的驳岸，特点是埋设深度不大，基址坚实稳固，如块石驳岸中的虎皮石驳岸、条石驳岸、假山石驳岸等。此类驳岸的选择应根据基址条件和水景景观要求而定，既可处理成规则式，也可做成自然式。

图5-18是砌石驳岸的常见构造，它由基础、墙身和压顶三部分组成。基础是驳岸承重部分，通过它将上部重量传给地基。因此，驳岸基础要求坚固，埋入湖底深度不得小于50cm，基础宽度应视土壤情况而定：砂砾土 $0.35H \sim 0.4H$，粉土 $0.45H$，湿砂土 $0.5H \sim 0.6H$，饱和水壤土 $0.75H$（H 为驳岸高度）。墙身是基础与压顶之间部分，多用混凝土、毛石、砖

砌筑。墙身承受压力最大，包括垂直压力、水的水平压力及墙后土壤侧压力，为此，墙身应具有一定的厚度，墙体高度要以最高水位和水面浪高来确定，岸顶应以贴近水面为好，便于游人亲近水面，并显得蓄水丰盈饱满。压顶为驳岸边的最上部分，宽度 30~50cm，用混凝土或大块石做成，其作用是增强驳岸稳定性，美化水岸线，阻止墙后土壤流失。

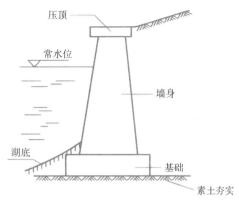

图 5-18　砌石类驳岸常见结构

如果水体水位变化较大，即雨季水位很高，平时水位很低，可将岸壁迎水面做成台阶状，以适应水位的升降。砌石类驳岸施工前应进行现场调查，了解岸线地质及有关情况，作为施工时的参考。布点放线应依据设计图上的常水位线来确定驳岸的平面位置，并在基础两侧各加宽 20cm 放线。

挖槽一般由人工开挖，工程量较大时也可采用机械开挖。为了保证施工安全，对需要施工的地段，应根据规定放坡、加支撑。挖槽不宜在雨期进行，雨期施工宜分段、分片完成，施工期间若基槽内因降雨积水，应在排净后挖除淤泥。

夯实地基：开槽后应将地基夯实，遇土层软弱时，需增铺 14~15cm 厚灰土一层，进行加固处理。

浇筑基础驳岸的基础类型中，块石混凝土最为常见。施工时石块要垒紧，不得仅列置于槽边，然后浇筑 M15 或 M20 水泥砂浆，基础厚度为 400~500mm，高度常为驳岸高度的 0.6~0.8 倍。灌浆务必饱满，要渗满石间空隙。北方地区冬期施工时可在砂浆中加 3%~5% 的 $CaCl_2$ 或 NaCl 用以防冻。

砌筑岸墙：浆砌块石岸墙墙面应平整、美观，要求砂浆饱满，勾缝严密。隔 25~30m 做伸缩缝，缝宽 3cm，可用板条、沥青、石棉绳、橡胶、止水带或塑料等防水材料填充。填充时应略低于砌石墙面，缝用水泥砂浆勾满。如果驳岸有高差变化，应做沉降缝，确保驳岸稳固，驳岸墙体应于水平方向 2~4m、竖直方向 1~2m 处预留泄水孔，口径为 120mm×120mm，便于排除墙后积水，保护墙体。也可于墙后设置暗沟、填置砂石排除积水。

可采用预制混凝土板块压顶，也可采用大块方整石压顶。压顶时要保证石与混凝土的结合紧密牢靠，混凝土表面再用 20~30mm 厚 1∶2 水泥砂浆抹缝处理。顶石应向水中至少挑出 5~6cm，并使顶面高出最高水位 50cm 为宜。

（2）桩基类驳岸施工

桩基是我国古老的水工基础做法，在水利工程建设中应用广泛，直至现在仍是常用的一种水工地基处理手法。当地基表面为松土层且下层为坚实土层或基岩时最宜用桩基。其特点是基岩或坚实土层位于松土层下，桩尖打下去，通过桩尖将上部荷载传给下面的基岩或坚实土层；若桩打不到基岩，则利用摩擦桩，借木桩侧表面与泥土间的摩擦力将荷载传到周围的土层中，以达到控制沉陷的目的。

图5-19是桩基驳岸结构，它由桩基、卡当石、盖桩石、混凝土基础、墙身和压顶等几部分组成。卡当石是桩间填充的石块，起保持木桩稳定的作用。盖桩石为桩顶浆砌的条石，作用是找平桩顶以便浇灌混凝土基础。基础以上部分与砌石类驳岸相同。

桩基的材料有木桩、石桩、灰土桩、混凝土桩、竹桩、板桩等。木桩要求耐腐、耐湿、坚固、无虫害，如柏木、松木、橡木、桑木、榆木、杉木等。桩木的规格取决于驳岸的要求和地基的土质情况，一般直径10~15cm、长1~2m，弯曲度小于1%，且只允许一次弯曲。桩木的排列一般布置成梅花桩、品字桩、马牙桩。梅花桩、品字桩的桩距约为桩径的2~3倍，即每平方米5个桩；马牙桩要求桩木排列紧凑，必要时可酌情增加排数。

灰土桩是先打孔后填灰土的桩基做法，常配合混凝土用，适于岸坡水淹频繁，木桩易腐蚀的地方，混凝土桩坚固耐久，但投资较大。

竹桩、板桩驳岸是另一种类型的桩基驳岸。驳岸打桩后，基础上部临水面墙身由竹篱（片）或板片镶嵌而成，适于临时性驳岸。竹篱驳岸造价低廉、取材容易、施工简单、工期短、能使用一定年限，凡盛产竹子，如毛竹、大头竹、撑篙竹的地方都可采用。施工时，竹桩、竹篱要涂上一层柏油，目的是防腐。竹桩顶端由竹节处截断以防雨水积聚，竹片镶嵌直顺，紧密牢固。

由于竹篱缝很难做得密实，这种驳岸不耐风浪冲击、淘刷和游船撞击，岸土很容易被风浪淘刷，造成岸篱分开，最终失去护岸功能。因此，此类驳岸适用于风浪小、岸壁要求不高、土壤较黏的临时性护岸地段。

桩基驳岸的施工参阅砌石类驳岸的施工方法。

（3）铺石护坡（或驳岸）施工

铺石护坡（或驳岸）施工属于特殊的砌体工程，应注意护坡（或驳岸）施工时必须放干湖水，亦可分段堵截逐一排空。采用灰土基础以在干旱季节为宜，否则会

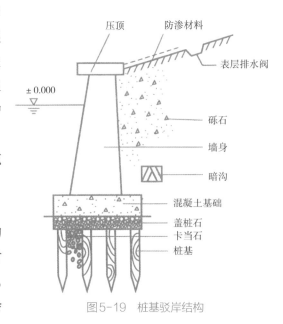

图5-19　桩基驳岸结构

影响灰土的固结。浆砌块石基础在施工时石头要砌得密实，缝穴尽量减少。如有大间隙应以小石填实。灌浆务必饱满，使渗进石间空隙，北方地区冬期施工可在水泥砂浆中加入 3%~5% 的 $CaCl_2$，按重量比兑入水中拌匀以防冻，使之正常混凝。倾斜的岸坡可用木制边坡样板校正。浆砌块石缝宽约 2~3cm，勾缝可稍高于石面，也可以与石面平或凹进石面。块石护坡由下往上铺砌石料，石块要彼此紧贴。用铁锤打掉过于突出的棱角并挤压上面的碎石使其密实地压入土内。铺后可以在上面行走，试一下石块的稳定性。如人在上面行走石头仍不动，说明质量较好，否则要用碎石嵌垫石间空隙。

（4）绿地型护坡

绿地型护坡有草皮护坡、花坛式护坡、石钉护坡、截水沟护坡及编柳抛石护坡等。

草皮护坡——当岸壁坡角在自然安息角以内，地形变化在 1：20~1：5 间起伏，这时可以考虑用草皮护坡，即在坡面种植草皮或草丛，利用土中的草根来固土，使土坡能够保持较大的坡度而不滑坡。目前也采用直接在岸边播种子并用塑料薄膜覆盖的方法，效果也好。另外在草坡上散置数块山石，可以丰富地貌，增加风景的层次，如图 5-20 所示。

图 5-20　草皮护坡

花坛式护坡——将园林坡地设计为倾斜的图案、文字类模纹花坛或其他花坛形式，既美化了坡地，又起到了护坡的作用。

石钉护坡——在坡度较大的坡地上，用石钉均匀地钉入坡面，使坡面土壤的密实度和抗坍塌的能力增强。

预制框格护坡——是用预制的混凝土框格，覆盖、固定在陡坡坡面，从而固定、保护坡面；坡面上仍可种草种树。当坡面很高、坡度很大时，采用这种护坡方式的效果比较好。因此，这种护坡最适于较高的道路边坡、水坝边坡、河堤边坡等陡坡。

截水沟护坡——为了防止地表径流直接冲刷坡面，而在坡的上端设置一条小水沟，以阻截、汇集地表水，从而保护坡面。注意截水沟植被不要破坏。

编柳抛石护坡——采用新截取的柳条十字交叉编织。柳格内抛填厚 200~400mm 的块石，块石下设厚 10~20cm 的砾石层以利于排水和减少土壤流失。柳格平面尺寸为

1m×1m 或 0.3m×0.3m，厚度为 30~50cm。柳条发芽便成为较坚固的护坡设施。编柳抛石护坡，如图 5-21 所示。

1）植被护坡施工

一般而言，植被护坡的坡面构造从上到下的顺序是：植被层、根系表土层和底土层。各层的施工情况如下：

第一层：植被层。植被层主要采用草皮护坡方式的，植被层厚 15~45cm；用花坛护坡的，植被层厚 25~60cm；用灌木丛护坡的，则灌木层厚 45~180cm。植被层一般不用乔木做护坡植物，因乔木重心较高，有时可因树倒而使坡面坍塌。在设计中，最好选用须根系的植物，其护坡固土作用比较好。

第二层：根系表土层。用草皮护坡与花坛护坡时，坡面保持斜面即可。若坡度太大，达到 60° 以上时，坡面土壤应先整细并稍稍拍实，然后在表面铺上一层护坡网，最后才撒播草种或栽种草丛、花苗。用灌木护坡，坡面则可先整理成小型阶梯状，以方便栽种树木和集蓄雨水。为了避免地表径流直接冲刷陡坡坡面，还应在坡顶部顺着等高线布置一条截水沟，以拦截雨水。

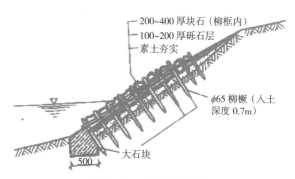

图 5-21 编柳抛石护坡

第三层：底土层。坡面的底土一般应拍打结实，但也可不做任何处理。

2）预制框格护坡施工

预制框格由混凝土、塑料、铁件、金属网等材料制作的，其每一个框格单元的设计形状和规格大小都可以有许多变化。框格一般是预制生产的，在边坡施工时再装配成各种简单的图形。用锚和矮桩固定后，再往框格中填满肥沃壤土，土要填得高于框格，并稍稍拍实，以免下雨时流水渗入框格下面，冲刷走框底泥土，使框格悬空。预制框格护坡如图 5-22 所示。

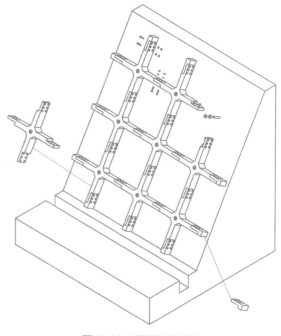

图 5-22 预制框格护坡

3）截水沟护坡施工

截水沟一般设在坡顶，与等高线平行。沟宽 20~45cm，深 20~30cm，用砖砌成。沟底、沟内壁用 1 ∶ 2 水泥砂浆抹面。为了不破坏坡面的美观，可将截水沟设计为盲沟，即在截水沟内填满砾石，砾石层上面覆土种草。从外表看不出坡顶有截水沟，但雨水流到沟边就会下渗，然后从截水沟的两端排出坡外，如图 5-23 所示。

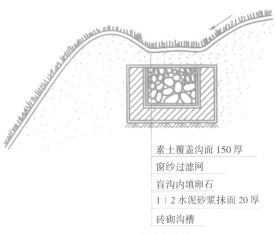

素土覆盖沟面 150 厚
窗纱过滤网
盲沟内填卵石
1 ∶ 2 水泥砂浆抹面 20 厚
砖砌沟槽

图 5-23 截水沟构造

3. 人工溪涧施工

园林中溪涧的布置讲究师法自然，忌宽求窄、忌直求曲。平面上要求蜿蜒曲折，对比强烈；立面上要求有缓有陡，空间分隔开合有序。整个带状游览空间层次分明、组合合理、富于节奏感。

布置溪流最好选择有一定坡度的基址，依流势而设计，急流处为 3% 左右，缓流处为 0.5%~1%。普通的溪流，其坡势多为 0.5% 左右，溪流宽度 1~2m，水深 5~10cm，而大型溪流如江户川区的古川亲水公园溪流，长约 1km，宽 2~4m，水深 30~50cm，河床坡度却为 0.05%，相当平缓。其平均流量为 0.5m³/s，流速为 20cm/s。一般溪流的坡势应根据建设用地的地势及排水条件等决定。

人工溪流的实景图及常见的几种小溪的结构图，如图 5-24~ 图 5-28 所示。

图 5-24 北京双秀公园的竹溪

图 5-25 颐和园玉琴峡

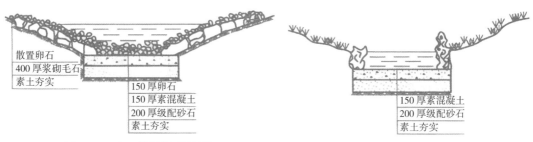

图 5-26　卵石护岸小溪结构图　　　　　图 5-27　自然山石草坡小溪结构图（1）

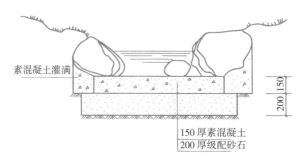

图 5-28　自然山石草坡小溪结构图（2）

（1）人工溪涧施工步骤与方法

1）施工准备：主要环节是进行现场踏勘，熟悉设计图纸，准备施工材料、施工机具、施工人员，对施工现场进行清理平整，接通水电，搭置必要的临时设施等。

2）溪道放线：依据已确定的小溪设计图纸，用石灰、黄砂或绳子等在地面上勾画出小溪的轮廓，同时确定小溪循环用水的出水口和承水池间的管线走向。由于溪道宽窄变化多，放线时应加密打桩量，特别是转弯点。各桩要标清相应的设计高程，变坡点（即设计跌水之处）要做特殊标记。

3）溪槽开挖：小溪要按设计要求开挖，最好掘成 U 形坑，因小溪多数较浅，表层土壤较肥沃，要注意将表土堆放好，作为溪涧种植用土。溪道开挖要求有足够的宽度和深度，以便安装散点石。值得注意的是，一般的溪流在落入下一段之前都应有至少 7cm 的水深，故挖溪道时每一段最前面的深度都要深些，以确保小溪自然。溪道挖好后，必须将溪底基土夯实、溪壁拍实。如果溪底用混凝土结构，先在溪底铺 10~15cm 厚碎石层作为垫层。

4）溪底施工包括混凝土结构和柔性结构施工。

混凝土结构：在碎石垫层上铺上砂子（中砂或细砂），垫层 2.5~5cm 厚，盖上防水材料（EPDM、油毡卷材等），然后现浇混凝土，厚度 10~15cm（北方地区可适当加厚），其上铺水泥砂浆约 3cm 厚，然后再铺素水泥浆 2cm 厚，按设计放入卵石即可。

柔性结构：如果小溪较小，水又浅，溪基土质良好，可直接在夯实的溪道上铺一层2.5~5cm 厚的砂石，再将衬垫薄膜盖上。衬垫薄膜纵向的搭接长度不得小于 30cm，留于溪岸的宽度不得小于 20cm，并用砖、石等重物压紧。最后用水泥砂浆把石块直接粘在衬垫薄膜上。

5）溪壁施工：溪岸可用大卵石、砾石、瓷砖、石料等铺砌处理。和溪道底一样，溪岸也必须设置防水层，防止溪流渗漏。如果小溪环境开朗，溪面宽、水浅，可将溪岸做成草坪护坡，且坡度尽量平缓。临水处用卵石封边即可。

6）溪道装饰：为使溪流更自然有趣，可用较少的鹅卵石放在溪床上，这会使水面产生轻柔的涟漪。同时按设计要求进行管网安装，最后点缀少量景石，配以水生植物，饰以小桥、汀步等景观小品。

4. 人工瀑布施工

（1）人工瀑布构成要素

人工瀑布是以天然瀑布为蓝本，通过工程手段修建的落水景观。瀑布分为水平瀑布和垂直瀑布两类。瀑布一般由背景、上游水源、落水口、瀑身、承水潭和溪流几部分构成，如图 5-29 所示。人工瀑布常以山体上的山石、树木为背景，上游积聚的水（或水泵提水）流至落水口，落水口也称瀑布口，其形状和光滑度影响到瀑布水态及声响。瀑身是观赏的主体，落水后形成深潭接小溪流出。

瀑布水流经过的地方常由坚硬扁平的岩石构成，瀑布边缘轮廓清晰可见，多数瀑布口为结构紧密的岩石悬挑而出，俗称泻水石，水由泻水石倾泻而下，水力巨大，泥砂、细石及松散物均被冲走，瀑布落水后接承水潭，潭周有被水冲蚀的岩石和散生湿生植物。

（2）人工瀑布落水的形式

瀑布落水的形式多种多样，常见的有段落、分落、对落、布落、离落、滑落、壁落和连续落等，如图 5-30 所示。

（3）人工瀑布施工要点

瀑布水源多用水泵循环供水，需要达到一定的供水量，据经验：高 2m 的瀑布，每米宽度流量为 0.5m³/min 较适宜。瀑布水源应根据周围环境，妙在天然情趣，不宜

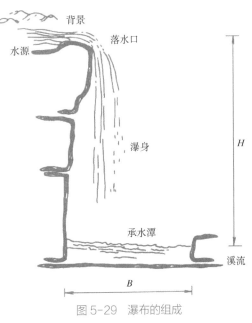

图 5-29 瀑布的组成

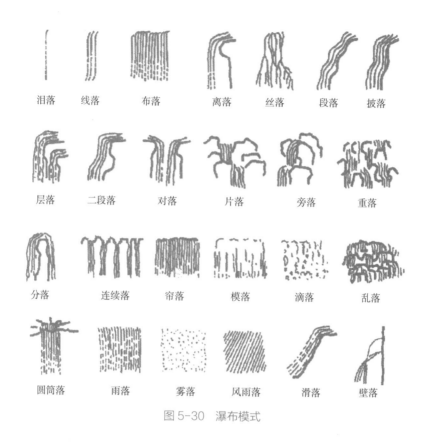

图 5-30　瀑布模式

将瀑布落水做等高、等距或直线排列，要使流水曲折、分层分段流下，各级落水有高有低，泻水石要向外伸出。各种灰浆修补，石头接缝要隐蔽，不露痕迹。有时可利用山石、树丛将瀑布泉源遮蔽以求自然之趣。

顶部蓄水池的施工：蓄水池的容积要根据瀑布的流量来确定，要形成较壮观的景象，就要求其容积大；相反，如果要求瀑布薄如轻纱，就没有必要太深、太大。

堰口处理：所谓堰口就是使瀑布的水流改变方向的山石部位，其出水口应模仿自然，并以树木及岩石加以隐蔽或装饰，当瀑布的水膜很薄时，能表现出极其生动的水态。为保证瀑布效果，要求落水口水平光滑。为此，要重视落水口的设计与施工，以下方法能保证落水口有较好的出水效果：落水口边缘采用青铜或不锈钢制作；增加落水口顶蓄水池水深；在出水口处加挡水板，降低流速，流速不超过 0.9~1.2m/s 为宜。

瀑身：瀑布水幕的形态也就是瀑身，是由堰口及堰口以下山石的堆叠形式确定的。例如，堰口处的山石呈连续的直线，堰口以下的山石在侧面图上的水平长度不超出堰口，则这时形成的水幕整齐、平滑，非常壮丽。堰口处的山石虽然在一个水平面上，但水际线伸出、缩进，可以使瀑布形成的景观有层次感。若堰口以下的山石，在水平方向

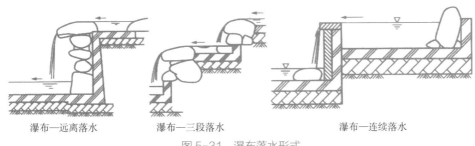

瀑布—远离落水 瀑布—三段落水 瀑布—连续落水

图 5-31 瀑布落水形式

上堰口突出较多，可形成两重或多重瀑布，这样瀑布就更加活泼而有节奏感，如图 5-31 所示。

潭（受水池）：天然瀑布落水口下面多为一个深潭。在做瀑布设计时，也应在落水口下面做一个受水池，潭底结构如图 5-32 所示。为了防止落时水花四溅，一般的经验是使受水池的宽度不小于瀑身高度的 2/3。与瀑布相似的水景称跌水，即水流从高向低呈台阶状逐级跌落的动态水景。跌水人工化明显，其供水管、排水管应蔽而不露。跌水多布置于水源源头，往往与泉结合，水量较瀑布小。跌水的形式多种多样，就其落水的水态分，一般将跌水分为单级式跌水、二级式跌水、多级式跌水、悬臂式跌水和陡坡跌水。

单级式跌水也称一级跌水。溪流下落时，无阶状落差。单级跌水由进水口、胸墙、消力池及下游溪流组成。进水口是经供水管引水到水源的出口，应通过某些工程手段使

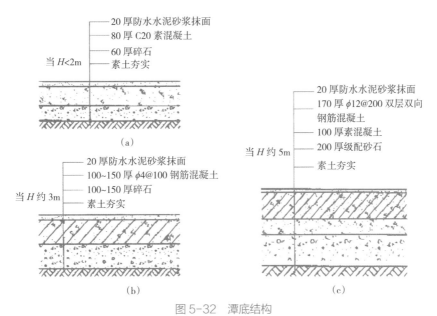

（a）

当 H<2m
20 厚防水水泥砂浆抹面
80 厚 C20 素混凝土
60 厚碎石
素土夯实

（b）

当 H 约 3m
20 厚防水水泥砂浆抹面
100~150 厚 ϕ4@100 钢筋混凝土
100~150 厚碎石
素土夯实

（c）

当 H 约 5m
20 厚防水水泥砂浆抹面
170 厚 ϕ12@200 双层双向钢筋混凝土
100 厚素混凝土
200 厚级配砂石
素土夯实

图 5-32 潭底结构

（a）H<2m 时做法；（b）H 约 3m 时做法；（c）H 约 5m 时做法

进水口自然化，如配饰山石。胸墙也称跌水墙，它能影响到水态、水声和水韵。胸墙要求坚固、自然。消力池即承水池，其作用是减缓水流冲击力，避免下游受到激烈冲刷，消力池底要有一定厚度，一般认为，当流量 2m³/s、墙高大于 2m 时，底厚 50cm。消力池长度也有一定要求，其长度应为跌水高度的 1.4 倍。

二级式跌水即溪流下落时，具有两阶落差的跌水。通常上级落差小于下级落差。二级跌水的水流量较单级跌水小，故下级消力池底厚度可适当减小。

多级式跌水即溪流下落时，具有三阶以上落差的跌水。多级跌水一般水流量较小，因而各级均可设置蓄水池（或消力池），水池可为规则式也可为自然式，视环境而定。水池内可点铺卵石，以防水闸海漫功能削弱上一级落水的冲击。有时为了造景需要，渲染环境气氛，可配装彩灯，使整个水景景观盎然有趣。

悬臂式跌水的特点是其落水口处理与瀑布落水口泄水石处理极为相似，它是将泄水石突出成悬臂状，使水能泻至池中间，因而落水更具魅力。

5. 景观水池施工

水池在园林中的用途很广泛，可用于广场中心、道路尽端以及和亭、廊、花架等各种建筑小品组合形成富于变化的各种景观效果。常见的喷水池、观鱼池、海兽池及水生植物种植池等都属于这种水体类型。

（1）池底施工

当基土为排水不良的黏土，或地下水位甚高时，在池底基础下及池壁之后，应放置碎石，并埋 10cm 直径的排水管，管线的倾斜度为 1%~2%，池下的碎石层厚 10~20cm，池壁后的碎石层厚 10~15cm。

混凝土池底板施工依情况不同加以处理。如基土稍湿而松软时，可在其上铺以厚 10cm 的碎石层，并加以夯实，然后浇灌混凝土垫层。

混凝土垫层浇完隔 1~2d（应视施工时的温度而定），在垫层面测量确定底板中心，然后根据设计尺寸进行放线，定出柱基以及底板的边线，画出钢筋布线，依线绑扎钢筋，接着安装柱基和底板外围的模板。

在绑扎钢筋时，应详细检查钢筋的直径、水平间距、位置、搭接长度、上下层钢筋的间距、保护层及埋件的位置和数量，看其是否符合设计要求。上下层钢筋均应用铁撑（铁马凳）加以固定，使之在浇捣过程中不发生变化。如钢筋过水后生锈，应进行除锈处理。

底板应一次连续浇完，不留施工缝。施工间歇时间不得超过混凝土的初凝时间。如混凝土在运输过程中产生初凝或离析现象，应在现场进行二次搅拌后方可入模浇捣。底板厚度在 20cm 以内，可采用平板振动器，20cm 以上则采用插入式振动器。

池壁为现浇混凝土时，底板与池壁连接处的施工缝可留在基础上 20cm 处。施工缝可留成台阶形、凹槽形，加金属止水片或遇水膨胀橡胶止水带。各种施工缝的优缺点及做法见表 5-1。

各种施工缝的优缺点及做法   表 5-1

施工缝种类	简图	做法	优点	缺点
台阶形		支模时，可在外侧安设木方，混凝土终凝后取出	增加接触面积，使渗水路线延长和受阻，施工简单，接缝表面易清理	接触面简单，双面配筋时，不易支模，阻水效果一般
凹槽形		支模时将木方置于池壁中部，混凝土终凝后取出	加大了混凝土的接触面，使渗水路线受更大阻力，提高了防水质量	在凹槽内易于积水和存留杂物，清理不净时影响接缝严密性
加金属止水片		将金属止水片固定在池壁中部，两侧等距	适用于池壁较薄的施工缝，防水效果比较可靠	安装困难，且需耗费一定数量的钢材
遇水膨胀橡胶止水带		将橡胶止水带置于已浇筑好的施工缝中部即可	施工方便，操作简单，橡胶止水带遇水后体积迅速膨胀，将缝隙塞满、挤密	初始成本较高，为了确保其性能，需要在安装时保持干燥，不适用于高温、强酸碱等特殊环境

（2）池壁施工

人工水池一般采用垂直型池壁。垂直型的优点是池水降落之后，不至于在池壁淤积泥土，从而使低等水生植物无从寄生，同时易于保持水面洁净。垂直型的池壁，可用砖石或水泥砌筑，以瓷砖、罗马砖等饰面，甚至做成图案加以装饰。

混凝土浇筑池壁施工时，应先做模板以固定之，池壁厚 15~25cm，水泥成分同池底。目前有无撑和有撑支模两种方法，有撑支模为常用方法。当矩形池壁较厚时，内外模可在钢筋绑扎完毕后一次立好。浇捣混凝土时操作人员可进入模内振捣，并应用串筒将混凝土灌入，分层浇捣。矩形池壁拆模后，应将外露的止水螺栓头割去。此类池壁施工要点如下：

水池施工时所用的水泥强度不宜低于 42.5，水泥品种应优先选用普通硅酸盐水泥，不宜采用火山灰质硅酸盐水泥和粉煤灰硅酸盐水泥，所用石子的最大粒径不宜大于 40mm，吸水率不大于 1.5%。

池壁混凝土每立方米水泥用量不少于 320kg，含砂率宜为 35%~40%，灰砂比为 1：2~1：2.5，水灰比不大于 0.6。

固定模板用的铁丝和螺栓不宜直接穿过池壁。当螺栓或套管必须穿过池壁时，应采取止水措施。常见的止水措施有：螺栓上加焊止水环，止水环应满焊，环数应根据池壁厚度确定；套管上加焊止水环，在混凝土中预埋套管时，管外侧应加焊止水环，管中穿螺栓，拆模后将螺栓取出，套管内用膨胀水泥砂浆封堵；螺栓加堵头，支模时，在螺栓两边加堵头，拆模后，将螺栓沿平凹坑底割去角，用膨胀水泥砂浆封塞严密。

在池壁混凝土浇筑前，应先将施工缝处的混凝土表面凿毛，清除浮粒和杂物，用水冲洗干净，保持湿润，再铺上一层厚 20~25mm 的水泥砂浆。水泥砂浆所用材料的灰砂比应与混凝土材料的灰砂比相同。

浇筑池壁混凝土时，应连续施工，一次浇筑完毕，不留施工缝。

池壁有密集管群穿过预埋件或钢筋稠密处浇筑混凝土有困难时，可采用相同抗渗等级的细石混凝土浇筑。

池壁混凝土浇筑完后，应立即进行养护，并充分保持湿润，养护时间不得少于 14 个昼夜。拆模时池壁表面温度与周围气温的温差不得超过 15℃。

混凝土砖砌池壁施工技术：用混凝土砖砌池壁大大简化了混凝土施工的程序，但混凝土砖一般只适用于古典风格或设计规整的池塘。混凝土砖 10cm 厚，结实耐用，常用于池塘建造；也有大规格的空心砖，但使用空心砖时，中心必须用混凝土浆填塞。有时也用双层空心砖墙中间填混凝土的方法来增加池壁的强度。用混凝土砖砌池壁的一个好处是，池壁可以在池底浇筑完工后的第二天再砌。一定要趁池底混凝土未干时将边缘处拉毛，池底与池壁相交处的钢筋要向上弯伸入池壁，以加强结合部的强度，钢筋伸到混凝土砌块池壁后或池壁中间。由于混凝土砖是预制的，所以池壁四周必须保持绝对的水平。砌混凝土砖时要特别注意保持砂浆厚度均匀。

池壁抹灰施工技术：抹灰在混凝土及砖结构的池塘施工中是一道十分重要的工序。它使池面平滑，不会伤及池鱼。如果池壁表面粗糙，易使鱼受伤，发生感染。此外，池面光滑也便于清洁工作。内壁抹灰前 2d 应将墙面扫清，用水洗刷干净，并用铁皮将所有灰缝刮一下，要求凹进 1~1.5cm。应采用 32.5 普通水泥配制水泥砂浆，配合比 1：2，必须称量准确，可掺适量防水粉，搅拌均匀。

在抹第一层底层砂浆时，应用铁板用力将砂浆挤入砖缝内，增加砂浆与砖壁的粘结力。底层灰不宜太厚，一般在 5~10mm。第二层将墙面找平，厚度 5~12mm。第三层对面层进行压光，厚度 2~3mm。砖壁与钢筋混凝土底板结合处，要特别注意操作，加强转角抹灰厚度，使呈圆角，防止渗漏。

钢筋混凝土池壁抹灰施工：抹灰前将池内壁表面凿毛，不平处铲平，并用水冲洗干净。抹灰时可在混凝土墙面上刷一遍薄的纯水泥浆，以增加粘结力。其他做法与砖壁抹灰相同。水池顶上应以砖、石块、石板、大理石或水泥预制板等做压顶。压顶或与地面平，或高出地面。当压顶与地面平时，应注意勿使土壤流入池内，可将池周围地面稍向外倾。有时在适当的位置上，将顶石部分放宽，以便容纳盆钵或其他摆饰。水池压顶形式，如图 5-33 所示。

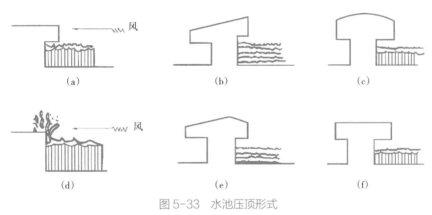

图 5-33　水池压顶形式

(a) 有檐口；(b) 单坡；(c) 圆弧；(d) 无檐口；(e) 双坡；(f) 平顶

试水工作应在水池全部施工完成后方可进行。其目的是检验结构安全度，检查施工质量。试水时应先封闭管道孔。由池顶放水入池，一般分几次进水，根据具体情况，控制每次进水高度。从四周上下进行外观检查，做好记录，如无特殊情况，可继续灌水到储水设计标高，同时要做好沉降观察。

6. 临时性水池施工

在城市生活中，经常会遇到一些临时性水池施工，尤其是在节日、庆典期间。临时水池要求结构简单、安装方便，使用完毕后能随时拆除，在可能的情况下能重复利用。临时水池的结构形式简单，如果铺设在硬质地面上，一般可以用角钢焊接水池的池壁，其高度一般比设计水池深 20~25cm，池底与池壁用塑料布铺设，并应将塑料布反卷包住池壁外侧，以素土或其他重物固定。为了防止地面上的硬物破坏塑料布，可以先在池底部位铺厚 20mm 的聚苯板。水池的池壁内外可以临时以盆花或其他材料遮挡，并在池底铺设 15~25mm 厚砂石，这样，一个临时性水池就完成了。另外还可以在水池内根据设计安装小型的喷泉与灯光设备。

地坑式临时水池施工方法如下：

（1）定点放线：按照设计的水池外形，在地面上划出水池的边缘线。

（2）挖掘水坑：按边缘线开挖，由于没有水池池壁结构层，所以一般开挖时边坡限制在自然安息角范围内，挖出的土可以随时运走。挖到预定的深度后应把池底与池壁整平拍实，剔除硬物和草根。在水池顶部边缘还需挖出压顶石的厚度，在水池中如果需要放置盆栽的水生植物，可以根据水生植物的生长需要留有土墩，土墩也要拍实整平。

（3）铺塑料布：在挖好的水池上覆盖塑料布，然后放水，利用水的重量把塑料布压实在坑壁上，并把水加到预定的深度。塑料布应有一定的强度，在放水前应摆好塑料布的位置，避免放水后塑料布覆盖不满水面。

（4）压顶：将多余的塑料布裁去，用石块或混凝土预制块将塑料布的边缘压实，并形成一个完整的水池压顶。

（5）装饰：可以把小型喷泉设备一起放在水池内，并摆上水生植物的花盆。

（6）清理：清理现场的杂物杂土，将水池周围的草坪恢复原状，这样一个临时性水池就形成了。

7. 玻璃布沥青席水池

提前准备好沥青席。0 号沥青与 3 号沥青按 2：1 调配好，调配好的沥青与石灰石矿粉按 3：7 配比，分别加热至 100℃，再将矿粉加入沥青锅拌匀，把准备好的玻璃纤维布（孔目 8mm×8mm 或 10mm×10mm）放入锅内蘸匀后慢慢拉出，确保粘结在布上的沥青层厚度在 2~3mm，拉出后立即撒滑石粉，并用机械碾压密实，每块席长 40m 左右。

施工时，先将水池土基夯实，铺 300mm 厚、3：7 灰土保护层，再将沥青席铺在灰土层上，同时用火焰喷灯焊牢，端部用大块石压紧，随即铺小碎石一层，最后在表层散铺 150~200mm 厚卵石一层即可。

8. EPDM 薄膜水池

EPDM 薄膜水池施工时要注意衬垫薄膜与池底之间必须铺设一层保护垫层，材料可以是细砂（厚度 >5cm）、废报纸、旧地毯或合成纤维。薄膜的需要量可视水池面积而定，不过要注意薄膜的宽度必须包括池沿，并保持在 30cm 以上。铺设时，先在池底混凝土基层上均匀地铺一层 5cm 厚的砂子，并洒水使砂子湿润，然后在整个池中铺上保护材料，之后就可铺 EPDM 衬垫薄膜了，注意薄膜四周至少多出池边 15cm。屋顶花园水池或临时性水池，可直接在池底铺砂子和保护层，再铺 EPDM。

9.景观喷泉施工

（1）喷泉的类型

喷泉工程由喷头、管道、水泵、控制系统、喷水池、附属构筑物（如阀门井、泵房等）组成。根据喷水的造型特点，喷泉可分为以下几类：

1）普通装饰性喷泉：由各种普通的水花图案组成的固定喷水型喷泉，如图5-34（a）所示。

2）与雕塑结合的喷泉：其喷水型与柱式、雕塑等共同组成景观，如图5-34（b）所示。

3）水雕塑喷泉：指利用机械或设施塑造出各种大型水柱姿态的喷泉，如图5-34（c）所示。

4）自控喷泉：多用各种电子技术，按预定设计程序控制水、光、音、色，形成具有旋律和节奏变化的综合动态水景，如图5-34（d）所示。

根据喷水池表面是否用盖板覆盖可分为水池喷泉和旱喷泉两种。

（a）

（b）

（c）

（d）

图 5-34　喷泉的类型

（a）普通装饰性喷泉；（b）与雕塑结合的喷泉；（c）水雕塑喷泉；（d）自控喷泉

水池喷泉有明显水池和池壁，喷水跌落于池水中。喷水、池水和池壁共同构成景观。

旱喷泉水池以盖板（多用花岗石）覆盖，喷水从预留的盖板孔中向上喷出。旱喷泉便于游人亲水、戏水，但受气候影响大，气温较低时，常常关闭。

（2）喷泉供水形式

1）直流式供水

直流式供水特点是自来水供水管直接接入喷水池内与喷头相接，给水喷射一次后即经溢流管排走。其优点是供水系统简单、占地少、造价低、管理简单。缺点是给水不能重复利用、耗水量大、运行费用高、不符合节约用水要求；同时由于供水管网水压不稳定，水的形状难以保证。直流式供水常与假山盆景结合，可做小型喷泉、孔流、涌泉、水膜、瀑布、壁流等，适合于小庭院、室内大厅和临时场所。

2）水泵循环供水

水泵循环供水特点是另设泵房和循环管道，水泵将池水吸入后经加压送入供水管道至水池中，水经喷头喷射后落入池内，经吸水管再重新吸入水泵，使水得以循环利用。其优点是耗水量小、运行费用低、符合节约用水要求；在泵房内即可调控水形变化、操作方便、水压稳定。缺点是系统复杂、占地大、造价高、管理麻烦。水泵循环供水适合于各种规模和形式的水景工程。

3）潜水泵循环供水

潜水泵循环供水特点是潜水泵安装在水池内与供水管道相连，水经喷头喷射后落入池内，直接吸入泵内循环利用。其优点是布置灵活，系统简单、占地小、造价低、管理容易、耗水量小、运行费用低，符合节约用水要求。缺点是水形调整困难。潜水泵循环供水适合于中小型水景工程。

自来水直供对于流量小于 2~3L/s 的小型喷泉，可直接利用自来水及其水压，喷出后排入城市雨水管网。离心泵循环供水为了确保水具有必要、稳定的压力，同时节约用水，减少开支，对于大型喷泉，一般采用循环供水。循环供水可以用设水泵房的方式。潜水泵循环供水将潜水泵直接放置于喷水池中较隐蔽处或低处，直接抽取池水向喷水管及喷头循环供水。这种供水方式较为常见，一般多适用于小型喷泉。

可以利用高位的天然水塘、河渠、水库等作为水源向喷泉供水，水用过后排放掉。为了确保喷水池的卫生，大型喷泉还可设专用水泵，以供喷水池水的循环，使水池的水不断流动；并在循环管线中设过滤器和消毒设备，以消除水中的杂物、藻类和病菌。

喷水池的水应定期更换。在园林或其他公共绿地中，喷水池的废水可以和绿地喷灌或地面洒水等结合使用，作为水的二次使用处理。

（3）喷泉水形

喷泉水形是由喷头的种类、组合方式及俯仰角度等因素共同决定的。喷泉水形是由不同形式喷头喷水所产生的不同水形，即水柱、水带、水线、水幕、水膜、水雾、水花、水泡等。

水形的组合造型也有很多方式，既可以采用水柱、水线的平行直射、斜射、仰射、俯射，也可以使水线交叉喷射、相对喷射、辐状喷射、旋转喷射，还可以用水线穿过水幕、水膜，用水雾掩藏喷头，用水花点击水面等。从喷泉射流的基本形式来分，水形的组合形式有单射流、集射流、散射流和组合射流四种。

（4）水泵选型

1）喷泉常见水泵类别

喷泉用水泵以离心泵、潜水泵最为普遍。离心泵特点是依靠泵内的叶轮旋转所产生的离心力将水吸入并压出，结构简单、使用方便、扬程选择范围大、使用广泛，常有 IS 型、DB 型。潜水泵使用方便、安装简单，不需要建造泵房，主要型号有 QY 型、QD 型、B 型。

2）水泵性能

水泵选择要做到"双满足"，即满足流量和满足扬程。为此，先要了解水泵的性能，再结合喷泉水力计算结果，最后确定泵型。通过铭牌能基本了解水泵的规格及主要性能，包括：①水泵型号按照流量、扬程、尺寸等确定；②水泵有新、旧两种型号；③水泵流量指水泵在单位时间内的出水量；④水泵扬程指水泵的总扬水高度；⑤允许吸入真空高度是防止水泵在运行时产生汽蚀现象，通过试验确定的吸水安全高度，其中已留有 0.3m 的安全距离。该指标表明水泵的吸水能力，是水泵安装高度确定的依据。

3）泵型选择

选择泵型时也是主要通过流量和扬程两个因素决定。如果喷泉需用两个或两个以上水泵提水时（注意：水泵并联，流量增加，压力不变；水泵串联，流量不变，压力增大），用总流量除水泵数求出每台水泵流量，再利用水泵性能表选择泵型。查表时，若遇到两种水泵都适用，应优先选择功率小、效率高、叶轮小、重量轻的型号。

（5）喷泉构筑物施工

1）喷水池

喷水池是喷泉工程的重要组成部分。

喷水池施工时，如果是室内小型喷泉，受气候影响小，一般不需做伸缩缝，而室外大型水池则需每隔 25m 设一条伸缩缝，以使水池在胀缩变化和不均匀下沉时能具有良好的防水性。

当池壁要穿管时，为了保护水池与管道和防止漏水，必须安装止水环及采取其他措施。

2）泵房

泵房是安装水泵等设备的专用构筑物。潜水泵直接布置在水池中，采用清水离心泵循环供水的喷泉，必须把水泵置于泵房中。泵房的形式按照泵房与地面的相对位置可分为地上式泵房、地下式泵房和半地下式泵房三种。

地上式泵房多用砖混结构，简单经济、管理方便，但有碍观瞻，可与管理用房结合使用。地下式泵房一般采用砖混结构和钢筋混凝土结构，其优点是不影响景观，但造价较高，有时排水困难，并且需做防水处理。泵房内安装的设备有水泵、电机、供电和电气控制设备、管线系统等。

（6）喷泉管道系统组成及布设要点

1）喷泉管道系统组成

喷泉的管道系统一般包括补给水管、循环水管和排水管。喷泉池给水排水系统的构成如图5-35所示，水池管线布置示意如图5-36所示。

补给水管供给和补充水池用水，维持水池水位稳定，一般与市政供水管网相接。

循环水管包括供水管、回水管、配水管和分水箱。供水管是喷头与分水箱（或配水管）之间的连接管道；回水管是离心泵泵体与池水之间的连接管道，其管口常置于水池

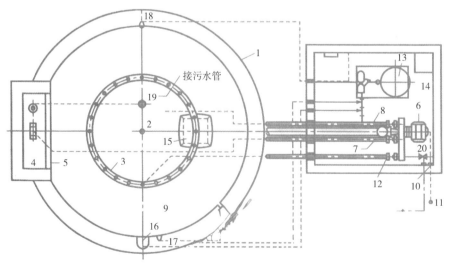

图 5-35 喷泉池给水排水系统的构成

1—喷水池；2—加气喷头；3—装有直射流喷头的环状管；4—高位水池；5—堰；6—水泵；
7—吸水滤网；8—吸水关闭阀；9—低位水池；10—风控制盘；11—风传感计；12—平衡阀；
13—过滤器；14—泵房；15—阻涡流板；16—除污器；17—真空管线；18—可调眼球状进水装置；
19—溢流排水口；20—控制水位的补水阀

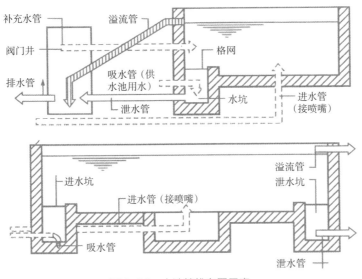

图 5-36 水池管线布置示意

中带过滤隔栅的回水井内；分水箱是布置在供水管路上的调节设施，其作用是使喷头组内各喷头具有同等的水压。

排水管可分为溢水管和泄水管。溢水管是水池雨水排出的通道，其管口标高与水池设计水位相同，不安装阀门，雨水经雨水管网排出或者用于绿地灌溉及其他用途。泄水管是用于清空池水的管路，当冰冻季节来临，喷泉需要停止工作或者水池清污、池内设备维修时，打开泄水管路上的阀门即可清空池水。

2）喷泉管道系统的布设要点

①在小型喷泉中，管道可直接埋于土中。在大型喷泉中，管道多而复杂时，应将主要管道铺设在能够通行人的渠道中。非主要管道可直接铺设在结构物中，或置于水池内。

②为了随时补充池内水量损失、保持水池的水位并且便于管理，补给水管上的控制阀门宜采用浮球阀或液位继电器。

③在寒冷地区，为了防止冬季冰冻破坏，所有管道均应有一定排水坡度，一般不小于 2%，以便在冬季将管内的水全部排除。

④连接喷头的水管不能有急剧的变化。如有变化，必须使管径逐渐由大变小，并且在喷头前必须有一段适当长度的直管，一般不小于喷嘴直径的 20~50 倍，以减少紊流对喷水的影响。

⑤当一工作组内喷头数量不多时，可不设分水箱而将各配水管直接与主管相连，但应注意连接方式，使水压分配尽量符合要求。如喷头呈环形布置的工作组，可在配水管与主管之间增设十字形供水管。特别是在利用潜水泵供水、池水深度不大时，这种做法

更为普遍。

（7）彩色喷泉的灯光设置

为了能保证喷泉照明取得华丽的艺术效果，又能防止对观众产生眩光，布光是非常重要的。照明灯具的位置，一般是在水面下 5~10cm 处。在喷嘴的附近，以喷水前高度的 1/5~1/4 以上的水柱为照射的目标；或以喷水下落到水面稍上的部位为照射的目标。这时如果喷泉周围的建筑物、树丛等的背景是暗色的，则喷泉水的飞花下落的轮廓就会被照射得清清楚楚。

5.5 园林水景工程施工质量检测

5.5.1 园林水景工程施工质量检测要求

1. 施工前质量检测要求

设计单位向施工单位交底，除结构构造要求外，主要针对其水形、水的动态及声响等图纸难以表达的内容提出技术、艺术的要求。

对于构成水容器的装饰材料，应按设计要求进行搭配组合试排，研究其颜色、纹理、质感是否协调统一，还要了解其吸水率、反光度等性能以及表面是否容易被污染。

2. 施工过程质量检测要求

（1）施工过程中的质量检测

以静水为景的池水，重点应放在水池的定位、尺寸是否准确；池体表面材料是否按设计要求选材及施工；给水与排水系统是否完备等方面。

流水水景应注意沟槽大小、坡度、材质等的精确性，并要控制好流量。水池的防水防渗应按照设计要求进行施工，并经验收。施工过程中要注意给水排水管网以及供电管线的预埋（留）。

（2）水景施工质量的预控措施

一般来说，水池的砌筑是水景施工的重点，现以混凝土水池为例进行质量预控。

1）施工准备工作。复核池底、侧壁的结构受力情况是否安全牢固，有无构造上的缺陷；了解饰面材料的品种、颜色、质地、吸水、防污等性能；检查防水、防渗漏材料，构造是否满足要求。

2）施工阶段。根据设计要求及现场实际情况，对水池位置、形状及各种管线放线定位进行检查。

①施工时机：浇筑混凝土前，应先施工完成好各种管线，并进行试压、验收。

②混凝土水池应按有关施工规程进行支模、配料、浇筑、振捣、养护及取样检查，经验收后，方可进行下道施工工序。

③防水防漏层施工前，应对水池基面抹灰层进行验收。

④饰面应纹理一致，色彩与块面布置均匀美观。

3）池体施工完成后，进行放水试验。检查其安全性、平整度、有无渗漏，水形、光色与环境是否协调统一。

（3）水景施工过程中的质量检查

1）检查池体结构混凝土配比通知书，材料试验报告，强度、刚度、稳定性是否满足要求。

2）检查防水材料的产品合格证书及种类、制作时间、储存有效期、使用说明等。

3）检查水质检验报告，有无污染。

4）检查水、电管线的测试报告单。

5）检查水的形状、色彩、光泽、流动等与饰面材料是否协调统一等。

（4）溪道工程试水

试水前应将溪道全面清洁和检查管路的安装情况，而后打开水源，注意观察水流及岸壁，如达到设计要求，说明溪道施工合格。

（5）人工湖工程试水

水池施工所有工序全部完成后，可以进行试水，试水的目的是检验水池结构的安全性及水池的施工质量。试水时应先封闭排水孔。由池顶放水，一般要分几次进水，每次加水深度视具体情况而定。每次进水都应从水池四周观察记录，无特殊情况可继续灌水直至达到设计水位标高。达到设计水位标高后，要连续观察 7d，做好水面升降记录，外表面无渗漏现象及水位无明显降落，说明水池施工合格。

（6）水体驳岸护坡施工质量检验

驳岸与护坡的施工属于特殊的砌体工程，施工时应遵循砌体工程的操作规程与施工验收内容规范。水体驳岸护坡的验收内容见表5-2。

水体驳岸护坡的验收内容 表5-2

序号	分部名称	分项名称
1	基底处理及清挖工程	场地清理、地形开挖
2	地形堆筑及地貌整修工程	地形回填和堆筑主体工程、地貌人工整修
3	护坡挡墙及渗水设施工程	三合土、灰土垫层、护坡挡墙砌筑、渗水管网、暗沟、排水层铺设

5.5.2 常见园林水景工程施工质量检测方法

1. 一般规定

一般规定人工水池、人工湖的基础施工和主体施工中的模板工程、钢筋工程、防水层、面层装饰应按具体类型执行国家标准《建筑工程施工质量验收统一标准》GB 50300—2013 的规定。分部分项工程验收内容见表 5-3。

人工水池、人工湖分部分项内容 表 5-3

序号	分部名称	分项名称
1	地基与基础工程	土方工程、灰土垫层、砂石垫层、混凝土垫层
2	主体结构工程	钢筋，模板，混凝土浇筑，砌砖，砌石，防水层
3	装饰及附属设施工程	面层装饰，压顶驳岸，池底卵石铺设，假山置石，雕塑小品
4	给水排水及管、泵工程	给水管道及配件安装，排（溢）水管道及配件安装，给水设备安装，管道防腐，管沟及井室，喷泉调试及试运行
5	电气工程	音乐喷泉电脑系统，成配套电柜、控制柜（屏、台）安装，电线、电缆导管和线槽敷设，电线、电缆穿管及线槽敷设，电缆头制作、导线连接和线路电气试验，装饰灯具安装，水泵控制箱安装，通电试运行，接地装置安装

2. 分类工程检测

（1）地基与基础工程

1）土方工程

主控项目：沟槽边坡必须平整、坚实、稳定，严禁贴坡。槽底严禁超挖，如发生超挖，应用灰土或砂、碎石夯垫。

一般项目：沟槽内不得有松散土，槽底应平整，排水应畅通。

检验方法：观察，尺量。

允许偏差项目：沟槽允许偏差应符合规定见表 5-4。

沟槽允许偏差 表 5-4

序号	项目	允许偏差（mm）	检验频率 范围（m²）	检验频率 点数	检验方法
1	高程	0~30	20	2	用水准仪测量
2	池底边线位置	不小于设计规定	20	2	用尺量
3	边坡	不陡于设计规定	40	每侧 1	用坡度尺量

2）灰土垫层

主控项目：灰土拌合均匀，色泽调和，石灰中严禁含有未消解颗粒。压实度必须符合设计要求。无设计要求时，按轻型击实标准，压实度必须大于 98%。

一般项目：灰土中粒径大于 20mm 的土块不得超过 10%，但最大的土块粒径不得大于 50mm；夯实后不得有浮土、脱皮、松散现象。灰土垫层允许偏差见表 5-5。

灰土垫层允许偏差　　　　　　　　　　　　　表 5-5

序号	项目	允许偏差（mm）	检验频率		检验方法
			范围（m²）	点数	
1	厚度	±10	100	2	用尺量
2	平整度	15	100	2	用靠尺、塞尺
3	高程	±10	100	2	用水准仪测量

3）砂石垫层

主控项目：级配比例符合设计要求。

一般项目：表面应坚实、平整，不得有浮石、粗细料集中等现象。

允许偏差项目：砂石垫层允许偏差见表 5-6。

砂石垫层允许偏差　　　　　　　　　　　　　表 5-6

序号	项目	允许偏差（mm）	检验频率		检验方法
			范围（m²）	点数	
1	厚度	±10	100	2	用尺量
2	平整度	15	100	2	用靠尺、塞尺
3	高程	±10	100	2	用水准仪测量

4）混凝土垫层

主控项目：混凝土强度必须符合设计要求。

一般项目：混凝土垫层不得有石子外露、脱皮、裂缝、蜂窝麻面等现象。

允许偏差项目：混凝土垫层允许偏差见表 5-7。

（2）主体工程

1）混凝土结构浇筑

主控项目：混凝土及钢筋混凝土结构池壁面、池底面严禁有裂缝，不得有蜂窝露筋

混凝土垫层允许偏差 表 5-7

序号	项目	允许偏差（mm）	检验频率		检验方法
			范围（m²）	点数	
1	厚度	±10	100	2	用尺量
2	平整度	10	100	2	用靠尺、塞尺
3	高程	±10	100	2	用水准仪测量

等现象。预制构件安装，必须位置准确、平稳，缝隙必须嵌实，不得有渗漏现象。混凝土底和壁必须一次连续浇筑完毕，不留施工缝。设计无要求时，底壁结合处的施工缝必须留成凹槽或加止水材料，施工缝高度应在池底上 20cm 处。

混凝土抗压强度见表 5-8。

混凝土抗压强度 表 5-8

序号	项目	允许偏差（MPa）	检验频率		检验方法
			范围（m²）	点数	
1	混凝土抗压强度	必须符合设计规定	每台班	1组	—

一般项目：池壁和拱圈的伸缩缝与池底板的伸缩缝应对正。水池及水渠底部不得有建筑垃圾、砂浆、石子等杂物。固定模板用的铁丝和螺栓不宜直接穿过池壁，否则应采取止水措施。壁底结合的转角处，应抹成八字角。水泥品种应选用普通硅酸盐水泥，不宜选用火山灰质硅酸盐水泥和粉煤灰硅酸盐水泥。石子粒径不宜大于 40cm，吸水率不大于 1.5%。混凝土养护期不得低于 14d。

检验方法：观察、检查产品合格证及检测报告。

混凝土及钢筋混凝土池、人工湖（渠）主体允许偏差见表 5-9。

混凝土及钢筋混凝土池、人工湖（渠）主体允许偏差 表 5-9

序号	项目	允许偏差（mm）	检验频率		检验方法
			范围（m²）	点数	
1	池、渠底高程	±10	20	1	用水准仪测量
2	拱圈断面尺寸	不小于设计规定	20	2	用尺量宽、厚
3	盖板断面尺寸	不小于设计规定	20	2	用尺量宽、厚
4	池壁高	±20	20	2	用尺量

序号	项目	允许偏差（mm）	检验频率		检验方法
			范围（m²）	点数	
5	池、渠底边线每侧宽度	±10	20	2	用尺量
6	池壁垂直度	15	20	2	用垂线检验
7	池壁平整度	10	10	2	用2m直尺或小线量取最大值
8	池壁厚度	±10	10	2	用尺量

2）石砌结构

主控项目：池壁面应垂直，砂浆必须饱满，嵌缝密实，勾缝整齐，不得有通缝、裂缝等现象。

砂浆抗压强度必须符合规定，见表5-10。

一般项目：池壁和拱圈的伸缩缝与底板伸缩缝应对正；池、渠底不得有建筑垃圾、砂浆、石块等杂物。浆砌块石缝宽不得大于3cm。

砂浆抗压强度 表5-10

项目	允许偏差（MPa）	检验频率		检验频率
		范围（m²）	点数	
砂浆抗压强度	必须符合设计规定	100	1组	必须符合设计规定

注：砂浆强度检验必须符合下列规定：每个构筑物或每500个砌体中制作一组试块（6块），如砂浆配合比变更时，也应制作试块；同强度等级砂浆的各组试块的平均强度不低于设计规定；任意一组试块的强度最低值不得低于设计规定的85%。

检验方法：观察、用尺量检查。

石砌结构水池、人工湖（渠）工程允许偏差见表5-11。

石砌结构水池、人工湖（渠）工程允许偏差项目 表5-11

序号	项目		允许偏差（mm）	检验频率		检验方法
				范围（m²）	点数	
1	池、渠底高程	混凝土	±10	20	1	用水准仪测量
		石	±10			
2	拱圈断面尺寸		不小于设计规定	10	2	用尺量宽、厚
3	池壁高		±20	10	2	用尺量
4	池、渠底边线每侧宽度	料石、混凝土	±10	20	2	用尺量
		块石	±20			

序号	项目		允许偏差（mm）	检验频率		检验方法
				范围（m²）	点数	
5	池壁垂直度		15	10	2	用垂线检验
6	池、渠壁平整度	料石	20	10	2	用2m直尺或小线量取最大值
		块石	30			
7	壁厚		不小于设计厚度	10	2	用尺量

3）砖砌结构

主控项目：池渠壁应平整、垂直，砂浆必须饱满，抹面压光，不得有空鼓、裂缝等现象。砂浆抗压强度见表5-12。

砂浆抗压强度　　　　　表5-12

序号	项目	允许偏差（mm）	检验频率		检验方法
			范围（m²）	点数	
1	砂浆抗压强度	必须符合设计规定	100、每一配合比	1	—

一般项目：砖砌结构水池、人工湖（渠）壁和拱圈的伸缩缝与底板伸缩缝应对正，缝宽应符合设计要求，砖壁不得有通缝。池渠底不得有建筑垃圾、砂浆、砖块等。砖块强度不低于 MU7.5。

检验方法：观察、用尺量，检查材料合格证及检测报告。

允许偏差项目见表5-13。

砖砌结构水池、人工湖（渠）允许偏差　　　　　表5-13

序号	项目	允许偏差（mm）	检验频率		检验方法
			范围（m²）	点数	
1	池、渠底高程	±10	20	1	用水准仪测量
2	拱圈断面尺寸	不小于设计规定	10	2	用尺量宽、厚
3	池壁高	±20	10	2	用尺量
4	池、渠底边线宽度	±10	20	2	用尺量
5	池、渠壁垂直度	15	10	2	用垂线检验
6	池、渠壁平整度	10	10	2	用2m直尺或小线量取最大值

3. 装修工程

水池压顶按以下方法检测：

主控项目：压顶材料的品种、规格和质量应符合设计要求。

检验数量：全数。

检验方法：检查出厂合格证，现场观察。

一般项目：整形压顶主材料应大小一致，色泽均匀，不得有裂纹、掉角、缺棱；自然形压顶石应色彩和顺，造型自然，压顶材料与池壁结合应牢固、安全，勾缝应大小深浅一致。整形压顶石表面应水平和顺，相邻板块接缝平顺。

检验方法：观察、尺量检查。

允许偏差项目见表 5-14。

水池压顶允许偏差项目 表 5-14

序号	项目	允许偏差（mm）	检验频率		检验方法
			范围（m²）	点数	
1	水平度	4	5	2	用水准仪测量
2	相邻板块高差	1	5	2	用尺量、观察
3	边线和顺度	1.5	5	2	用尺量
4	接缝宽度	1	10	2	用尺量

4. 水池附属设施及试水

（1）附属设施

主控项目：各种附属连接管道的材质符合设计要求。溢水管内接头标高必须与水池设计水位一致。

一般项目：管道与水池的连接应牢固，不渗水。管道与混凝土水池连接应将管道与水池钢筋焊在一起。金属管道连接段应做防腐处理。水中放置的卵石铺底应干净、无尘土，覆盖底层应完整。

检验方法：观察。

（2）试水

水池施工完毕后应进行试水试验。

职业活动训练

【**任务名称**】

设计和建造园林水景

1.任务背景

本任务旨在让学生将本项目中学到的园林水景工程技术知识应用到实际项目中。学生将分组完成一个小型的园林水景项目，包括设计、材料选择、建造和水源设备的安装。这将有助于他们理解如何将理论知识转化为实际操作，同时提高他们的工程实践水平。

2.任务地点

园林工程实训基地。

3.任务目标

（1）理解园林水景工程的设计原则、构造技术和材料选择。

（2）能够应用这些知识，自行设计一个小型园林水景项目。

（3）学习如何编制施工计划、预算和时间表。

（4）通过实际建造，培养学生解决问题、协作和沟通能力。

（5）提高工程实践水平，为未来的园林工程项目做好准备。

4.任务步骤

（1）项目选择和设计

1）选择一个小型的园林水池。

2）进行现场考察，了解项目的位置、土壤和美学要求。

3）设计水池的形状、尺寸、水源和材料，以确保其与项目场地相协调。

（2）施工计划和预算

1）编制一个详细的施工计划，包括材料采购、工具准备、建造过程和水源设备的安装。

2）估算项目的总成本，包括材料、劳动力、水源设备和工具租赁。

3）制定时间表，确定项目的起始日期和截止日期。

（3）材料准备

1）根据项目设计和计划申报所需的建材和水源设备，如水泵、喷头、管道、砾石、混凝土等。

2）准备设计图纸和模型，以指导建造过程。

（4）实际建造

1）按照设计和计划，开始水景的实际建造。

2）确保土方工作和基础建设符合设计要求，特别注重水景的结构稳定性。

3）安装水源设备，如水泵、管道和喷头，进行水景的功能测试。

（5）养护和监测

1）制定养护计划，包括水质控制、维护和清洁。

2）定期检查水景的运行情况，确保水源设备正常工作，水质清澈。

3）监测工程进度，以确保按计划完成项目。

（6）完工和验收

1）完成水景工程，并进行最终的验收。

2）确保项目符合设计要求，水景效果如预期（教师与企业专业人士进行验收）。

（7）报告和总结

1）撰写一份项目报告，包括项目背景、设计、建造过程、问题解决方法和总结。

2）反思项目经验，总结教训和成功因素。

 【思考与练习】

一、选择题

1.在园林景观设计中，水被称为（　　　）。

A. 园林之源 　　　　　　　　B. 园之灵魂

C. 自然之美 　　　　　　　　D. 生命之泉

2.（　　　）施工方法适合规模较小、池水较浅、对防水要求不高的情况。

A. 钢筋混凝土结构水池 　　　　B. 砖砌结构水池

C. 预制模水池 　　　　　　　　D. 柔性结构水池

3.以下（　　　）是一种常用的小型成品水池。

A. 刚性结构水池 　　　　　　　B. 预制模水池

C. 柔性结构水池 　　　　　　　D. EPDM 防水膜水池

4.对于湖底施工，以下（　　　）材料不常用于湖底防水处理。

A. 混凝土 　　　　　　　　　　B. 聚乙烯薄膜

C. 木材 　　　　　　　　　　　D. 灰土

5.喷泉中常用的喷头材料是（　　　）。

A. 铸铁   B. 不锈钢

C. 黄铜   D. 铝合金

6. 在人工湖体的施工中, 对于湖底防渗工程, 推荐采用的材料是( )。

A. 砂砾混凝土   B. 钢筋混凝土

C. 纯水泥浆料   D. 土质填充

7. 在人工溪涧的施工中, 挖掘溪槽时应注意的一个关键点是( )。

A. 超挖槽底高程, 以便后期调整   B. 随意挖掘, 根据实际情况进行设计

C. 严格控制槽底高程, 不得超挖   D. 将溪槽挖到设计高程以下, 以保证流动效果

8. 砌石类驳岸施工中, 墙身应具有一定的厚度, 以下( )不是决定墙身高度的因素。

A. 最高水位   B. 水面浪高

C. 岸壁的坡度   D. 墙后土壤侧压力

9. 在绿地型护坡中, 下列( )方式可以增加地貌层次, 丰富景观。

A. 花坛式护坡   B. 草皮护坡

C. 石钉护坡   D. 截水沟护坡

10. 以下瀑布落水形式中, ( )是指水流从高向低呈台阶状逐级跌落的动态水景。

A. 垂直瀑布   B. 水平瀑布

C. 跌水   D. 连续落

11. 地坑式临时水池施工的第三步是( )。

A. 安装喷泉设备   B. 清理现场   C. 铺设塑料布   D. 压顶

12. 在预制模水池的施工中, 为了避免地表径流污染池水, 预制模边缘通常高出周围地面( )。

A. 1~2.5cm   B. 2.5~5cm   C. 5~7.5cm   D. 7.5~10cm

13. 喷泉水形的基本构成要素是由( )产生的。

A. 喷头的种类   B. 喷水的高度

C. 喷头的组合方式   D. 喷泉的造型

14. 在水体驳岸护坡施工质量检验中, 以下( )不是施工过程中需要注意的内容。

A. 检查驳岸与护坡的施工是否遵循砌体工程的操作规程

B. 检查石砌结构水池的池壁是否垂直

C. 检查水池施工所有工序是否完成

D. 检查水质检验报告是否有污染

二、简答题

1. 解释水景的系带作用以及其在园林景观设计中的重要性。

2. 简要描述临时性水池的特点及其主要用途。

3. 请简要介绍三种常见的池底结构以及它们的特点。

4. 除了喷头之外，喷泉施工中还需要哪些机具和材料？

5. 请说明人工刚性水池施工过程中，对砖壁砌筑的施工要求和注意事项。

6. 简要说明砌石类驳岸施工中的基础、墙身和压顶各部分的作用及要求。

7. 请简要描述铺石护坡施工的步骤。

8. 请简要介绍悬臂式跌水的特点及其对瀑布的影响。

9. 请简要介绍混凝土砖砌池壁的施工技术及其适用条件。

10. 在彩色喷泉的灯光设置中，为什么布光是非常重要的？

11. 请简要描述水景施工过程中的质量检查方法。

项目6　园林建筑小品工程

学习目标：了解园林建筑小品的施工准备和施工流程。

学会园林建筑小品的施工操作。

掌握园林建筑小品施工的验收标准和方法。

能力目标：能够完成园林建筑小品的施工准备工作。

能够进行园林建筑小品的施工。

具备检验和验收园林建筑小品施工质量的能力。

素质目标：具备创新和审美的能力。

具有对历史文化和传统工艺的尊重。

具备职业道德和社会责任感。

【教学引例】

如果你是一家园林工程公司的项目经理，接到了一个新项目的委托，要求设计和建造一个园林建筑小品，以增添公园的美感和吸引力。这个小品位于一座公园的中央广场，是公园的焦点之一。你需要制定一个详细的设计方案并安排施工工作。

【问题】

1.根据项目背景，列出你需要考虑的主要设计要求和约束条件。

2.提出至少三种不同的园林建筑小品设计方案，并描述它们的特点。

3.选择一种设计方案，并详细说明它的设计图纸和规格，包括尺寸、材料、颜色等方面的信息。

4.列出在施工过程中需要采取的安全措施。

5.制定一个施工计划，包括工期、人员分配和资源需求。

6.确定施工过程中的质量控制步骤和验收标准。

7.计算项目的预算，并制定一个费用控制计划。

6.1　园林建筑小品工程施工流程

6.1.1　园林建筑小品构造

1.亭

亭一般由亭顶、亭柱（亭身）、台基（亭基）三部分组成，如图6-1所示。

亭顶：亭的顶部梁架可用木材制成，也用钢筋混凝土或金属铁架等。亭顶一般可分为平顶和尖顶两类。形状有三角形、方形、长方形、六角形、八角形、圆形等，亭顶形状示意见表6-1。顶盖的材料则可用瓦片、稻草、茅草、树皮、木板、树叶、竹片、柏油纸、石棉瓦、塑胶片、铝片、铁皮等。

亭柱（亭身）：亭柱的构造依材料而异，有水泥、石块、砖、树干、木条、竹等，亭一般无墙壁，故亭柱在支撑及美观要求上都极为重要。柱的形式有方柱（海棠柱、长方柱、正方柱等）、圆柱、多角柱、梅花柱、瓜棱柱、多段合柱、包镶柱、拼贴棱柱、花篮悬柱等。柱的色泽各有不同，可在其表面上绘成或雕成各种花纹以增加美观。

亭顶形状示意   表 6-1

形状	平面基本形式示意	立面基本形式示意	平面立面组合形式示意
三角亭			
方亭	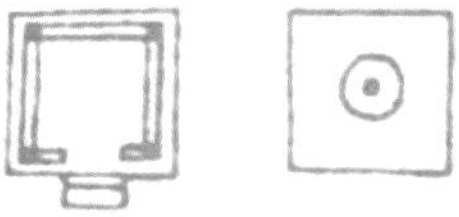		
长方亭			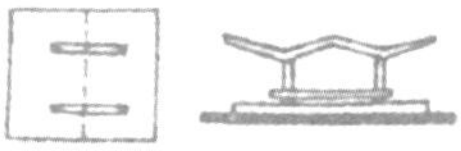
六角亭	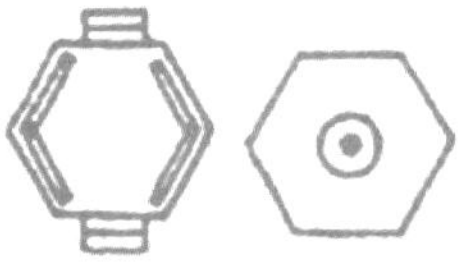		
八角亭			
圆亭	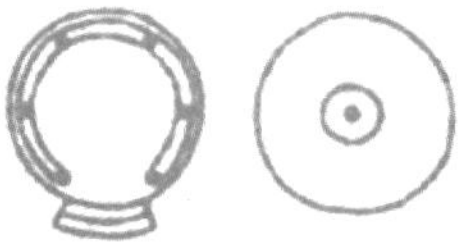		
扇形亭			
多（双）层亭	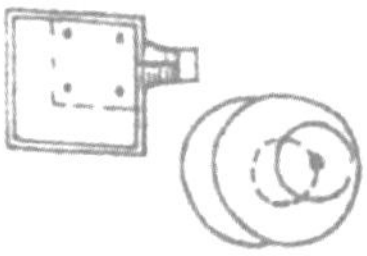		

台基（亭基）：台基多以混凝土为材料，若地上部分负荷较重，则需加钢筋、地梁；若地上部分负荷较轻，用竹柱、木柱盖以稻草的亭，则仅在亭柱部分掘穴以混凝土做成基础即可。

亭的基本构造如图 6-1 所示。

2. 廊

廊是亭的延伸。屋檐下的过道及其延伸成独立的有顶的过道称廊。游廊为古典园林中的脉络，在园林建筑中处重要地位。

廊依其平面形式可分直廊、回廊、曲廊，如图 6-2 所示。依其结构形式分单面空廊、两面空廊、暖廊、双层廊、复廊，如图 6-3 所示。依其位置分平地廊、水走廊、爬山廊。

单面空廊：分为两种，一种是在双面空廊的一侧列柱间砌上实墙或半实墙而成的；另一种是一侧完全贴在墙或建筑物边沿上。单面空廊的廊顶有时做成单坡形，以利排水。

两面空廊：两侧均为列柱，没有实墙，在廊中可以观赏两面景色。双面空廊不论直廊、曲廊、回廊都可采用，不论在风景层次深远的大空间中，或在曲折灵巧的小空间中都可运用。北京颐和园内的长廊，就是双面空廊，全长 728m，它临昆明湖，傍万寿山，蜿蜒曲折，穿花透树，把万寿山前十几组建筑群联系起来，对丰富园林景色起着突出的作用。

暖廊：指用玻璃或窗户封闭起来的走廊，带有槅扇或槛墙半窗，因可防风保暖，故名暖廊。

双层廊：上下两层的廊，又称"楼廊"。它为游人提供了在上下两层不同高程的廊中观赏景色的条件，也便于联系不同标高的建筑物或风景点以组织人流，可以丰富园林建筑的空间构图。

复廊：即两廊并为一体，中间隔墙，墙上一般设有花窗，景色互为渗透，似隔非隔。人在廊中行走时能感觉到步移景异的效果。以沧浪亭复廊最具特色，其复廊由西向东，北面临水，若按传统方式筑墙，则欣赏不到园外美丽的水景，若设计成游廊，则显过于开放。此刻，睿智的造园

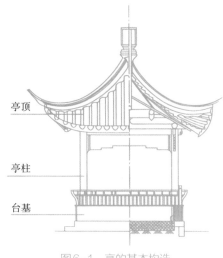

亭顶
亭柱
台基

图6-1 亭的基本构造

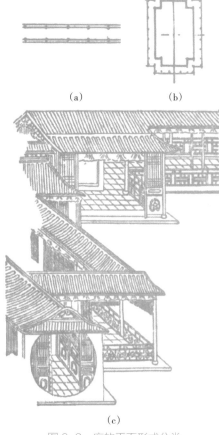

(a)　　　　　(b)

(c)

图6-2 廊的平面形式分类

(a) 直廊；(b) 回廊；(c) 曲廊

图 6-3　廊的结构形式分类

（a）单面空廊；（b）两面空廊；（c）暖廊；（d）双层廊；（e）复廊

者便创造出了复廊这一个奇观。

3. 榭

榭是借助于周围景色且常见的园林休憩建筑，在古典园林中运用较为普遍，体量较小巧，常设置于水中或水边，如图6-4所示。

古典园林中，高台上的木结构建筑称榭，其特点是只有楹柱和花窗，没有四周的墙壁。它的四周柱间设栏杆或美人靠，临水一面特别开敞。

图6-4 榭

隐约于花间的称为花榭，临水而建的称之为水榭。现今的榭多是水榭，并有平台伸入水面，平台四周设低矮栏杆，建筑开敞通透，体形扁平（长方形）。

（1）榭与水体结合的基本形式

1）从平面形式（临水效果）看：一面临水、两面临水、三面临水、四面临水。

2）从剖面看平台形式：实心土台，水流只能在平台四周环绕；平台下部以石梁柱结构支撑，一部分挑入水面，水流可流入部分建筑的底部；平台下部全部挑入水面，水流流入整个建筑底部，形成凌驾碧波之上的效果。

（2）不同地区的榭

江南园林中的水榭，体量小，常以水平线为主，一半或全部跨入水中，下部以梁柱结构做支撑。屋顶大多数为歇山回顶式，四角翘起，显得轻盈纤细，整体装饰精巧、素雅。

北方园林中的水榭，体量较大，色彩艳丽，红绿柱，黄瓦。

岭南园林的水榭，体量大、开敞、通透。

（3）不同形式的榭

藕香榭：怡园藕香榭，在苏州怡园，也叫荷花厅，临池而筑。可赏荷花观鱼。

水心榭：在河北承德避暑山庄东宫之北，是宫殿区与湖区的重要通道。

芙蓉榭：苏州拙政园芙蓉榭，一方形歇山顶临水风景建筑，位于主厅兰雪堂之北，大荷花池尽东头。荷池约略为矩形，东西长，南北窄，故西向的小榭前有很深远的水景，水中植荷，荷又名芙蓉，芙蓉榭之名由此而来。

4. 舫、轩、楼、阁

园林建筑中的舫，是指依照船的造型在园林湖泊的水边建造起来的一种船形建筑物。其他的园林建筑如轩、楼、阁等建筑其构造原理与亭基本相同，只不过更复杂一些，只要掌握了亭的结构和构造，能够读懂施工图和做法大样图，就可以按图施工。

5. 园桥

园桥由上部结构、下部支撑结构两大部分组成。上部结构包括梁（或拱、栏杆等），是园桥的主体部分，要求既坚固又美观。下部结构包括桥台、桥墩等支撑部分，是园桥的基础部分，要求坚固耐用，耐水流的冲刷。桥台桥墩要有深入地基的基础，上面应采用耐水流冲刷材料，还应尽量减少对水流的阻力。

桥体的结构形式包括板梁柱式、悬臂梁式、拱券式、悬索式、桁架式，如图 6-5 所示。

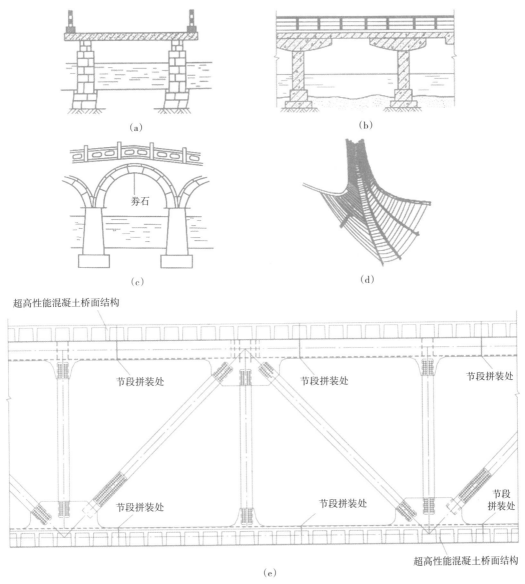

图 6-5　桥体的结构形式

（a）板梁柱式；（b）悬臂梁式；（c）拱券式；（d）悬索式；（e）桁架式

6. 花架

（1）花架的构造组成

花架是用以支撑攀缘植物的一种棚架式建筑小品。同时花架可供人休息观景，还具有组织空间、分割景观空间、增加景观深度的作用。花架为攀缘植物的生长提供条件，把植物景观和休息空间结合起来，是园林景观中最易形成特色、最接近自然、用得最多的建筑小品之一。

花架类型较多，常见的花架构造如图 6-6 所示。

架顶是花架最上部的组成部分，主要承受攀缘植物的重量及相应风雪雨等荷载。架顶一般由格栅、横梁所组成。

格栅：主要承托花架攀缘植物，并把相应的荷载传递给横梁。

横梁：一般顺着花架的开间方向支承于立柱上。当花架的进深较大，在横梁下顺进深方向设置主梁（又叫大梁、纵梁），并加设横梁之间的桁条，以缩短格栅的支承跨度。

图 6-6　花架

架顶一般使用耐腐的杉木或钢筋混凝土做成，其构件矩形截面的高度一般为相应跨度的 1/15~1/8，截面宽度常为高度的 1/3~1/2。现多用轻钢材料作为架顶，轻巧、具有时尚感。

立柱是花架中间的组成部分，主要把架顶部分的荷载传递给基础，并支撑起架顶，以形成一定的高度空间。立柱的材料一般为砌块、钢筋混凝土、型钢或木材。使用砌体与钢筋混凝土，应该在柱表面做装饰处理，例如涂刷涂料、抹灰、块料贴面等方法。

基础是花架的底部组成部分，花架基础常采用独立基础的结构形式，基础与柱的连接构造方式与立柱材料、柱的造型、截面有关。

花架地面应做相应铺装，便于使用。常见的铺装有混凝土面层、碎石、卵石、砖等。

花架临空或面水一侧，常设置座凳、座椅和栏杆，凳面材料一般为石材、木材、硬质塑料以及不锈钢板材。

种植穴设在花架外侧，并背向座凳。

（2）花架的造型

花架的平面造型有直线式、折线式、圆形式等；立面造型有双排柱式、单柱式、梁柱式、墙柱式等。

7. 园墙

园墙由墙身、墙顶、基础三部分构成。墙身为园墙的主体构成部分，又称为墙体。墙身一般由结构体系与装饰体系两部分所组成。墙的结构体系除了形成一定的空间形状外，在力学结构性能上主要承受水平推力。为了加强对水平推力的承载能力，除了加厚墙身外，还可以采用加设墙墩或组成曲折的平面布置，以增强其刚度和稳定性。

墙身一般使用砖块或空心砌块砌筑，底部高 400~600mm 部分可用毛石砌筑。墙墩一般采用与墙体相同的材料，有时采用钢筋混凝土材料做成。

墙身的装饰体系即为墙面的装饰处理，主要有抹灰和贴面两种。抹灰一般使用各种带水泥的砂浆抹于墙面，以形成美化与保护的功能。贴面做法则在墙面上粘贴各种块材，以形成多样的视觉感观效果。

墙顶是园墙上部的收头部分，常设一现浇钢筋混凝土的压顶梁，然后组砌设计所要求的线条线脚，再进行相应的装饰处理。

墙顶的装饰处理的形式和方法很多，中式园林的园墙墙顶，较多采用传统的瓦片压顶。西式园林的墙顶上，有时设置几何体或人物雕塑。现代的园墙上，有时设置相应的罩灯座，以体现出一定的灯头景观效果。

园墙的基础，主要承受园墙的垂直荷载并传递给地基。基础宽度一般为 600~1200mm，埋置深度为 600~1000mm，应该通过相应的计算而定。

可以使用块材砌筑而成，并下设垫层，上设现浇钢筋混凝土圈梁。

其他墙体如花坛砌筑、花台砌筑与园墙砌筑相似，只是体量大小、使用材料有所不同。

6.1.2 常见园林建筑小品工程施工基本流程

1. 木质亭施工基本流程

根据木质亭施工图及做法要求，其施工流程如下：

施工准备→施工测量放线→地面夯实→挖桩基坑→柱基混凝土浇筑→立亭柱→安装梁架→亭顶安装→屋面施工→地面垫层施工→铺装混凝土基层→地面铺装→安装座凳→木亭漆饰。

2. 混凝土拱桥施工基本流程

根据混凝土拱桥施工图及做法要求，其施工流程如下：

施工准备→施工测量放线→桥墩基坑开挖→桥墩混凝土模板施工→桥墩钢筋绑扎→桥墩混凝土浇筑→拱梁钢筋绑扎→桥面钢筋绑扎→桥面混凝土浇筑→安装栏杆→贴面工程。

3. 园门施工基本流程

根据园门施工图及做法要求，其施工流程如下：

施工准备→施工测量放线→挖门柱基坑→浇筑钢筋混凝土基台→绑扎柱钢筋→支钢筋混凝土柱模板→浇筑钢筋混凝土柱→砌填充砖柱→浇筑钢筋混凝土梁→砌砖墩→安装柱顶预制板→挂柱顶灰瓦→门柱装饰→铁艺门安装。

4. 园墙施工基本流程

根据园墙施工图及做法要求，其施工流程如下：

施工准备→施工测量放线→挖园墙基槽→素土夯实→基槽混凝土垫层→砖基砌筑→园墙地圈梁浇筑→砌砖墙预留景窗→浇筑圈梁→砌筑砖墙顶→砌瓦条筑脊→挂蝴蝶瓦屋面→安装景窗→水泥砂浆抹面→刷外墙涂料（两遍）。

5. 花架施工基本流程

根据花架施工图及做法要求，其施工流程如下：

施工准备→施工测量放线→柱基坑开挖→锁口墙基槽开挖→铺筑基坑、基槽混凝土垫层→锁口墙砖基砌筑→立柱→钢筋混凝土桩基浇筑→安装架梁→安装椽架→砌筑锁口墙→铺装地面→锁口墙装饰→砌筑花台树桩→花架漆饰。

6.2 园林建筑小品工程施工准备

现以景观花坛砌体施工为例，说明其施工的准备工作。

1. 工具准备

工具准备包括：皮尺、绳子、木桩、木槌、铁锹、经纬仪等，并按规范要求清理施工现场。

2. 材料准备

砂浆拌制停放机械的地方，土质要坚实平整，防止土面下沉造成机械倾侧。砂浆搅拌机的进料口上应装上铁栅栏遮盖保护。严禁脚踏在拌合筒和铁栅栏上面操作。传动皮带和齿轮必须装防护罩。工作前应检查搅拌叶有无松动或磨刮筒身现象、检查出料机械是否灵活、检查机械运转是否正常。必须在搅拌叶达到正常运转后，才可投料。搅拌叶转动时，不准用手或棒等其他物体去拨、刮拌合筒口灰浆或材料。出料时必须使用摇手柄，不准用手转动拌合筒。工作中机具如遇故障或停电，应拉开电闸，同时将筒内拌料清除。

砌块应提前在地面上用水淋（或浸水）至湿润，不应在砌块运到操作地点时才进行，以免造成场地湿滑。

材料运输车运输砖、砂浆等应注意稳定，不得高速行驶，前后车距离应不少于 2m；下坡行车，两车距应不少于 10m。禁止并行或超车。所载材料不许超出车厢之上。禁止用手向上抛砖运送，人工传递时，应稳递稳接。两人位置应避免在同一垂直线上。在操作地点的地面临时堆放材料时，要放在平整坚实的地面上，不得放在湿润积水或泥土松软、崩裂的地方，基坑 0.5~1.0m 以内不准堆料。

3. 作业条件准备

（1）基础砌砖前基槽或基础垫层施工均已完成，并办理好隐蔽工程验收手续。

（2）砌筑前，地基均已完成并办理好隐蔽工程验收手续。

（3）砌体砌筑前应做好砂浆配合比技术交底及配料的计量准备。

（4）普通砖、空心砖等在砌筑前一天应浇水湿润，湿润后普通砖、空心砖含水率宜为 10%~15%，不宜采用即时浇水淋砖。

（5）砌体施工应弹好花坛的主要轴线及砌体的砌筑控制边线，经有关技术部门进行技术复线，检查合格方可施工。基础砌砖应弹出基础轴线和边线、水平标高。

（6）砌体施工应设置皮数杆，并根据设计要求、砖块规格和灰缝厚度在皮数杆上标明皮数及竖向构造的变化部位。

（7）根据皮数杆最下面一层砖的标高，可用拉线或水准仪进行抄平检查，如砌筑第一皮砖的水平灰缝厚度超过 20mm，应先用细石混凝土找平，严禁在砌筑砂浆中掺填砖碎或用砂浆找平，更不允许采用两侧砌砖、中间填心找平的方法。

4. 定点放线

根据设计图和地面坐标系统的对应关系，用测量仪器把花坛群中主花坛中心点坐标测设到地面上，再把纵横中轴线上的其他中心点的坐标测设下来，将各中心点连线，即在地面上放出花坛群的纵横线。据此可量出各处个体花坛的中心，最后将各处个体花坛的边线放到地面上即可。具体可按龙门板上轴线定位钉将花坛墙身中心轴线放到基础面上，弹出纵横墙身边线、墙身中心轴线。

资源名称	6.1 砌筑材料及其施工流程	6.2 花坛的设计与施工	6.3 园林挡土墙的设计与施工	6.4 景墙的设计与施工
资源类型	视频	视频	视频	视频
二维码				

6.3 园林建筑小品工程施工质量检测

6.3.1 园林建筑小品工程施工质量检测评定

1. 建筑小品检测类别

本部分内容适用于园林工程中常见园林建筑小品的施工验收，不适用于 200m² 以上房屋建筑工程和仿古园林建筑工程，200m² 以上的房屋建筑工程应执行国家标准《建筑工程施工质量验收统一标准》GB 50300—2013 的规定。

园林工程中常见建筑小品分部、分项工程名称，见表 6-2。

常见园林建筑小品分部、分项工程名称　　　　　　　　　　表 6-2

序号	分部工程名称	分项工程名称
1	地基与基础工程	土方、砂、砂石和三合土地基、水泥砂浆防水层、模板、钢筋、混凝土、砌砖、砌石、钢结构、焊接、制作、安装、油漆
2	主体工程	模板、钢筋、混凝土、构件安装、砌砖、砌石、钢结构、焊接、制作、安装、油漆、竹（木）结构等
3	地面	基层、地面
4	门窗工程	木门窗制作，钢、铝合金门窗安装等
5	装饰工程	抹灰、油漆、刷（喷）浆（塑）、玻璃、饰面、罩面板及钢木骨架、细木制品、花饰、安装、竹、木结构等
6	屋面工程	屋面找平层、保温（隔热）层、卷材防水、油膏嵌缝、涂料屋面、细石混凝土屋面、瓦屋面、水落管等

2. 各主要类别检测标准与方法

（1）砌筑砂浆

1）水泥进场使用前，应分批对其强度、安定性进行复验，检验批应以同一生产厂家、同一编号为一批。

在使用中对水泥质量有怀疑或水泥出厂超过三个月（快硬硅酸盐水泥超过一个月）时应复查试验并按其结果使用。

不同品种的水泥不得混合使用。

2）砂浆用砂不得含有有害杂物。砂浆用砂的含泥量应满足下列要求：

①水泥砂浆和强度等级不小于 M5 的水泥混合砂浆，含泥量不应超过 5%。

②强度等级小于 M5 的水泥混合砂浆，含泥量不应超过 10%。

③人工砂、特细砂等，应经试配能满足砌筑砂浆技术条件要求。

3）配制水泥石灰砂浆时，不得采用脱水硬化的石灰膏。

4）消石灰粉不得直接用于砌筑砂浆。

5）拌制砂浆用水，水质应符合国家现行标准《混凝土用水标准》JGJ 63—2006 的规定。

6）砌筑砂浆应通过试配确定配合比。当砌筑砂浆的组成材料有变更时，其配合比应重新确定。

7）施工中当采用水泥砂浆代替水泥混合砂浆时，应重新确定砂浆强度等级。

8）凡在砂浆中掺入有机塑化剂、早强剂、缓凝剂、防冻剂，应经检验、试配符合要求后，方可使用。有机塑化剂应有砌体强度的型式检验报告。

9）砂浆现场拌制时，各组分材料应采用重量计量。

10）砌筑砂浆应采用机械搅拌，自投料完算起，搅拌时间应符合下列规定：

①水泥砂浆和水泥混合砂浆不得少于 2min。

②水泥粉煤灰砂浆和掺用外加剂的砂浆不得少于 3min；掺用有机塑化剂的砂浆，应为 3~5min。

③砂浆应随拌随用，水泥砂浆和水泥混合砂浆应分别在拌成后 3h 和 4h 内使用完毕；当施工期间最高气温超过 30℃时，应分别在拌成后 2h 和 3h 内使用完毕。

11）砌筑砂浆试块强度验收时其强度必须符合以下规定：同一验收批砂浆试块抗压强度平均值必须大于或等于设计强度等级所对应的立方体抗压强度；同一验收批砂浆试块抗压强度的最小一组平均值必须大于或等于设计强度等级所对应的立方体抗压强度的 0.75 倍。

12）当施工中或验收时出现下列情况，可采用现场检验方法对砂浆和砌体强度进行原位检测或取样检测，并判定其强度：

①砂浆试块缺乏代表性或试块数量不足。

②对砂浆试块的试验结果有怀疑或有争议。

③砂浆试块的试验结果，不能满足设计要求。

（2）砖砌体

用于清水墙、柱表面的砖，应边角整齐，色泽均匀。冻胀环境和有条件的地区，地面以下或防潮层以下的砌体，不宜采用多孔砖。

砌筑时，砖应提前 1~2d 浇水湿润。砌砖采用铺浆法砌筑时，铺浆长度不得超过 750mm；施工期间气温超过 30℃时，铺浆长度不得超过 500mm。

多孔砖的孔洞应垂直于受压面砌筑。施工时施砌的蒸压（养）砖的产品龄期不应小于28d，竖向灰缝不得出现透明缝、瞎缝和假缝。

砖砌体施工临时间断处补砌时，必须将接槎处表面清理干净，浇水湿润，并填实砂浆，保持灰缝平直。

主控项目：砖和砂浆的强度等级必须符合设计要求；砌体水平灰缝的砂浆饱满度不得小于80%；砖砌体的转角处和交接处应同时砌筑，严禁无可靠措施的内外墙分砌施工；对不能同时砌筑而又必须留置的临时间断处应砌成斜槎，斜槎水平投影长度不应小于高度的2/3。砖砌体的位置及垂直度允许偏差见表6-3。

砖砌体的位置及垂直度允许偏差　　　　　　　　　　　　表6-3

序号	项目			允许偏差（mm）	检验方法
1	基础顶面和楼面标高			10	用经纬仪和尺检查或用其他测量仪器检查
2	垂直度	每层		5	用2m拖线板检查
		全高	>10m	10	用经纬仪、吊线和尺检查，或用其他测量仪器检查
			>10m	20	用仪器检查

一般项目：砖砌体组砌方法应正确，上、下错缝，内外搭砌，砖柱不得采用包心砌法；砖砌体的灰缝应横平竖直，厚薄均匀；水平灰缝厚度宜为10mm，但不应小于8mm，也不应大于12mm。砖砌体的一般尺寸允许偏差见表6-4。

砖砌体一般尺寸允许偏差　　　　　　　　　　　　表6-4

序号	项目		允许偏差（mm）	检验方法	抽检数量
1	基础顶面和楼面标高		+15	用水平仪和尺检查	不应少于5处
2	表面平整度	清水墙、柱	5	用2m靠尺和根形塞尺检查	有代表性自然间10%，但不应少于3间，每间不应少于2处
		混水墙、柱	8		
3	门窗洞口高、宽（后塞口）		±5	用尺检查	检验批洞口的10%，且不应少于5处
4	外墙上下窗口偏移		20	以底层窗口为准，用经纬仪或吊线检查	检验批的10%，且不应少于5处
5	水平灰缝平直度	清水墙	7	拉10m线和尺检查	有代表性自然间10%，但不应少于3间，每间不应少于2处
		混水墙	10		
6	清水墙游丁走缝		20	用吊线和尺检查，以每层第一皮砖为准	有代表性自然间10%，但不应少于3间，每间不应少于2处

（3）石砌体

石砌体采用的石材应质地坚实，无风化剥落和裂纹。用于清水墙、柱表面的石材，应色泽均匀。石材表面的泥垢、水锈等杂质，砌筑前应清除干净。

石砌体的灰缝厚度：毛料石和粗料石砌体不宜大于 20mm；细料石砌体不宜大于 5mm。

砂浆初凝后，如移动已砌筑的石块，应将原砂浆清理干净，重新铺浆砌筑。

砌筑毛石基础的第一皮石块应坐浆，并将大面向下；砌筑料石基础的第一皮石块应用于砌层坐浆砌筑。毛石砌体的第一皮及转角处、交接处和洞口处，应用较大的平毛石砌筑。每个楼层（包括基础）砌体的最上一皮，宜选用较大的毛石砌筑。

主控项目：石材及砂浆强度等级必须符合设计要求。砂浆饱满度不应小于 80%。石砌体的轴线位置及垂直度允许偏差见表 6-5。

一般项目：石砌体的一般尺寸允许偏差见表 6-6。同时，石砌体的组砌形式应满足内外搭砌，上下错缝，拉结石、丁砌石交错设置；毛石墙拉结石每 $0.7m^2$ 墙面不应少于 1 块。

（4）配筋砌体

构造柱浇灌混凝土前，必须将砌体留槎部位和模板浇水湿润，将模板内的落地灰、砖渣和其他杂物清理干净，并在结合面处注入适量与构造柱混凝土相同的去石水泥砂浆。振捣时，应避免触碰墙体，严禁通过墙体传震。

设置在砌体水平灰缝中钢筋的锚固长度不宜小于 $50d$，且其水平或垂直弯折段的长度不宜小于 $20d$ 和 150mm，钢筋的搭接长度不应小于 $55d$。

配筋砌块砌体剪力墙应采用专用的小砌块砌筑砂浆。

石砌体的轴线位置及垂直度允许偏差　　　　　　　　　　　表 6-5

项次	项目		允许偏差（mm）						检验方法
			毛石砌体	料石砌体					
			基础	墙	毛料石		粗料石		细料石墙、柱	
					基础	墙	基础	墙		
1	轴线位置		20	15	20	15	15	10	10	用经纬仪和尺检查，或用其他测量仪器检查
2	墙面垂直度	每层		20		20		10	7	用经纬仪、吊线和尺检查或用其他测量仪器检查
		全高		30		30		25	20	

石砌体的一般尺寸允许偏差　　　　　　　　　　表 6-6

项次	项目		允许偏差（mm）							检验方法
			毛石砌体		料石砌体					
			基础	墙	毛料石		粗料石		细料石墙、柱	
					基础	墙	基础	墙		
1	轴线位置		20	15	20	15	15	10	10	用水准仪和尺检查
2	砌体厚度		+30	+20（−10）	+30	+20（−10）	+15	+10（−5）	+10（−5）	用尺检查
3	墙面垂直度	清水墙、柱	—	—	20	—	20	—	10	细料石用 2m 靠尺和楔形塞尺检查，其他用两直尺垂直于灰缝拉 2m 线和尺检查
		湿水墙、柱	—	—	20	—	30	—	25	
4	清水墙水平灰缝平直度		—	—	—	—	—	—	10	5	拉 10m 线和尺检查

主控项目：钢筋的品种规格和数量应符合设计要求，构造柱、芯柱、组合砌体构件、配筋砌体剪力墙构件的混凝土或砂浆的强度等级应符合设计要求。

构造柱尺寸允许偏差见表 6-7。

对配筋混凝土小型空心砌块砌体，芯柱混凝土应在装配式楼盖处贯通，不得削弱芯柱截面尺寸。

一般项目：设置在砌体水平灰缝内的钢筋，应居中置于灰缝中。水平灰缝厚度应大于钢筋直径 4mm 以上。砌体外露面砂浆保护层的厚度不应小于 15mm。

设置在砌体灰缝内的钢筋应采取防腐措施。

网状配筋砌体中，钢筋网及放置间距应符合设计规定。

构造柱尺寸允许偏差　　　　　　　　　　表 6-7

序号	项目			允许偏差（mm）	检验方法
1	柱中心线位置			10	用经纬仪和尺检查或用其他测量仪器检查
2	柱层间错位			8	用经纬仪和尺检查或用其他测量仪器检查
3	柱垂直度	每层		10	用 2m 拖线板检查
		全高	<10m		
			>10m		

组合砖砌体构件，竖向受力钢筋保护层应符合设计要求，距砖砌体表面距离不应小于5mm；拉结筋两端应设弯钩，拉结筋及箍筋的位置应正确。

配筋砌块砌体剪力墙中，采用搭接接头的受力钢筋搭接长度不应小于35d，且不应小于300mm。

（5）钢木结构工程

适用于园林建筑及小品工程的一般木结构工程中的花架、钢木组合架等的制作与安装工程和木门窗制作工程的质量检验和评定。

主控项目：

木材的树种、材质等级、含水率和防腐、防虫、防火处理以及制作质量必须符合设计要求，结构性木构件的含水率不得大于18%，装饰性木构件含水率不得大于12%。

木结构支座、节点构造必须符合设计要求和相关规范的规定。榫槽必须嵌合严密，连接必须牢固、无松动。

钢木组合所采用的钢材及附件的材质、型号、规格和连接构造等必须符合设计要求和相关规范规定。

检验方法：观察和用手推拉及尺量，检查试验报告。

一般项目：

木构件表面质量应符合以下规定：

表面平整光洁无戗搓、刨痕、毛刺、锤印和缺棱角，清油制品色泽、木纹近似。

检验方法：观察、尺量检查。

木制品裁口、起线、割角、拼接应符合以下规定：

裁口、起线顺直，割角准确，高低平整。接头采用燕尾榫拼接严密。

检验方法：观察、尺量检查。

钢木组合的钢材，垫板，螺杆螺母应符合下列规定：

钢板、杆平直，螺母数量及螺杆伸出螺母长度符合相关规范的规定。垫板、垫圈齐全紧密。各钢件均做防腐处理。

检验方法：观察、锤击和尺量检查。

木架、梁、柱的支座部位防腐处理应符合以下规定：

木构件与砖石砌体、混凝土的接触处以及支座垫木防腐处理应符合相关规范规定。

检验方法：观察、检查施工记录。

木结构工程允许偏差和检验方法见表6-8。

木结构工程允许偏差和检验方法

表 6-8

序号	项目		允许偏差（mm）	检验方法
1	构件截面尺寸	方木构件高度、宽度	±3	尺量检查
		原木构件	±5	
2	结构长度	方木构件长度≥4m	±5	尺量检查、梁柱检查全长
		方木构件长度＜4m	±10	
3	结构中心线的间距		±10	尺量检查
4	垂直度		1/500	吊线和尺量检查
5	受压或弯构件纵向弯曲		1/400	吊（拉）线和尺量检查
6	螺杆伸出螺母长度		＜10	尺量检查

（6）园林栏杆及花饰安装

适用于各种铁艺栏杆、木制栏杆、塑料栏杆、不锈钢栏杆及扶手等的安装工程和混凝土、石材、木材、塑料、金属、玻璃、石膏等花饰制作与安装工程的质量验收。

主控项目：栏杆制作与安装和花饰制作与安装所用材料的材质、规格、数量和木材、塑料的燃烧性能等级应符合设计要求。

检验方法：观察，检查产品合格证书、进场验收记录和性能检测报告。

检查数量：全部检查。

栏杆及花饰的造型、尺寸及安装位置应符合设计要求。

检验方法：观察，尺量检查，检查进场验收记录。

检查数量：全部检查。

栏杆安装预埋件的数量、规格、位置以及护栏与预埋件的连接节点应符合设计要求。

检验方法：检查隐蔽工程验收记录和施工记录。

检查数量：全部检查。

栏杆高度、栏杆间距、安装位置和花饰安装位置及固定方法必须符合设计要求，安装必须牢固。

检验方法：观察，尺量检查，扳手检查。

检查数量：全部检查。

带玻璃护栏的玻璃应使用公称厚度不小于12mm的钢化玻璃或钢化夹层玻璃。当护栏一侧距楼地面高度为50mm及以上时，应使用钢化夹层玻璃。

检验方法：观察，尺量检查，检查产品合格证书和进场验收记录。

检查数量：全部检查。

一般项目：栏杆和花饰转角弧度应符合设计要求，接缝应严密，表面应光滑，色泽应一致，不得有歪斜、裂缝、翘曲及损坏。

检验方法：观察，手摸检查。

检查数量：全部检查。

栏杆安装的允许偏差和检验方法见表6-9。

栏杆安装的允许偏差和检验方法　　　　　　　　　　　　表6-9

序号	项目		允许偏差（mm）	检验方法
1	垂直度		3	用1m垂直检测尺检查
2	间距		3	用钢尺检查
3	直顺度	栏杆	4	拉通线，用钢尺检查
		基座	7	
4	高度		3	用钢尺检查
5	相邻栏杆高差	有柱	5	用钢尺检查
		无柱	1	

花饰安装的允许偏差和检验方法见表6-10。

花饰安装的允许偏差和检验方法　　　　　　　　　　　　表6-10

项次	项目		允许偏差（mm）		检验方法
			室内	室外	
1	条形花饰的水平度或垂直度	每米	1	2	拉线和用1m垂直检测尺检查
		全长	3	6	
2	单独花饰中心位置偏移		10	15	拉线和用钢尺检查

（7）园林成套设备安装

适用于园林游乐设施、园林雕塑、座凳、垃圾箱、指示牌以及其他园林成套设备的安装。

主控项目：必须按照设计说明和产品安装说明进行安装，保证安装的牢固性、稳定性。产品具备合格证或质量检验证，涉及安全的设备应具有安全检测证。电气设备安装的接零和漏电保护装置的设置应符合相关的规定。

一般项目：设备安装后的基座、安装结合部和安装构件应在不妨碍维护的条件下进行装饰处理。

（8）石作工程

1）一般规定

适用于园林工程中的石栏杆、石柱、石桌石凳、石台阶、石压顶石、抱鼓石、门鼓石、柱顶石等的施工验收评定。

2）石作构件选材及加工

主控项目：石材材质及加工方法应符合设计要求；成品石材表面应平整、方正，不得出现裂缝、隐残（即石料内部裂缝）；石纹走向应符合构件受力情况，阶条石、踏步石、栏板、压顶石等的石纹应为水平走向。

检查方法：观察、铁锤细敲听声，装线抄平。

一般项目：石料应纹理通顺、没有污点、红白线、石瑕（即干裂纹）、石铁（局部发黑或发白）。剁斧石面层如设计无规定应斧剁三遍，斧印应细密、均匀、直顺，不得留有二遍斧的斧印；石面凹凸不超过2mm；斧剁石刮边宽度应一致；蘑菇石面层表面应基本平整，刮边宽度应一致；光面石材应锃亮、平整、对角线偏差不大于3mm。

检查数量：构件总数的10%。

检查方法：观察，尺量。

3）石件安装

主控项目：石件之间必须用榫卯或铁件连接牢固，铁件连接的空隙必须用水泥砂浆灌严。石件放置必须平稳，独立石件（石凳、石柱、石案等）的安装应保证其稳定性。石栏杆的柱、板、地栿（或阶条石）之间必须采用榫卯连接。

一般项目：

石件安装应符合下列规定：柱顶石应做方形榫窝以固定立柱，榫窝深大于或等于1/3柱顶厚，宽大于或等于1/3柱径，稳定性较差的廊架的柱顶石应在转角处、爬山段做透榫；楼、垂花门的柱顶石（含滚墩石）也应做透榫。

检验方法：观察、尺量。

制作石栏杆时，地栿应根据柱、板的平面投影做落槽，槽深为地栿厚。柱底做榫头，长宽均为柱宽的3/10，地栿的落槽内做相应的榫窝，柱侧面按栏板尺寸留栏板槽，深为柱宽的1/10，如设计无规定，柱宽为柱高的2/11，地栿宽为柱宽的1.5倍，地栿高为地栿宽的1/2，栏板下口厚为柱宽的8/10，上口宽为柱宽的6/10，抱鼓长为栏板的1/2~1。如栏板有固定需要，地栿石与柱可部分用全透榫连接。

检查数量：全数检查。

检验方法：观察、尺量。

石礓磋条宽为 7.5~10cm，各块之间衔接平顺；石台阶留有 1/100 的排水坡度，避免积水，安装平直；石桌、石凳各石件之间应连接牢固，未提到部分按相关标准执行。

石件粘合采用专用胶。

6.3.2　园林建筑小品工程施工质量检测记录

1. 检测记录方法

检测记录方法是将上述需要检测的园林建筑小品施工类别按要求填写表格。如园林景墙砖砌筑质量检测应填写砖砌体工程检验批质量验收记录，见表 6-11。

2. 撰写质量检测报告

根据现场施工质量检测结果，按照施工质量标准进行建筑小品施工质量判断，最终形成质量评定报告。撰写报告的技巧，不外是要对整个园林工程项目所有建筑小品进行全面细致的检测，并按小品施工要素（如石作工程、砌筑砂浆工程、砖砌体工程、钢木工程、石砌体工程、配套工程等）做好检测记录。

砖砌体工程检验批质量验收记录　　　　　　　　　　　表 6-11

工程名称			分项工程名称			验收部位	
施工单位						项目经理	
执行标准							
名称及编号						专业工长	
分包单位						施工组长	
质量验收规定				施工单位验收检查评定记录		监理（建设）单位验收记录	
主控项目	砖强度等级	设计要求 MU××					
	砂浆强度等级	设计要求 M××					
	斜槎留置						
	直槎拉结钢筋及接槎处理						
	砂浆饱和度	>80%					
	轴线位移	10mm					
	垂直度（每层）	5mm					

续表

一般项目	组砌方法							
	水平灰缝厚度							
	墙顶标高	±15mm 以内						
	表面平整度	清水 5mm						
		混水 8mm						
	门窗洞口	5mm						
	窗口偏移	20mm						
	水平灰缝平直度	清水 7mm						
		混水 10mm						
	清水墙游丁走缝	20mm						

施工单位检查 评定结果	验收专业质量检查员：
	项目专业质量（技术）负责人：　　　　　　　　年　月　日
监理（建设）单位验收结论	监理工程师（建设单位项目技术负责人）： 　　　　　　　　　　　　　　　　　　　　　年　月　日

职业活动训练

【任务名称】

设计和制作园林建筑小品

1.任务背景

本任务旨在让学生将本项目中学到的园林建筑小品工程技术知识应用到实际项目中。学生将完成一个小型的园林建筑小品项目，包括设计、选材、制作和安装。这将有助于他们理解如何将理论知识转化为实际操作，同时提高他们的工程实践水平。

2.任务地点

园林工程实训基地。

3. 任务目标

（1）理解园林建筑小品工程的设计原则、构造技术和材料选择。

（2）能够应用这些知识，自行设计一个小型园林建筑小品项目。

（3）学习如何编制制作计划、预算和时间表。

（4）通过实际制作，培养解决问题、协作和沟通能力。

（5）提高工程实践水平，为未来的园林工程项目做好准备。

4. 任务步骤

（1）项目选择和设计

1）选择一个小型的园林建筑小品项目，例如庭院雕塑、水景装置或庭院家具。

2）进行现场考察，了解项目的定位、周围环境和美学要求。

3）设计小品的形状、尺寸、风格和材料，以确保其与项目场地相协调。

（2）制作计划和预算

1）编制一个详细的制作计划，包括材料采购、工具准备、制作过程和安装阶段。

2）估算项目的总成本，包括材料、劳动力和工具租赁。

3）制定时间表，确定项目的起始日期和截止日期。

（3）材料准备

1）申报所需的建材和工具，如木材、金属、油漆、锤子、电锯等（根据项目设计和计划）。

2）准备设计图纸和模型，以指导制作过程。

（4）实际制作

1）按照设计和计划，开始园林建筑小品的实际制作。

2）确保工艺精细，符合设计要求，特别注重细节和质量控制。

3）完成所有制作工作，包括组装和装饰。

（5）安装和展示

1）安装制作完成的园林建筑小品到项目场地。

2）确保园林建筑小品的稳固性和安全性。

3）展示园林建筑小品，为学校或社区提供参观机会。

（6）报告和总结

1）撰写一份项目报告，包括项目背景、设计、制作过程、问题解决方法和总结。

2）反思项目经验，总结教训和成功因素。

✧ 【思考与练习】

一、选择题

1. 园林建筑小品中，亭的基本构造由（　　　）三部分组成。

A. 亭顶、柱、地基

B. 亭顶、柱、栏杆

C. 亭身、柱、地基

D. 亭身、亭顶、台基

2. 廊的平面形式中，哪一种廊可以观赏两面景色（　　　）？

A. 直廊

B. 回廊

C. 复廊

D. 双层廊

3. 园林建筑小品工程施工准备中，物资准备工作的内容包括以下哪些方面（　　　）？

A. 施工机具的准备

B. 水泥砂浆抹面

C. 搅拌砂浆的要求

D. 安装金山石栏杆

4. 为了防止土面下沉造成机械倾侧，砂浆搅拌机的进料口上应该装上（　　　）。

A. 塑料罩

B. 金属网

C. 铁栅栏

D. 纱布覆盖

5. 墙体砌筑施工中，以下哪一项不是施工步骤之一（　　　）？

A. 摆砖样

B. 放线

C. 挂线

D. 立皮竖杆

6. 在施工应注意的问题中，产生空鼓、脱落的主要原因是（　　　）。

A. 夏季气温过高

B. 冬季气温低，砂浆受冻

C. 木材质量不合格

D. 模板安装不稳固

7. 在花架的施工过程中，下列哪项不是施工技术的关键问题（　　　）？

A. 柱子地基的坚固性和准确性

B. 花架施工后的装修与刷色

C. 花架安装时的安全性

D. 涂刷带颜色的涂料时的配料合适性

8. 在砂浆中掺入有机塑化剂、早强剂、缓凝剂、防冻剂前，应进行（　　　）操作。

A. 施工前检查砂浆质量

B. 检查水泥的强度和安定性

C. 砂浆现场拌制时采用重量计量

D. 对水泥进行复验

9. 石作构件选材及加工中，哪种石纹走向符合构件受力情况（　　　）？

A. 垂直走向

B. 水平走向

C. 斜向走向

D. 径向走向

10. 在石件安装中，（　　　）连接方式必须用于石栏杆的柱、板、地袱之间。

A. 钢筋焊接

B. 榫卯连接

C. 螺栓连接 D. 焊接接合

11. 根据给定的检测记录方法，园林景墙砖砌筑质量检测应填写的文件是（ ）。

A. 施工质量判断报告 B. 园林建筑小品工程施工质量检测记录表

C. 质量评定报告 D. 技术标准及相关施工要求

二、简答题

1. 园桥的结构形式有哪些？简要描述每种形式的特点。

2. 园墙的基本构造与组成有哪三部分？简述每部分的作用和特点。

3. 园墙施工流程中提到了挂蝴蝶瓦屋面的步骤，请简要描述挂蝴蝶瓦的施工技术细节。

4. 砖砌体砌筑施工中的"勾缝"步骤是什么？简要描述一下。

5. 在园林建筑施工中需要注意的问题有哪些？简要说明其中一项施工中应注意的问题及相应的解决方法。

6. 简述现代石拱桥的起拱和合拢施工节点，并解释合拢施工中的一些步骤。

7. 针对木制品裁口、起线、割角、拼接的要求有哪些？

8. 简要说明如何撰写一个好的施工质量检测报告。

7

项目 7　园路工程

学习目标：了解园路的基础知识和园路系统的布局形式。

　　　　　学会设计和规划园林中的道路系统。

　　　　　掌握园路铺装的施工方法和施工流程。

能力目标：能够设计不同类型的园路，包括步行道、车行道等。

　　　　　具备园路工程施工和铺设的技能。

　　　　　能够管理园路工程项目和维护园路系统。

素质目标：具备交通安全和环保意识。

　　　　　具有规划和设计的能力。

　　　　　具备社会责任感和文化素养。

【教学引例】

项目名称：校园园路改建工程

项目背景：某小学校园内的主要交通道路老化严重，存在安全隐患，需要进行园路改建工程，以提升校园环境质量，保障师生出行安全。

项目范围：略。

改建长度：500m。

路面宽度：4m。

交叉口数量：2 个。

绿化带宽度：1m。

硬质装饰：设置 5 处休息座椅。

项目目标：改建后的园路要满足学校日常交通需求，保证师生出行的安全性和舒适性。在改建过程中，保留原有的树木和景观要素，最大程度保护校园内的绿化环境。

提升校园园路的整体美观度，营造宜人的校园环境。

 【问题】

结合上述内容，请同学们讲一讲园路工程项目的实施步骤有哪些？

7.1　园路的概述

园林道路是构成园林的基本要素之一，包括道路、广场、游憩场地等一切硬质铺装。园路既是交通线，又是风景线，是分隔各个景区的景界线，是联系各个景点的"纽带"，也是园林的骨架、网络。

7.1　园路的概述

7.1.1　园路工程的基础知识

1. 园路的作用

（1）组织交通和引导游览

园路可满足游客的集散、疏导，满足园林运输工作以及各种园务运输的要求。此外，游览顺序的安排，是十分重要的，它能将设计者的造景序列传达给游客。园路担负着组织园林的观赏顺序，向游客展示园林景物的作用，它通过布局和路面铺砌的图案，引导游客按照设计者的意图、路线和角度来游赏景物，园路是游客的导游者，如图 7-1 所示。

（2）划分、组织空间

在公园中常常是利用地形、建筑、植物或道路把全园分隔成各种不同功能的景区，对于地形起伏不大、建筑比重小的现代园林绿地，用道路围合、分隔不同景区是主要方式。同时又通过道路，把各个景区连成一个整体，达成统一的景观效果，如图 7-2 所示。

（3）构成风景

园路优美的曲线、丰富多彩的路面铺装可与周围的山水建筑、花草树木紧密结合，不仅是"因景设路"，而且是"因路得景"，如图 7-3 所示。

（4）提供活动场地和休息场地

在建筑小品周围、花坛边、水旁和树池等处，园路可扩展为广场，为游人提供活动和休息的场所，如图 7-4 所示。

图 7-1　引导游览

图 7-2　划分、组织空间

图 7-3　构成风景

图 7-4　提供活动场地和休息场地

（5）组织排水

道路可以借助其路缘或边沟组织排水。当园林绿地高于路面，就能汇集两侧绿地径流，利用其横向坡度将雨水排除。

2.园路的分类

（1）按构造形式不同，园路一般可分为路堑型、路堤型和特殊型三种，如图 7-5~图 7-7 所示。

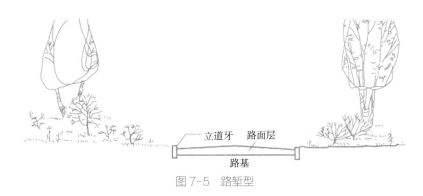

立道牙　路面层

路基

图 7-5　路堑型

明沟

路肩

平道牙（边缘）

路面层

路基

图 7-6　路堤型

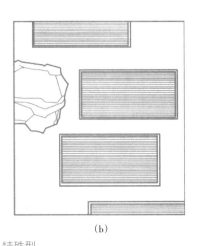

（a）

（b）

图 7-7　特殊型

（a）仿树桩步石路；（b）条纹步石路

（2）按面层材料不同，园路可分为整体路面、块料路面和碎料路面三种。整体路面包括水泥混凝土路面和沥青混凝土路面，特点是路面平整、耐压、耐磨，适用于通行车辆或人流集中的公园主路和出、入口（图7-8和图7-9）；块料路面包括各种天然块石和各种预制块料铺装的路面，特点是路面坚固、平稳，图案纹样和色彩丰富，适用于广场、游步道和通行轻型车辆的地段（图7-10）；碎料路面是用各种碎石、瓦片、卵石等组成的路面，特点是路面图案精美、表现内容丰富、做工细致、巧夺天工，主要用于庭院园路和各种游步小路（图7-11）。

图 7-8 水泥混凝土路面

图 7-9 沥青混凝土路面

图 7-10 块料路面

图 7-11 碎料路面

（3）按使用功能可分为主干道、次干道和游步道。

1）主干道：联系公园主要出、入口，园内各功能分区，主要建筑物和主要广场，是全园道路系统的骨架，是游览的主要线路，多呈环形布置，宽度根据公园性质和游人容量而定，宽度一般为 3.5~6.0m。

2）次干道：是主干道的分支，是贯穿各功能分区，联系重要景点和活动场所的道路，宽度一般为 2.0~3.5m。

3）游步道：景区内连接各个景点，深入各个角落的游览小路，宽度一般为 1.0~2.0m。园路分类与技术标准见表 7-1。

园路分类与技术标准   表 7-1

分类		路面宽度（m）	游人步道宽（路肩）（m）	车道数（条）	路基宽度（m）	车速（km·h⁻¹）	备注
园路	主园路	6.0~7.0	≥ 2.0	2	8~9	20	
	次园路	3~4	0.8~1.0	1	4~5	15	
	小径（游览步道）	0.8~1.5	—	—	—	—	
	专用道	3.0	≥ 1	1	4	—	消防通道等

7.1.2 园路的结构

1. 园路的典型结构

园路路面的结构形式同城市道路一样具有多样性，但由于园林中通行车辆较少，园路的荷载较小，因此园路的结构比城市道路简单。园路一般由路面、路基和道牙等组成，其中，路面又分为面层、结合层、基层等，如图 7-12 所示。

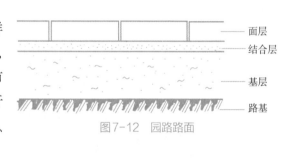

图 7-12 园路路面

2. 路面各层的作用和设计要求

（1）面层是路面最上面的一层。它直接承受人流、车辆和大气因素的作用，因此面层要求坚固、平稳、耐磨损、不滑、反光小，具有一定的粗糙度和少尘性，便于清扫且美观。

（2）结合层采用块料铺筑面层时，在面层与基层之间设有结合层，是为了粘结和找平而设置的。

（3）基层位于结合层之下、垫层或路基之上，是路面结构中主要承重部分，可增加面层的抵抗能力，能承上启下，将荷载扩散、传递给路基。

（4）路基即土基，是路面的基础，它不仅为路面提供一个平整的基面，还承受路面传递的荷载，是保证路面强度和稳定性的重要条件。

（5）道牙又称为侧石、缘石，一般分
为立道牙和平道牙两种，如图 7-13 所示。

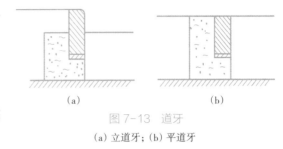

图 7-13　道牙
(a) 立道牙；(b) 平道牙

3. 园路的其他附属结构

（1）明沟和雨水井

明沟和雨水井是为收集路面雨水而建
的构筑物，在园林中常用砖块砌成。

（2）台阶、礓礤、磴道

1）台阶

当路面坡度超过 12% 时，为了便于行走，在不通行车辆的路段上可设台阶，其宽度与
路面相同。每级台阶的高度为 12~17 cm，宽 30~38 cm，台阶不宜连续使用，每 10~18 级后应
设一段平坦的地段，使游人有恢复体力的机会。为防止积水，每级台阶应有 1%~2% 的向下
坡度，以利于排水。

在园林中根据造景的需要，台阶可以用天然山石、预制混凝土制成木纹板、树桩等
各种形式装饰园景，为了夸张山势，造成高耸的感觉，台阶的高度也可以增至 15cm 以
上，以增加趣味。

2）礓礤

在坡度较大的地段上，一般纵坡超过 15% 需设台阶，为能通行车辆将斜面做成锯齿
形坡道，如图 7-14 所示。

3）磴道

在地形陡峭的地段，可结合地形或利用露岩设置磴道（图 7-15），其纵坡大于 60%
时，应做防滑处理，并设扶手栏杆等。

图 7-14　礓礤

图 7-15　磴道

（3）种植池

在路边或广场上栽种植物，一般应留种植池，其大小应由所栽植物的要求而定。在栽种高大乔木的种植池上应设保护栅栏。

7.1.3 园路系统的布局形式

1. 套环式园路系统

这种园路系统的特征是由主园路构成一个闭合的大型环路或一个"8"字形的双环路，再由很多的次园路和游览小道从主园路上分出，并且相互穿插连接与闭合，构成另一些较小的环路。

2. 条带式园路系统

在地形狭长的园林绿地上，采用条带式园路系统比较合适。这种布局形式的特点是主园路呈条带状，始端和尽端各在一方，并不闭合成环。

3. 树枝式园路系统

以山谷、河谷地形为主的风景区和市郊公园，主园路一般只能布置在谷底，沿着河沟从下往上延伸。因此，从游览的角度看，它是游览性最差的一种园路布局形式，只有在受到地形限制时，才不得已而采用这种布局。

园路系统的布局形式，如图 7-16 所示。

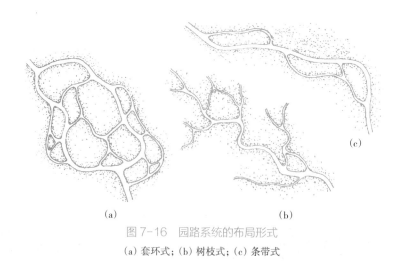

图 7-16　园路系统的布局形式

（a）套环式；（b）树枝式；（c）条带式

7.1.4 园路系统的布局形式

园路施工的重点在于控制好施工面高程，并使基层、面层达到设计要求，精细施工、强调质量。

由于园路工程的多项施工内容往往是由多个施工单位共同完成的，若在工程衔接及施工配合上出现问题，就会影响施工进度及工程质量，因此，在施工管理中应注意以下几方面问题：

1. 精心准备

施工准备的基本内容一般包括技术准备、物资准备、施工组织准备、施工现场准备和协调工作准备等，有的必须在开工前完成，有的则可贯穿于施工过程中进行。

2. 合理计划

根据对施工工期的要求，组织材料、施工设备、施工人员进入施工现场，计划好工程进度，保证能连续施工。必须综合现场施工情况，考虑流水作业，做到有条不紊，否则将会造成人力、物力的浪费，甚至造成施工停歇。

3. 统筹安排

园路工程虽然是一个单项工程，但是在施工中往往涉及与园林给水排水、园林照明、绿化种植等其他园林工程项目的协调和配合，因此，施工过程要做到统一领导，各部门、各项目协调一致，使工程建设能够顺利进行。

7.2 园路的设计

7.2 园路
的设计

7.2.1 园路设计的准备工作

熟悉设计场地及周围的情况，对园路的客观环境进行全面的认识。勘察时应注意以下几点：

1. 了解场地的地形地貌情况，并核对图纸。

2. 了解场地的土壤、地质情况、地下水位、地表积水情况、原因及范围。

3. 了解场地内原有建筑物、道路、河池及植物种植的情况，要特别注意保护大树和名贵树木。

4. 了解地下管线（包括煤气管道、供电缆、电话线、给水排水管线等）的分布情况。

5. 了解园外道路的宽度及公园出入口处园外道路的标高。

7.2.2 园路横断面设计

垂直于园路中心线方向的断面叫园路的横断面，它能直观地反映路宽、道路和横坡及地上地下管线位置等情况。

园路横断面设计的内容主要包括：依据规划道路宽度和道路断面形式；结合实际地形确定合适的横断面形式；确定合理的路拱横坡；综合解决路与管线及其他附属设施之间的矛盾等。

1. 园路横断面形式的确定

园路横断面形式常见的有"一块板"（机动与非机动车辆在一条车行道上混合行驶，上行下行不分隔）、"两块板"（机动与非机动车辆混驶，但上下行由道路中央分隔带分开），公园中常见的路多为"一块板"。园路宽度的确定依据其分级而定，应充分考虑所承载的内容，游人及各种车辆的最小运动宽度见表7-2。

游人及各种车辆的最小运动宽度　　　　　　　表7-2

交通种类	最小宽度（m）	交通种类	最小宽度（m）
单人	≥ 0.75	小轿车	2.00
自行车	0.6	消防车	2.06
三轮车	1.24	卡车	2.50
手扶拖拉机	0.84~1.5	大轿车	2.66

2. 园路路拱设计

为能使雨水快速排出路面，道路的横断面通常设计为拱形、斜线形等形状，称之为路拱，其设计主要是确定道路横断面的线形和横坡坡度。路拱基本设计形式有抛物线形、折线形、直线形和单坡直线形4种，如图7-17所示。

（1）抛物线形路拱，是最常用的路拱形式。其特点是路面中部较平，越向外侧坡度越陡，横断路面呈抛物线形。

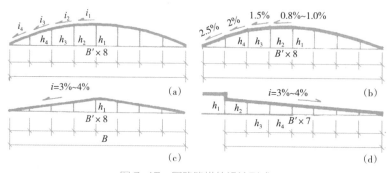

图7-17　园路路拱的设计形式

（a）抛物线形；（b）折线形；（c）直线形；（d）单坡直线形

（2）折线形路拱，是将路面做成由道路中心线向两侧逐渐增大横坡度的若干短折线组成的路拱。

（3）直线形路拱，适用于路面横坡坡度较小的双车道或多车道水泥混凝土路面。

（4）单坡直线形路拱，可以看作是以上3种路拱各取一半所得到的路拱形式，其路面单向倾斜，雨水只向道路一侧排除。

3. 园路横断面综合设计

（1）结合地形将人行道与车行道设置在不同高度上，人行道与车行道之间用斜坡隔开，如图7-18（a）所示，或用挡土墙隔开，如图7-18（b）所示。

（2）将两个不同行车方向的车行道设置在不同高度上，如图7-19所示。

（3）结合岸坡倾斜地形，将沿河一边的人行道布置在较低的不受水淹的河滩上，供居民散步休息之用。车行道设在上层，以供车辆通行，如图7-20所示。

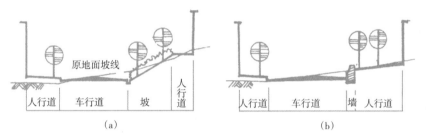

图7-18 园路横断面设计（一）

（a）用斜坡隔开；（b）用挡土墙隔开

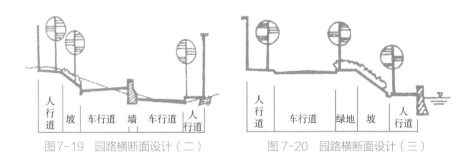

图7-19 园路横断面设计（二）　　图7-20 园路横断面设计（三）

当道路沿坡地设置，车行道和人行道同在一个高度上，横断面布置应将车行道中线的标高接近地面，并靠向土坡，如图7-21所示。图中横断面2为合理位置。这样可避免出现多填少挖的不利现象（一般为了使路基比较稳固，而出现多挖少填的情况），以减少土方和护坡工程量。

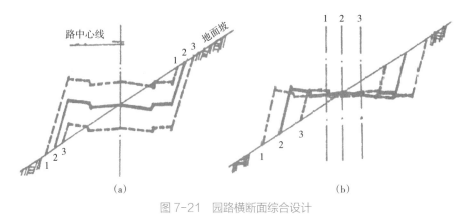

图 7-21　园路横断面综合设计

（a）中线位置不变，标高改变；（b）中线位置变动，标高不变

4. 园路的纵横坡度

一般路面应有 8% 以下的纵坡和 1%~4% 的横坡，以保证路面水的排除。在游步道上，道路的起伏可以更大一些，一般在 12% 以下为舒适，一般超过 15% 应设台阶。

7.2.3　园路的平面线形设计

在确定好园路宽度和横断面形式之后就可以进行园路的平面线形设计，其基本内容是结合规划定出道路中心线的位置，确定直线段，选择平曲线半径，合理实现曲线与直线的衔接等。

园路的线形设计应与地形、水体、植物、建（构）筑物、铺装场地及其他设施结合，形成完整的风景构图，创造连续展示园林景观的空间或欣赏前方景物的透视线。园路的线形设计应主次分明、组织交通和游览、疏密有致、曲折有序。在设计自然式曲线道路时，道路平曲线的形状应满足游人平缓、自如转弯的习惯，弯道曲线要流畅，曲率半径要适当，不能过分弯曲，不得矫揉造作（图 7-22）。

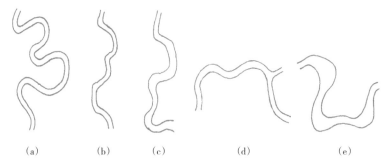

（a）　　　　　（b）　　　　　（c）　　　　　（d）　　　　　（e）

图 7-22　园路平面曲线线形

（a）园路过分弯曲；（b）曲弯不流畅；（c）宽窄不一致；（d）正确的平行曲线园路；（e）特殊的不平行曲线园路

1. 园路的宽度和横坡度

（1）重点风景区的游览大道及大型园林的主干道的路面宽度，应考虑能通行卡车、大型客车，在公园内一般不宜超过 6m。

（2）公园主干道的路面宽度，由于园务交通的需要，应能通行卡车。对重点文物保护区的主要建筑物四周的道路，应能通行消防车，其路面宽度一般为 3.5m。

（3）游步道一般为 1~2.5m，小径也可小于 1m。由于游览的特殊需要，游步道宽度的上下限均允许灵活些。

（4）不同路面面层的横坡度见表 7-3。

不同路面面层的横坡度 　　　　　　　　　　　　　　　　　　　表 7-3

道路类别	路面结构	横坡度（%）
人行道	砖石、板材铺砌	1.5~2.5
	砾石、卵石镶嵌面层	2.0~3.0
	沥青混凝土面层	3.0
	素土夯实面层	1.5~2.0
自行车道	水泥混凝土	1.5~2.0
广场行车路面		0.5~1.5
汽车停车场		0.5~1.5
车行道	水泥混凝土	1.0~1.5
	沥青混凝土	1.5~2.5
	沥青结合碎石或表面处理	2.0~2.5
	修整块料	2.0~3.0
	圆石、卵石铺砌以及砾石、碎石或矿渣（无结合料处理）、结合料稳定土壤	2.5~3.5
	级配砂土、天然土壤、粒料稳定土壤	3.0~4.0

2. 平曲线半径的选择和确定

自然式园路曲折迂回，在平曲线变化时主要由下列因素决定：

（1）园林造景的需要。

（2）当地地形、地物条件的要求。

（3）在通行机动车的地段上，要保证行车安全。

平面线图设计如图 7-23 所示。

通行机动车辆的园路在交叉口或转弯处的平曲线半径要考虑适宜的转弯半径，以满足通行的需求。转弯半径的大小与车速和车辆型号（长、宽）有关，个别条件困难地段也可以不考虑车速，采用满足车辆本身的最小转弯半径。园路转弯半径的确定如图 7-24 所示。

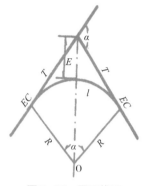

图 7-23 平面线图

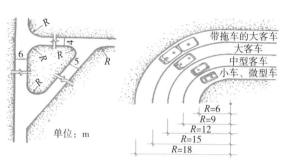

图 7-24 园路转弯半径的确定

T—切线长（m）；E—曲线外距（m）；l—曲线长（m）；
α—路线转折角度；R—平曲线半径（m）

3. 曲线加宽

汽车在弯道上行驶，由于前后轮的轮迹不同，前轮的转弯半径大，后轮的转弯半径小，因此，弯道内侧的路面要适当加宽，曲线加宽如图7-25所示。

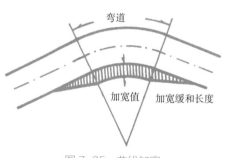

7.2.4　园路的纵断面设计

1. 园路纵断面设计的主要内容

图 7-25　曲线加宽

园路纵断面设计的主要内容有：

（1）确定路线各处合适的标高。

（2）设计各路段的纵坡及坡长。

（3）保证视距要求，选择各处竖曲线的合适半径，设置竖曲线并计算施工高度等。

2. 园路纵断面设计的要求

（1）园路一般根据造景的需要，随地形的变化而起伏变化。

（2）在满足造园艺术要求的情况下，尽量利用原地形，保证路基的稳定，并减少土方量。

（3）园路与相连的城市道路在高程上应有合理的衔接。

（4）园路应配合园内地面水的排除，并与各种地下管线密切配合，共同达到经济合理的要求。

3. 园路竖曲线设计

（1）确定园路竖曲线合适的半径

园路竖曲线的允许半径范围比较大，其最小半径比一般城市道路要小得多。半径的确定与游人游览方式、散步速度和部分车辆的行驶要求相关，但一般不做过细的考虑。园路竖曲线最小半径建议值见表 7-4。

园路竖曲线最小半径建议值（单位：m）　　　　　　　　　　　　表 7-4

园路级别	风景区主干道	主园路	次园路	小路
凸形竖曲线	500~1000	200~400	100~200	<100
凹形竖曲线	500~600	100~200	70~100	<70

（2）园路纵向坡度设定

一般园路的路面应有 8% 以下的纵坡，最小纵坡不小于 0.3%~0.5%。可供自行车骑行的园路，纵坡宜在 2.5% 以下，最大不超过 4%。轮椅、三轮车宜为 2% 左右，不超过 3%。不通车的人行游览道，最大纵坡不超过 12%，若坡度在 12% 以上，就必须设计为梯级道路。园路纵坡与限制坡长见表 7-5。

园路纵坡与限制坡长　　　　　　　　　　　　表 7-5

道路类型	车道			游览道				梯道
园路纵坡（%）	5~6	6~7	7~8	8~9	9~10	10~11	11~12	>12
限制坡长（m）	600	400	300	150	100	80	60	25~60

7.3　园路铺装

7.3　园路
的施工

7.3.1　园路铺装的基础知识

1. 园路路面铺装的艺术设计

（1）路面应有装饰性，纹样设计要求色彩协调，考虑质感对比和尺度划分，同时图案设计讲求个性。

（2）园路路面应有柔和的光线和色彩，减少反光、刺眼感觉。

（3）路面应与地形、植物、山石等配合。

（4）在进行路面图案设计时，应与景区的意境相结合，既要根据园路所在的环境选择路面的材料、质感、形式、尺度，同时还要研究路面图案的寓意、趣味，使路面更好地成为园景的组成部分。

215

（5）设计时应考虑就地取材，价廉物美又接近自然。充分重视废料和新材料的引入，低材高用。

2. 常见园路铺装类型

（1）整体路面

多用于公园主次园路或一些附属道路。

（2）块料路面

用规则或不规则的石材、砖、预制混凝土块做路面面层材料，一般结合层要用水泥砂浆，起路面找平和结合作用。这类铺地适用于园林中的游步道、次路等，也是现代园林中应用比较普遍的形式之一。

（3）卵石路面

卵石是园林中最常用的一种路面面层材料，一般用于公园游步道或小庭院中的道路。

（4）嵌草路面、步石、汀步、磴道

1）嵌草路面，是把天然石块和各种形状的预制水泥混凝土块铺成冰裂纹或其他花纹，铺筑时在块料间留 3~5cm 的缝隙，填入培养土，然后种草。

2）步石，在自然式草地或建筑附近的小块绿地上，可以用一块至数块天然石块或预制成圆形、树桩形、木纹板形等混凝土块，自由组合于草地之中。

3）汀步，它是在水中设置步石，使游人可以"平水而过"。

4）磴道，它是局部利用天然山石、露岩等凿出的或用水泥混凝土仿树桩、假石等塑成的上山磴道。

（5）木栈道

木栈道选择耐久性强的木材，或加压注入的防腐剂对环境污染小的木材，国内多选用杉木。并应在木材表面涂饰防水剂、表面保护剂，且最好每两年涂刷一次着色剂。

3. 道路铺装工程施工流程

道路铺装工程施工流程如图 7-26 所示。

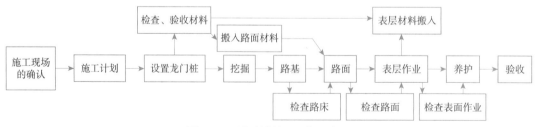

图 7-26　道路铺装工程施工流程

7.3.2 整体路面铺装

1. 整体路面相关知识

（1）整体路面分类

1）水泥混凝土路面

水泥混凝土路面是用水泥、粗细骨料（碎石、卵石、砂等）、水按一定配比拌匀后现场浇筑的路面。其整体性好、耐压强度高、养护简单、便于清扫。初凝之前，还可以在表面进行纹样加工。在园林中，水泥混凝土路面多用于主干道。为了增加色彩变化，也可在混凝土中添加不溶于水的无机矿物颜料。

2）沥青混凝土路面

沥青混凝土路面是用热沥青、碎石和砂的拌合物现场铺筑的路面。其颜色深、反光小，易于与深色的植被协调，但耐压强度和使用寿命均低于水泥混凝土路面，且在夏季沥青有软化现象。在园林中，沥青混凝土路面也多用于主干道。

（2）整体路面园路的结构设计

根据整体路面园路各层的作用和设计要求，将该整体路面园路的结构设计为用120mm厚的级配砂石做垫层，基层可用二渣（水泥渣、散石灰）或三渣（水泥渣、散石灰、道渣），用150mm厚的C20混凝土做面层，用500mm×350mm×150mm的麻石做道牙。

（3）整体路面园路的纵横坡度

为了保证车行安全及行走舒适，方便路面排水，整体路面园路的纵向坡度一般为1%，横向坡度一般为1.5%。

2. 整体路面工程施工

（1）施工前的准备

施工前，负责施工的单位，应组织有关人员熟悉设计文件，以便编制施工方案，为施工任务创造条件。园路建设工程设计文件包括初步设计和施工图两部分。熟悉设计文件时应注意如下事项：

1）确定整体路面园路的纵横坡度。为保证行走舒适及路面排水，将整体路面园路的纵向坡度确定为1%，横向坡度确定为1.5%。横坡设为单面坡，坡向指向路边的排水明沟。

2）确定整体路面园路的路宽尺寸。

3）确定整体路面园路的结构设计。

4）确定整体路面园路的面层设计。

（2）施工放线

根据现场控制点，测设出整体路面园路中心线上的特征点，并打上木桩，在地面上每隔 20~50m 放一中心桩，弯道的曲线上应在曲头、曲中和曲尾各放一中心桩，在各中心桩上标明桩号和挖填要求，再以中心桩为准，根据整体路面园路的宽度定出边桩。最后放出路面的平曲线，用白灰在场地地面上放出轮廓线。

（3）修筑路槽

在修建各种路面之前，应在要修建的路面下先修筑铺路用的浅槽，经碾压后使路面更加稳定坚实。路槽一般有挖槽式、培槽式和半挖半培式三种修筑方式，修筑时可由机械或人工进行挖槽。以下重点介绍挖槽式和培槽式修筑方式。

1）挖槽式

①平地机开挖路槽

施工程序：测量放线→放平桩→开挖→整修→碾压。

测量放线：路槽开挖前，应沿道路中心线测定路线边缘位置和开挖深度，每隔 20~50m 钉入小木桩，用麻绳挂线撒石灰放出纵向边线，再将小木桩移到路槽两侧一定距离处，以利于机械操作。在路槽范围内的树木、电杆、人工建筑物和影响挖槽的地下管线，都应迁移到路槽以外或降低到路槽以下一定深度。

放平桩（即样槽）：沿边线每隔 5~10m（变坡点和超高部分应加桩）在路肩部位挖一个 50~100cm 宽的横槽，槽底深度即为路槽底标高。考虑到路槽土开挖后压实可能下沉，故开挖深度应较设计规定深度有所减少。

开挖：先将平地机的铲刀水平旋转到适当的位置，然后往返将路槽土铲切，并推移到路肩上。堆弃的土可用于路肩或运走。

整修：路槽挖出后，用路拱板进行检查，然后进行人工整修，适当铲平和培填至符合要求。对于路槽范围内的各类管沟和挖出的树坑等，都应在整修时分层填土夯实。

碾压：路槽经整修后，用 10~12t 压路机碾压，直线路段由路边逐渐移向中心，曲线路段由弯道内侧向外侧进行，以便随时掌握质量。碾压至规定密度无明显轮迹即可。

②松土机与推土机联合开挖路槽

施工程序：施工程序与平地机施工相同。测量放样、放平桩、整修和碾压与平地机施工相同。

开挖：先由松土机沿路槽边缘起，按螺旋形行驶路线，由一侧开始逐渐将全路翻松。翻松后的渣土由推土机以十字形或之字形推土方式，将渣土推到路肩上，直至将路槽按设计要求开挖出来。

2）培槽式

施工程序：测量放样→培肩→碾压（夯实）→恢复边线→清槽→整修→碾压。

测量放样：路槽培肩前，应沿道路中心线测定路槽边缘位置和培垫高度，每隔 20~50m 钉入小木桩，用麻绳挂线撒石灰放出纵向边线。桩上应按虚铺厚度做出明显标记，虚铺系数根据所用材料通过试验确定。

培肩：根据所放的边线先将培肩部位的草和杂物清除掉，然后用机械或人工进行培肩。培肩宽度应伸入路槽内 15~30cm，每层虚铺厚度以不大于 30cm 为宜。

碾压：路肩培好后，应用履带拖拉机往返压实。

恢复边线：操作工艺与测量放线基本相同，将路槽边线基本恢复。

清槽：根据恢复的边线，按挖槽式操作工艺，用机械或人工将培肩时的多余部分土清除，经整修后，用压路机对路槽进行碾压。整修、碾压操作工艺与挖槽式相同。

（4）基层施工

1）干结碎石基层

干结碎石基层是指在施工过程中不洒水或少洒水，依靠充分压实及用嵌缝料充分嵌挤，使石料间紧密锁结所构成的具有一定强度的基层结构，其厚度一般为 8~16cm，适用于园路中的主路。

施工程序：摊铺碎石→稳压→撒填充料→压实→铺撒嵌缝料→碾压。

①撒填充料：将粗砂或灰土（石灰剂量 8%~12%）均匀撒在碎石层上，用竹扫帚扫入碎石缝内，然后用洒水车或喷壶均匀洒一次水。水流冲出的空隙再以砂或灰土补充，至不再有空隙并露出碎石尖为止。

②压实：用 10~12t 压路机继续碾压，碾速稍快，每分钟约 60~70m，一般碾 4~6 遍（视碎石软硬而定），切忌碾压过多，以免石料过于破碎。

③铺设嵌缝料：大块碎石压实后，在其上铺撒一层嵌缝料，并扫匀。

④碾压：嵌缝料扫匀后，立即用 10~12t 压路机进行碾压，一般碾压 2~3 遍，碾压至表面平整稳定无明显轮迹为止。

2）天然级配砂砾基层

天然级配砂砾基层，是指用天然的低塑性砂料，经摊铺整形并适当洒水碾压后所形成的具有一定密实度和强度的结构。它的厚度一般为 10~20cm，若厚度超过 20cm 应分层铺筑。天然级配砂砾适用于园林中的各级路面，尤其是有荷载要求的嵌草路面，如草坪停车场等。

施工程序：摊铺砂石→洒水→碾压→养护。

①摊铺砂石。砂石材料铺前，最好根据材料的干湿情况，在料堆上适当洒水，以减

少摊铺粗细料分离的现象。虚铺厚度随颗粒级配、干湿不同情况，一般为压实厚度的1.2~1.4倍。

②平地机摊铺：每30~50m做一标准断面，宽1~2m，撒上石灰粉，以便平地机司机准确下铲。汽车或其他运输工具把砂石料运来后，根据虚铺厚度和路面宽度卸料，然后用平地机摊铺和找平。平地机一般先从中间开始下正铲，两边根据路拱大小下斜铲。由铲刀刮起的成堆石子，小的可以扬开，大的用人工挖坑深埋，约刮3~5遍即可。

③人工摊铺：人工摊铺每15~30m做一标准断面或用几块与虚铺厚度相等的木块、砖块控制摊铺厚度，随铺随挪动。

④洒水：摊铺完一段（约200~300m）后用洒水车洒水（无洒水车用喷壶代替）。冬天为防止冰冻，可少洒水或洒盐水（水中掺入5%~10%的氯盐，根据施工气温确定掺量）。

⑤碾压：洒水后待表面稍干时，即可用10~12t压路机进行碾压。碾速每分钟60~70m，后轮重叠1/2，碾压1~3遍，初步稳定后，用路拱板及小线检验路拱及平整度，及时去高垫低，一般掌握宁低勿高的原则。找补坑槽要求一次打齐，不要反复多次进行。如发现个别砂窝或石子成堆，应将其挖出，调整级配后再铺。碾压过程中应注意随时洒水，保持砂石经常湿润，以防松散推移。碾压遍数一般为8~10遍，压至密实稳定，无明显轮迹为止。

⑥养护：碾压完后，可立即开放交通，要限制车速，控制行车全幅均匀碾压，并派专人洒水养护，使基层表面经常处于湿润状态，以免松散。

3）石灰土基层

在粉碎的土中，掺入适量的石灰，按一定的技术要求，把土、灰、水三者拌合均匀，在最佳含水量的条件下压实成型的这种结构称为石灰土基层。石灰土力学强度高，有较好的整体性、水稳性和抗冻性。它的后期强度也高，适用于各种路面的基层和垫层。

为达到要求的压实度，石灰土基层一般应用不小于12t的压路机等压实工具进行碾压。每层的压实厚度最小不应小于8cm，最大也不应大于20cm。如超过20cm，应分层铺筑。

①准备工作

备土：备土应按要求的质量和数量，整齐堆放在路肩或辅道上（如路肩不能堆放时，也可在场外适当地点集中堆放），以不影响施工为原则。采用人工拌合时，备土应筛除大于1.5cm的土块。堆放时按适当长度堆成方堆，以利拌合。

备灰：石灰应在施工前备齐，备灰一般采用在路外选临近水源、地势较高的宽敞场地堆放，每堆间距以500m为宜。石灰进场如需较长时间才用时，应将石灰用土覆盖或用其他方法封闭，以免降低活性氧化物的有效成分。采用人工拌合时，石灰除大堆堆放外，有条件的也可小堆堆放在路肩或辅道上，每堆间距以50~100m为宜。

消解石灰：用生石灰施工时，必须经过一定的方法粉碎后才能使用。磨细的生石灰可直接使用，但一般多采用水解，加水方法要根据水源情况、设备条件和施工方法来确定。如在场外集中堆放时，可采用花管射水法和坑槽注水法等，也可以在场内小堆洒水粉化。若在多雨的地区，还可以利用雨水消解。但无论采用哪种方法，都要在保证安全的前提下进行，并于开工前 5~7d 消解完毕。

消解石灰应严格控制用水量。经消解的石灰应为粉状，含水量均匀一致，不应有残留的生石灰块。每吨生石灰一般用水为 600~800kg，已消解的石灰含水量以控制在 35% 左右为宜。若水分偏多，则成灰膏；水分偏少，则生石灰不但不能充分消解，还会飞扬，影响操作人员的身体健康。

劳动组织与施工机具：根据施工方案确定的施工方法，在开工前，按施工顺序组织劳动力进场，并根据施工计划核查机具是否齐备，如有残缺，应及时补足和进行修理，以免影响工程进展。

②施工

石灰土的施工方法可分为机械拌合法和人工拌合法两种。机械拌合法又可分为拌合机拌合法（石灰土拌合机）和铧犁拌合法。机械拌合法效率高、质量好、节省人力，适合大规模工程施工。

③初期养护

石灰土在碾压完毕后的 5~7d 内，必须保持一定的温度，以利于强度的形成，避免发生缩裂和松散现象。若石灰土温度适宜，在汽车车辆重复行驶下，密实度还会提高，有利于强度的增长，但应控制车辆行驶的速度，以不大于 15km/h 为宜。

石灰土基层分层铺筑时，应于 2d 内将上层用的土摊铺完毕，以便作为下层的覆盖养护土。

常温季节施工的上层石灰土，应有不少于 5~7d 的养护期，并适当洒水保持石灰土湿润，有一定的开裂后即可铺筑表面外层（一般洒油时石灰土含水量应低于 10%）。洒油前应禁止履带车通行，雨后还应控制通车或封闭交通。

石灰土碾压完毕后，应加土覆盖，厚度为 5~10cm，并适当洒水保持湿润，避免车轮直接接触初期强度不高的石灰土。

4）二灰土基层

二灰土基层是以石灰、粉煤灰与土按一定的配比混合、加水拌匀碾压而成的一种基层结构。它具有比石灰土还高的强度，有一定的板体性和较好的水稳性。这种结构施工简便，既可以机械化施工，又可以人工施工。

由于二灰土都由细料组成，对水敏感性强，初期强度低，在潮湿寒冷季节结硬很慢，因此冬期或雨期施工较为困难。为了达到要求的压实度，二灰土的每层实厚度，最小不宜小于 8cm，最大不超过 20cm。大于 20cm 时，应分层铺筑。

5）结合层施工

结合层一般用水泥、白泥、砂混合砂浆或 1∶3 白灰砂浆。砂浆摊铺宽度应大于铺装面 5~10cm，已拌好的砂浆应当日用完。对特殊的石材铺地，如整齐石块和条石块等，其结合层采用 M10 水泥砂浆。

（5）面层施工

1）面层施工流程

安装模板→安设传力杆→混凝土拌合与运输→混凝土摊铺和振捣→表面修整→接缝处理→混凝土养护和填缝。

2）混凝土路面装饰

不再做路面装饰的，经过上述面层施工流程后，路面即完工；需要进行路面抹灰装饰的，其方法有以下 4 种。

①普通抹灰与纹样处理

用普通灰色水泥配制成 1∶2 的水泥砂浆，在混凝土面层浇筑后尚未硬化时进行抹面处理，抹面厚度为 1~1.5cm。当抹面层初步收水，表面稍干时，再用下面的方法进行路面纹样处理。

滚动：用钢丝网做成的滚筒，或者用模纹橡胶裹在 30cm 直径铁管外做成的滚筒，在经过抹面处理的混凝土面板上滚压出各种细密纹理。滚筒长度在 1m 以上较好。

压纹：利用一块边缘有许多整齐凸点或凹槽的木板或木条，在混凝土抹面层上挨着压下，一面压一面移动，就可以将路面压出纹样，起到装饰作用。用这种方法时，抹面层的水泥砂浆含砂量应较高，水泥与砂的配合比可为 1∶3。

锯纹：在新浇的混凝土表面，用一根木条如同锯割一般来回动作，一面锯一面前移，即能够在路面锯出平行的直纹，既有利于路面防滑，又有一定的路面装饰作用。

刷纹：最好使用弹性钢丝做成刷纹工具。刷子宽 45cm，刷毛钢丝长 10cm 左右，木把长 1~1.5m。用这种钢丝刷在未硬的混凝土面层上可以刷出直纹、波浪纹或其他形状的纹理。

②彩色水泥抹灰

用于水泥路面的抹面层水泥砂浆，可通过添加颜料调制成彩色的，用这种材料可做出彩色水泥路面。彩色水泥调制中使用的颜料需选用耐光、耐碱、不溶于水的无机矿物颜料，如红色的氧化铁红、黄色的柠檬铬黄、绿色的氧化铬绿、蓝色的钴蓝和黑色的炭黑等。不同颜色的彩色水泥及其所用颜料，见表 7-6。

彩色水泥抹灰调制比例表　　　　　　　　　　　　表 7-6

调制水泥色	水泥及其用量（g）	原料及其用量（g）
红色、紫砂色水泥	普通水泥 500	铁红 20~40
咖啡色水泥	普通水泥 500	铁红 15、铬黄 20
橙黄色水泥	白色水泥 500	铁红 25、铬黄 10
黄色水泥	白色水泥 500	铁红 10、铬黄 25
苹果绿色水泥	白色水泥 500	铬绿 150、钴蓝 50
青色水泥	普通水泥 500	铬绿 0.25
	白色水泥 1000	钴蓝 0.1
灰黑色水泥	普通水泥 500	炭黑适量

③水磨石饰面

彩色水磨石地面是用彩色水泥石子浆罩面，再经过磨光处理而成的装饰性路面。按照设计，在平整、粗糙、已基本硬化的混凝土路面面层上弹线分格，用玻璃条、铝合金条（或铜条）做分格条。然后在路面上刷上一道素水泥浆，再以 1∶1.25~1∶1.50 彩色水泥细石子浆铺面，厚 0.8~1.5cm。铺好后拍平，表面用滚筒压实，待出浆后再用抹子抹面。

如果用各种颜色的大理石碎屑与不同颜色的彩色水泥配制在一起，就可做成不同颜色的水磨石地面。水磨石的开磨时间应以石子不松动为准，磨后将泥浆冲洗干净。待稍干时，用同色水泥浆涂擦一遍，将砂眼和脱落的石子补好。第二遍用 100~150 号金刚石打磨，第三遍用 180~200 号金刚石打磨，方法同前。打磨完成后洗掉泥浆，再用 1∶29 的草酸水溶液清洗，最后用清水冲洗干净。

④露骨料饰面

采用这种饰面方式的混凝土路面，其混凝土应用粒径较小的卵石配制。混凝土露骨料饰面主要是采用刷洗的方法，在混凝土浇好后 2~6h 内就应进行处理，最迟不得超过浇好后的 16~18h。

刷洗工具一般采用硬毛刷子和钢丝刷子。刷洗应当从混凝土板块的周边开始，要同时用充足的水把刷掉的泥砂洗去，把每一粒暴露出来的骨料表面都洗干净。刷洗后 3~7d 内，再用 10% 的盐酸水洗一遍，使暴露的石子表面色泽更明净，最后还要用清水把残留的盐酸完全冲洗掉。

（6）安装道牙

道牙施工流程如下：

土基施工→铺筑碎石基层→铺筑混凝土垫层→铺筑结合层→安装道牙→验收。

铺筑砂浆结合层与道牙安装同时施工，砂浆抹平后安放道牙并用 M10 水泥砂浆勾缝。勾缝前对安放好的路缘石进行检查，检查其侧面、顶面是否平顺以及缝宽是否达到要求，不合格的重新调整，然后再勾缝。道牙背后应用白灰土夯实，其宽度 50cm，厚度 15cm，密实度在 90% 以上即可。

（7）竣工收尾

竣工收尾除对内业收尾外，还要对外业进行收尾，具体的验收内容如下：

1）混凝土面层不得有裂缝，并不得有石子外露和浮浆、脱皮、印痕、积水等现象。

2）伸缩缝必须垂直，缝内不得有杂物，伸缩缝必须全部贯通。

3）切缝直线段垂直，曲线段应弯顺，不得有夹缝，灌缝不漏缝。

4）混凝土路面工程偏差应符合相关规定。

5）道牙铺设完毕后，质检小组对直顺度、缝宽、相邻两块高差及顶面高程等指标进行检测，不合格路段重新铺设。具体要求：道牙铺设直线段应垂直，自然段应弯顺；道牙铺设顶面应平整，无明显错牙，勾缝严密。

7.3.3 块料路面铺装

1. 块料路面铺装形式

（1）砖铺地

目前我国机制标准砖的大小为 240mm×115mm×53mm，有青砖和红砖之分。园林铺地多用青砖，如图 7-27（a）所示。其风格朴素淡雅，施工方便，可以拼成各种图案，以席纹和同心圆弧放射式排列较多。

砖铺地适用于庭院和古建筑物附近。因其耐磨性差，容易吸水，故适用于冰冻不严重和排水良好之处，坡度较大和阴湿地段不宜采用，易生青苔。目前也有采用彩色水泥仿砖铺地的，效果较好。

（2）冰纹路

冰纹路是用边缘挺括的石板模仿冰裂纹样铺砌的路面，如图 7-27（b）所示。它的石板间接缝呈不规则折线，用水泥砂浆勾缝，多为平缝和凹缝，以凹缝为佳；也可不勾缝，便于草皮长出成冰裂纹嵌草路面；还可做成水泥仿冰纹路，即在现浇水泥混凝土路面初凝时，模印冰裂纹图案。冰纹路适用于池畔、山谷、草地和林中的游步道。

（3）乱石路

乱石路是用天然块石大小相间铺筑的路面，如图 7-27（c）所示。它采用水泥砂浆勾缝，石缝曲折自然，表面粗糙，具有粗犷、朴素、自然之感。乱石路、冰纹路也可用彩色水泥勾缝，以增加色彩变化。

（4）条石路

条石路是用经过加工的长方形石料（如麻石、青石片）铺筑的路面，如图7-27（d）所示。条石路平整规则、庄重大方，多用于广场和纪念性建筑物周围，条石一般被加工成300mm×300mm×20mm、400mm×400mm×20mm、500mm×500mm×50mm、300mm×600mm×50mm等规格。

（5）预制水泥混凝土砖路

预制水泥混凝土砖路是用预先模制的水泥混凝土砖铺筑的园路。水泥混凝土砖形状多变，且可制成彩色混凝土砖，铺成的图案很丰富，适用于园林中的规则式路段和广场。

用预制混凝土砌块和草皮相间铺筑成的园路[图7-27（e）]，具有鲜明的生态特点，它能够很好地透水、透气。绿色草皮呈点状或线状有规律地分布，可在路面形成美观的绿色纹理。砌块的形状可分为实心和空心两类。

(a)　　　　　　　　　　　　　(b)

(c)　　　　　　(d)　　　　　　(e)

图7-27　各种块料面层路面

(a) 砖铺地；(b) 冰纹路；(c) 乱石路；(d) 条石路；(e) 预制水泥混凝土砖路

2. 块料路面园路的纵、横向坡度

为保证行走舒适及路面水的排除，块料路面园路的纵向坡度一般为0.4%~8%；横向坡度一般为2%~3%。

3. 块料路面施工技术

块料路面的施工要将最底层的素土充分压实，然后在其上铺一层碎砖石块，并加上一层混凝土防水层（垫层），最后再进行面层的铺筑。块料铺筑时，在面层与道路基层之间所用的结合层做法有两种：一种是用湿性的水泥砂浆、石灰砂浆或混合砂浆作为结合材料；另一种是用干性的细砂、石灰粉、灰土（石灰和细土）、水泥粉砂等作为结合材料或垫层材料。

（1）湿性铺筑

湿性铺筑是用厚度为 1.5~2.5cm 的湿性结合材料，如用 1∶3 水泥砂浆、1∶3 石灰砂浆、混合砂浆或 1∶2 灰泥浆等，垫在路面面层混凝土板上面或路面基层上面作为结合层，然后在其上砌筑片状或块状贴面层，如图 7-28 所示。砌块之间的结合以及表面抹缝，亦用这些结合材料。以花岗石、釉面砖、陶瓷广场砖、碎拼石片等片状材料贴面铺地时，都要采用湿法铺砌。用预制混凝土方砖、砌块或黏土砖铺地时，也可以用这种铺筑方法。

（2）干法铺筑

干法铺筑是以干性粉砂状材料，做路面面层砌块的垫层和结合层，如图 7-29 所示。干性粉砂材料常见的有干砂、细砂土、1∶3 水泥干砂、1∶3 石灰干砂、3∶7 细灰土等。铺砌时，先用干砂、细土做垫层，厚 3~5cm，用水泥砂、石灰砂、灰土做结合层，厚 2.5~3.5cm，铺好后抹平；然后按照设计的砌块、砖块拼装图案，在垫层上拼砌成路面面层。

路面每拼装好一小段，就用平直的木板垫在顶面，以铁锤在多处振击，使所有砌块的顶面都保持在一个平面上，这样可使路面铺装得十分平整。路面铺好后，再用干燥的

图 7-28　块料的湿性铺装

图 7-29　块料的干法砌筑

细砂、水泥粉、细石灰粉等撒在路面上并扫入砌块缝隙中，使缝隙填满，最后将多余的灰砂清扫干净。砌块下面的垫层材料慢慢硬化后，使面层砌块和下面的基层紧密结合在一起。

适宜采用干法铺筑的路面材料主要有石板、整形石块、混凝土路板、预制混凝土方砖和砌块等。传统古建筑庭院中的青砖铺地、金砖墁地等地面工程，也常采用干法铺筑。

（3）地面镶嵌与拼花

施工前，要根据设计的图样，准备镶嵌地面用的砖石材料。设计有精细图形的，先要在细密质地青砖上放好大样，再精心雕刻，做好的雕刻花砖，施工时可嵌入铺地图案中。要精心挑选铺地用的石子，挑选出的石子应按照不同颜色、不同大小、不同长扁形状分类堆放，铺地拼花时才能方便使用。

施工时，先要在已做好的道路基层上，铺垫一层结合材料，厚度一般可为 4~7cm。垫层结合材料主要用 1∶3 石灰砂、3∶7 细灰土、1∶3 水泥砂浆等，用干法铺筑或湿法铺筑都可以，但干法铺筑施工更为方便一些。

在铺平的松软垫层上，按照预定的图样开始镶嵌拼花。一般先用立砖、小青瓦瓦片来拉出线条、纹样和图形图案；再用各色卵石、砾石镶嵌拼花，或者拼成不同颜色的色块，以填充图形大面；然后经过进一步修饰和完善图案纹样，并尽量整平后，就可以定型。定型后的铺地地面，要用水泥干砂、石灰干砂撒布其上，并将其扫入砖石缝隙中填实。最后用水冲击或使路面有水流淌。完成后，养护 7~10d。

地面镶嵌与拼花如图 7-30 所示。

（a）   （b）

图 7-30　地面镶嵌与拼花

（a）镶嵌；（b）拼花

（4）嵌草路面的铺筑

嵌草路面有两种类型，一种为在块料之间留出空隙，其间种草，如冰裂纹嵌草路面、空心砖纹嵌草路面、人字纹嵌草路面等；另一种是制作成可以嵌草的各种纹样的混凝土铺地砖。

施工时，先在整平压实的路基上铺垫一层栽培壤土做垫层。壤土要求比较肥沃，不含粗颗粒物，铺垫厚度为 10~15cm。然后在垫层上铺砌混凝土空心砌块或实心砌块，砌块缝中半填壤土，并播种草籽或贴上草块踩实。

实心砌块的尺寸较大，草皮嵌种在砌块之间的预留缝中，草缝设计宽度可为 2~5cm，缝中填土达砌块的 2/3 高；砌块下面用壤土做垫层并起找平作用，砌块要铺得尽量平整。空心砌块的尺寸较小，草皮嵌种在砌块中心预留的孔中。砌块与砌块之间不留草缝，常用水泥砂浆粘结。

需要注意的是，空心砌块的设计制作，一定要保证其结实坚固和不易损坏，因此，预留孔径不能太大，孔径最好不超过砌块直径的 1/3。

采用砌块嵌草铺装的路面，砌块和嵌草层道路的结构面层下面只能有一个壤土垫层，在结构上没有基层，只有这样的路面结构才能有利于草皮的存活与生长。

4. 块料面层施工流程

（1）施工前的准备

认真分析方案设计的意图，准备好图板、图纸、绘图工具和电脑制图工具。

（2）定点放线

根据现场控制点，测设出块料路面园路中心线上的特征点，并打上木桩，在各中心桩上标明桩号，再以中心桩为准，根据块料路面园路的宽度定出边桩。

（3）挖路槽

按块料路面园路的设计宽度，每侧加宽 30cm 挖槽，路槽深度等于路面各层的总厚度，槽底的纵横坡度应与路面设计的纵横坡度一致。路槽挖好后，在槽底洒水湿润，然后夯实。块料路面园路一般用蛙式夯机夯压 2~3 遍即可。

（4）铺筑基层

现浇 100mm 厚 C15 混凝土，找平、振捣密实。其上可采用干性砂浆或湿性砂浆做结合层，如干砂、细砂土、1：3 水泥干砂、3：7 细灰土、混合砂浆等。

（5）铺筑面层

广场砖面层铺装是园路铺装的一个重要质量控制点，必须控制好标高、结合层的密实度及铺装后的养护。在完成的水泥混凝土基层上放样，根据设计标高和位置打好横向桩和纵向桩，纵向线每隔 1 个板块宽度设 1 条，横向线按施工进展向下移，移动距离为板块的长度。

将混凝土基层扫净后，洒上一层水，略干后先将 1 ：3 的干硬性水泥砂浆在稳定层上平铺一层，厚度为 30mm，作为结合层用，铺好后抹平。

铺筑面层时，先将块料背面刷干净，铺贴时保持湿润。根据水平线、中心线（十字线），进行块料预铺，并应对准纵横缝，用木锤着力敲击板中部，振实砂浆至铺设高度后，将石板掀起，检查砂浆表面与砖底相吻合的情况，如有空虚处，应用砂浆填补。在砂浆表面先用喷壶适量洒水，再均匀撒一层水泥粉，把石板块对准铺贴。

铺贴时四角要同时着落，再用木锤着力敲击至平正。面层每拼好一块，就用平直的木板垫在顶面，以橡皮锤在多处振击（或垫上木板，锤击打在木板上），使所有的砖顶面均保持在一个平面上，这样可以将路面铺装得十分平整。注意，留缝间隙应按设计要求保持一致，水泥砂浆应随铺随刷，避免风干。

铺贴完成 24h 后，经检查块料表面无断裂、空鼓后，用稀水泥刷缝填饱满，随即用干布擦净至无残灰、污迹为止。

施工完后，应多次浇水进行养护，使路面达到最佳强度。

（6）道牙、边条、槽块、台阶施工

1）道牙基础宜与路面基层同时填挖碾压，以保证整体的均匀密实度。结合层用 1 ：3 的白灰砂浆，厚 2cm。安装道牙要平稳牢固，然后用 M10 水泥砂浆勾缝，道牙背后要用灰土夯实，其宽度为 50cm，厚度为 15cm，密实度为 90% 以上。

2）边条用于较轻的荷载处，且尺寸较小，一般宽 5cm，高 15~20cm，特别适用于步行道、草地的边界。施工时，应减轻其作为垂直阻拦物的效果，增加其对地基的密封深度。边条铺砌的深度相对于地面应尽可能低些，如广场铺地，边条铺砌可与铺地地面相平。

3）槽块分凹面槽块和空心槽块，一般紧靠道牙设置，利于地面排水，路面应稍高于槽块。

4）台阶是解决地形变化、造园地坪高差的重要手段。建造台阶除了必须考虑在机能上及实质上的有关问题外，也要考虑美观与协调的因素。

许多材料都可以做台阶，如石材、木材等。石材包括六方石、圆石、鹅卵石及整形切石、石板等；木材包括杉、桧等的角材或圆木柱等；其他材料还包括红砖、水泥砖、钢铁等。除此之外还有各种贴面材料，如石板、洗石子、瓷砖、磨石子等。选用材料时要从各方面考虑，基本条件是坚固耐用，耐湿耐晒。此外，材料的色彩必须与构筑物协调。

台阶的标准构造是踢面高度为 5~8cm，长的台阶则宜取 10~12cm；台阶的踏面宽度宜为 28cm 以上；台阶的级数宜在 8~11 级，最多不超过 19 级，否则就要在这中间设置休息平台，平台不宜小于 1m。实践表明，台阶尺寸以 15cm×35cm 为佳，最小不宜小于 12cm×30cm。

（7）竣工收尾

1）各层的坡度、厚度、标高和平整度等应符合设计规定。

2）各层的强度和密实度应符合设计要求，上下层结合应牢固。

3）变形缝的宽度和位置、块材间缝隙的大小以及填缝的质量等应符合要求。

4）不同类型面层的结合以及图案应正确。

5）各层表面对水平面或对设计坡度的允许偏差不应大于 30mm。供排水用的带有坡度的面层应做泼水试验，以能排水为合格。

6）水泥混凝土、水泥砂浆、水磨石等整体面层，铺在水泥砂浆上的板块面层以及铺贴在沥青胶结材料或胶粘剂上的拼花木板、塑料板、硬质纤维板等，其面层与基层的结合应良好，可用敲击方法检查，不得空鼓。

7）面层不应有裂纹、脱皮、麻面和起砂等现象。

8）各层厚度对设计厚度的偏差，在个别地方偏差不得大于该层厚度的 10%，在铺设时检查。各层的表面平整度应用 2m 长的直尺检查，如为斜面，则应用水平尺和样尺检查。

7.3.4 碎料路面铺装

1. 碎料路面铺装形式

（1）花街铺地

花街铺地是指用碎石、卵石、瓦片、碎瓷等碎料拼成的路面，如图 7-31 所示。

（2）卵石路

卵石路是以各色卵石为主嵌成的路面，如图 7-32 所示。

（3）雕砖卵石路面

雕砖卵石路面又称"石子画"，是选用精雕的砖、细磨的瓦和经过严格挑选的各色卵石拼凑成的路面，如图 7-33 所示。

2. 卵石路的纵、横向坡度

为保证行走舒适及路面水的排除，卵石路面的纵向坡度一般为 0.5%~8%，横向坡度一般为 1%~4%。卵石路的横坡可为一面坡，也可为两面坡。

3. 卵石路施工

施工流程：施工准备→基础放样→准备路槽→铺筑土基→安装模板→铺筑碎石→铺

图 7-31 花街铺地

图 7-32 卵石路

图 7-33 雕砖卵石路面

筑水泥层→排放卵石→拆除模板→清洗路面→安装道牙。

（1）施工准备工作

1）施工前的准备

①熟悉设计文件。

②材料、工具及设备的准备：材料主要有水泥、砂子、碎石、鹅卵石。施工机械设备主要有压实机械和混凝土机械。施工工具主要有木桩、皮尺、绳子、模板、石夯、铁锹、铁丝、钎子、运输工具等。

③编制施工方案：施工方案，是指导施工和控制预算的文件，一般的施工方案在施工图阶段的设计文件中已经确定，但负责施工的单位应做进一步的调查研究。

2）现场准备工作

施工准备内容参照园路施工相关内容。

（2）挖路槽

路槽挖好后，在槽底洒水湿润，然后夯实。碎料路面园路一般用蛙式夯机夯压2~3 遍。

（3）铺筑基层

现浇 100mm 厚 C20 混凝土，找平，振捣密实。其上一般先铺水泥砂浆厚 2cm，再铺素水泥浆厚 2cm，做结合层。

（4）卵石面层施工

卵石面层施工步骤如图 7-34 所示。

（5）卵石路的质量检验

1）用观察法检查卵石的规格、颜色是否符合设计要求。

2）用观察法检查铺装基层是否牢固并清扫干净。

3）卵石粘结层的水泥砂浆或混凝土强度等级应满足设计要求。

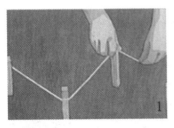

图 7-34　卵石面层施工步骤

4）卵石镶嵌时大头朝下，埋深不小于 2/3；厚度小于 2cm 的卵石不得平铺，嵌入砂浆深度应大于颗粒长度的 1/2。

5）卵石顶面应平整一致，脚感舒适，不得积水，相邻卵石高差均匀，相邻卵石的最小间距可通过观察、尺量方法检查。

6）观察镶嵌成型的卵石是否及时用抹布擦干净，保持外露部分的卵石干净、美观、整洁。

7）镶嵌养护后的卵石面层必须牢固。

职业活动训练

 【任务名称】

设计和施工园林园路

1. 任务背景

本任务旨在让学生将本项目中学到的园林园路工程技术知识应用到实际项目中。学生将分组完成一段长度的园路工程项目，包括设计、材料选择和实际施工。这将有助于他们理解如何将理论知识转化为实际操作，同时提高他们的工程实践水平。

2. 任务地点

园林工程实训基地。

3. 任务目标

（1）理解园林园路工程的关键要点，包括设计原则、材料选择和施工技术。

（2）能够应用这些知识，自行设计一段长度的园路工程项目。

（3）学习如何编制施工计划、预算和时间表。

（4）通过实际施工，培养学生解决问题、协作和沟通能力。

（5）提高工程实践水平，为未来的园林工程项目做好准备。

4. 任务步骤

（1）项目选择和设计

1）选择一段长度的园路工程，例如公园内的人行道或花园小径的一段。

2）进行现场考察，了解土壤和气候条件以及周围环境的特点。

3）设计园路的布局、宽度、曲线、坡度和材料选择。确保项目符合美学和功能要求。

（2）施工计划和预算

1）编制一个详细的施工计划，包括工作阶段、所需材料和工具。

2）估算项目的总成本，包括材料、劳动力和设备租赁。

3）制定时间表，确定项目的起始日期和截止日期。

（3）材料准备

申报所需的材料，包括石材、混凝土、砾石、沥青等（根据项目设计）。

（4）实际施工

1）按照设计和计划，开始施工。

2）确保安全操作，并遵循所有相关规定和法规。

（5）施工质量控制和监测

1）定期检查施工质量，确保园路的坡度、排水和平整性符合要求。

2）监测工程进度，以确保按计划完成项目。

（6）完工和验收

1）完成园路工程，并进行最终的验收。

2）确保项目符合设计要求，没有明显的缺陷（教师与企业专业人士进行验收）。

（7）报告和总结

1）撰写一份项目报告，包括项目背景、设计、施工过程、问题解决方法和总结。

2）反思项目经验，总结教训和成功因素。

✳ 【思考与练习】

一、选择题

1.园路的作用中，哪一项描述了园路引导游客按照设计者的意图、路线和角度来游赏景物（　　　）？

A.组织交通和引导游览　　　　　　　B.划分、组织空间

C.构成风景　　　　　　　　　　　　D.提供活动场地和休息场地

2.按照使用功能，（　　　）联系公园主要出、入口，是游览的主要线路，通常呈环形布置。

A.主干道　　　　　　　　　　　　　B.次干道

C.游步道　　　　　　　　　　　　　D.特殊型路

3.园路结构中，哪一层直接承受人流、车辆和大气因素的作用，要求坚固、平稳、耐磨损、不滑、反光小（　　　）？

A.结合层　　　　　　　　　　　　　B.基层

C.道牙　　　　　　　　　　　　　　D.面层

4.结合层在园路结构中的作用是（　　　）。

A.承受人流和车辆的作用　　　　　　B.提供平整的基面

C.连接面层和基层　　　　　　　　　D.收集路面雨水

5.台阶在园路中的作用是（　　　）。

A.收集雨水

B.提供休息场所

C.方便行走，特别在坡度较大的路段

D.连接面层和基层

6.条带式园路系统适用于什么样的地形（　　　）？

A.山谷、河谷地形　　　　　　　　　B.平坦地形

C.狭长地形　　　　　　　　　　　　D.开阔地形

7.树枝式园路系统的游览性如何描述（　　　）？

A.最佳游览性　　　　　　　　　　　B.游览性较差

C.游览性一般　　　　　　　　　　　D.游览性极佳

8.园路设计勘察工作中，以下哪项不是必须要了解的（　　　）？

A.基地现场的地形地貌情况　　　　　B.地下管线的分布情况

C.附近商业区的经济发展水平　　　　D.基地内原有建筑物和植物种植的情况

9.在园路的横断面综合设计中，人行道与车行道设置在不同高度，这样的设计目的是（　　　　）。

A.增加建筑成本 　　　　　　　　　　B.美化道路外观

C.提高行车安全 　　　　　　　　　　D.减少土方和护坡工程

10.关于园路竖曲线设计，以下说法正确的是（　　　　）。

A.园路竖曲线的最小半径与城市道路相同

B.园路竖曲线的允许半径范围比城市道路要小

C.园路纵坡最小不小于0.3%~0.5%

D.通车的人行游览道最大纵坡可达15%

11.下列（　　　　）材料不是常见的园路铺装类型。

A.整体路面 　　　　　　　　　　　　B.块料路面

C.卵石路面 　　　　　　　　　　　　D.金属板路面

12.挖槽式路槽修筑方式中，碾压时应注意的轮迹遍数是（　　　　）。

A.4~6遍 　　　　　　　　　　　　　B.6~8遍

C.8~10遍 　　　　　　　　　　　　 D.10~12遍

13.水泥混凝土路面面层施工流程中的第一步是（　　　　）。

A.混凝土拌合与运输 　　　　　　　　B.安装模板

C.表面修整 　　　　　　　　　　　　D.接缝处理

14.哪种路面适用于广场和纪念性建筑物周围（　　　　）？

A.砖铺地 　　　　　　　　　　　　　B.冰纹路

C.乱石路 　　　　　　　　　　　　　D.条石路

15.在铺贴块料路面时，如何保持路面平整（　　　　）？

A.使用水平仪 　　　　　　　　　　　B.用木板垫在顶面，用铁锤振击

C.使用机械设备调整 　　　　　　　　D.不进行额外处理

16.卵石路面的横向坡度一般为（　　　　）。

A.0.5%~8% 　　　　　　　　　　　 B.1%~4%

C.5%~10% 　　　　　　　　　　　　D.10%~15%

二、简答题

1.请简要说明园路在园林景观中的作用。

2.请简要描述园路的分类及其特点。

3.请简要描述园路中的面层在结构中的作用和设计要求。

4. 描述园路附属结构中的明沟和雨水井的作用。

5. 请简要描述套环式园路系统的布局特点。

6. 描述抛物线形路拱的特点是什么？

7. 园路的平面线形设计应考虑哪些因素？

8. 如何根据不同的交通工具确定园路的纵坡设计？

9. 描述嵌草路面的制作过程和主要用途。

10. 请简要说明挖槽式修筑路槽的施工流程。

11. 请简述水泥混凝土路面面层的施工流程及装饰方法。

12. 说明预制水泥混凝土砖路与传统砖铺地在园林铺装中的优势。

13. 请简要描述嵌草路面的铺筑工艺及其施工要点。

8

项目 8　园林假山工程

学习目标：了解园林假山的种类和造景原理。

学会设计和建造各种风格假山的方法。

掌握假山工程的施工和质量检测技术。

能力目标：能够根据设计要求构建具有艺术性的假山。

能够进行园林假山工程的施工。

具备检验和验收假山工程施工质量的能力。

素质目标：具备创造性和审美的思维。

具有对自然环境的尊重和保护意识。

具备负责任的职业道德和文化素养。

【教学引例】

假设您的园林工程团队被聘请设计并建造一个位于城市公园的假山景观。这个假山景观应该成为公园的焦点和亮点，吸引游客，同时融入周围的自然环境。设计要求包括假山的形状、尺寸、植被和景观要素。

 【问题】

设计和建造一座具有独特美感和生态可持续性的假山，请思考下列问题：

如何选择假山的形状和风格，以使其与公园的整体风格和环境相协调？

假山的结构和材料应该如何选择，以确保其稳固性和耐久性？

如何设计假山的植被和景观要素，使其看起来自然而美丽？

8.1　园林假山工程概述

人们通常称呼的假山实际上包括假山和置石两个部分。一般来说，假山的体量大而集中，布局严谨，可观可游，令人有置身于自然山林之感。置石则体量较小，布置灵活，以观赏为主，同时也结合一些功能方面的要求。

本项目主要学习园林假山工程施工，主要包括假山工程施工、置石工程施工。

8.1.1　园林假山基础知识

1. 假山的概念

假山是指用人工的方法堆叠起来的山，是仿自然山水经艺术加工而制成的。一般意义的假山实际上包括假山和置石两部分。

（1）假山

假山是以造景游览为主要目的，充分结合其他多方面的功能作用，以土、石为材料，自然山水为蓝本并加以艺术的提炼和夸张，用人工再造的山水景物的通称。假山的体量大而集中，可观可游，使人有置身自然山林之感，如图8-1所示。

（2）置石

置石以观赏为主，结合一些功能方面的作用，体量较小而分散，如图8-2所示。

图8-1 假山

图8-2 置石

2. 假山的功能作用

（1）作为自然山水园林的主景和地形骨架

采用主景突出布局方式的园林尤其重视这一点，或以山为主景，或以山石为驳岸的水池为主景，整个园中的地形骨架起伏、曲折皆以此为基础来变化。

如文园狮子林，总体布局是以山为主，以水为辅，其中建筑并不一定占主要的地位，如图8-3所示。

（2）作为园林划分空间和组织空间的手段

用假山组织空间可结合园林景观作为障景、对景、框景、夹景等手法灵活运用。

中国园林善于运用"造景"的手法。根据用地功能和造景特点将园子化整为零，形成丰富多彩的景区，这就需要划分和组织空间。划分空间的手段很多，但利用假山划分空间是从地形骨架的角度来划分，具有自然和灵活的特点。特别是用山水相映成趣来组织空间，使空间更富于性格的变化。

如承德避暑山庄中的文津阁，进门一组假山，就起到障景的作用，将园门口与园内空间分割开来以达到划分空间和组织空间的目的，如图8-4所示。

（3）作为点缀园林空间的手段

假山作为点缀园林空间的方法在我国南北园林中均有所见，尤以江南私家园林运用最广泛。例如苏州留园东部庭院的空间基本是用山石和植物装点的，有的以山石作花台，或以石峰凌空，或在粉墙前散置，或以竹、石结合作为廊间转折的小空间和窗外的对景，如图8-5所示。

图 8-3　文园狮子林

图 8-4　承德避暑山庄假山

（4）作为室内外自然的家具

作为室内外自然的家具如石屏风、石榻、石桌、石几、石栏等，既不怕日晒夜露，又可结合园林景观造景，如图 8-6 所示。

图 8-5　苏州留园

图 8-6　石桌

3. 假山的材料

（1）湖石

湖石是江南园林中运用最为普遍的一种。它可分为以下几种：

1）太湖石，原产于苏州所属太湖中的洞庭湖西山，质坚面脆，纹理纵横，脉络显隐，石面上遍布多窝洞，称为"弹子窝"，叩之有微声，自然形成沟、缝、穴洞，有时窝洞相套，玲珑剔透，蔚为奇观，犹如天然的雕塑品，观赏价值比较高，如图 8-7 所示。

2）房山石，原产于北京房山一带山上，因而得名。房山石是石灰岩，但为红的土所渍满，有一定的韧性，有涡、沟、环、洞的变化，外观比较沉实、浑厚、雄壮，如图 8-8 所示。

图 8-7 太湖石

图 8-8 房山石

3）英德石，产于广东省英德一带。质坚而特别脆，弹叩有较响的共鸣声，淡青灰色，有的有白脉笼络，多为中小形体，少有很大块的。可分为白英、灰英和黑英 3 种，如图 8-9 所示。

4）灵璧石，产于安徽省灵璧。

5）宣石，产于安徽省宁国。

（2）黄石

黄石是一种带橙黄色的细砂岩，产地很多，以常熟虞山的自然景观最为著名。形体顽劣，见枝见角，节理面近乎垂直，雄浑沉实，平面大方，立体感强，块钝而尖锐，具有强烈的光影效果，如图 8-10 所示。

图 8-9 英德石

图 8-10 黄石

（3）青石

青石是一种青灰色的细砂岩，产于北京西部洪山一带。节理面不规整，既有垂直的纹理，也有交叉互织斜纹，形体多呈片状，又称"青去片"，如图8-11所示。

（4）石笋

石笋是指外形修长如竹笋的类山石的总称。石笋皆卧于土中，采出后直立地上，园林中常作为独立小景布置。常见的种类如下：

1）白果笋，在青灰色的细砂岩中沉积一些卵石，犹如银杏所产的白果嵌在石中。北方称白果笋为"子母石"或"子母剑"。"剑"喻其形；"子"即卵石；"母"是细砂母岩，如图8-12所示。

图8-11　青石　　　　　　　　　　　　　　图8-12　白果笋

2）乌炭笋，是一种乌黑色的石笋，比煤炭的颜色稍浅，没什么光泽，如用浅色景物做背景，轮廓更清新。

3）慧剑，是指一种净面青灰色或灰青色的石笋。北京颐和园前山东腰有高达数丈的大石笋就是这种"慧剑"。

4）钟乳石笋，将石灰岩经熔融形成的钟乳石倒置或用石笋正放用以点缀景色。

（5）其他假山材料

其他假山材料还包括木化石、松皮石、石蛋、黄蜡石等。

8.1.2　置石

1.置石的设计形式

置石为山石不加堆叠，呈零星布置，形成可观赏的独立性或附属性的景致。主要表现为山石的个体美或局部的组合美。置石的布置特点是以少胜多，以简胜繁，量少质高，用简单的形式体现较深的意境，达到寸石生情的艺术效果。置石设于草坪、路旁，以石代桌凳，自然美观；设于水际，别有情趣；旱山造景而立置石，镌之以文人墨迹，则意境陡生；台地草坪置石，既是园路向导，又可保护绿地。

（1）特置

特置山石指将体量较大、形态奇特，具有较高观赏价值的山石单独布置成景的一种置石方式，亦称单点、孤置山石。常在园林中用做入口的障景和对景，或置视线集中的廊间、天井、漏窗后面、水边、路口或园路转折的地方，可以和壁山、花台、岛屿、驳岸等结合使用。

1）选石：一般应选轮廓线凹凸变化大、姿态特别、石体空透的高大山石，形态上要有瘦、漏、透、皱的特点。

2）基座设置：山石必须固定在基座上，由基座支承，并且突出表现山石。基座可由砖石砌筑成规则形状，常采取须弥座的形式。基座也可以采用稳实的墩状自然座石做成，称为"磐"。

3）形象处理：山石的布置状态一般应处理为上大下小，置石显得生动。有的山石适宜斜立，就要在保证稳定安全的前提下布置成斜立状态。对有些山石精品，将石面涂成灰黑色或古铜色，并且在外表涂上透明的聚氨酯作保护层。对山石上美中不足的平淡部分，可以镌刻著名的书法作品或名言警句。

杭州的绉云峰（图 8-13）、苏州留园冠云峰（图 8-14）、瑞云峰（图 8-15）、岫云峰（图 8-16），都是特置山石的代表。

图 8-13　绉云峰　　　　　　　　　图 8-14　冠云峰

图8-15　瑞云峰　　　　　　　　　　图8-16　岫云峰

（2）对置

对置指山石沿建筑中轴线两侧做对称布置，以陪衬环境、丰富景色；也可布置于路口或桥头两侧等。对置在北京古典园林中运用较多，如颐和园仁寿殿前的山石布置等。对置的石材其形状、质地、纹理、颜色等大体一致，大小不尽相同。

（3）散置

散置并非散乱随意点摆，而是断续相连的群体。散置山石时，要有疏有密、远近适合、彼此呼应，切不可众石纷杂、凌乱无章。散置时采用不等三角形构图法。

（4）群置

群置，是指运用数块山石互相搭配点置，组成一个群体。

（5）山石器设

用山石做室内外的家具或器设也是我国园林中的传统做法。

2. 置石的环境处理

置石的环境要素，主要有水体、场地、植物、园林建筑等。

（1）与水体的结合

在规则式水体中，置石可布置在池中，置石（如单峰石）的高度应小于水池长度的一半。在自然式水体中，置石可以布置在水边，做成山石驳岸、散石草坡岸或山石汀步、石矶、礁石等。

（2）与场地的结合

在场地中布置置石，其周围空间立面上的景观不可太多，要保持空间的一定单纯性。

置石的观赏视距至少要在石高的两倍以上，才能获得最佳观赏效果。地面铺装一定不要与置石争夺视觉注意。

（3）与植物的结合

竹石小景、梅石小景、兰石小景、菊石小景等均是置石与植物的结合。又如，用络石、常春藤等依附于峰石生长，用绿色来装饰峰石上部，但藤叶要避免遮蔽峰石。

山石花台在江南园林中运用极为普遍，庭院中的游览路线就可以运用山石花台来组织。

1）花台的平面轮廓和组合：

①就花台的个体轮廓而言，应有曲折、进出的变化。

②花台的组合要求大小相间、主次分明、疏密多致、若断若续、层次深厚。

2）花台的立面轮廓要有起伏变化。

3）花台的断面和细部要有伸缩、虚实和藏露的变化。

（4）与园林建筑结合

与园林建筑结合的山石布置形式如图 8-17~ 图 8-20 所示。

1）山石踏跺和蹲配

园林建筑常用自然山石做成台阶，即踏跺。石材选择扁平状的，外观富于自然，每级为 10~30cm。山石每一级都向下坡方向有 2% 的倾斜坡度以便排水。石级断面要上挑下

图8-17 布置在池中的置石

图8-18 布置在场地中的置石

图8-19 粉壁置石

图8-20 廊间山石小品

收，术语称为不能有"兜脚"。

蹲配是常和如意踏跺配合使用的一种置石方式。所谓"蹲配"以体量大而高者为"蹲"，体量小而低者为配。可"立"可"卧"，以求组合上的变化。

2）抱角和镶隅

对于外墙角，山石成环抱之势紧包基角墙面，称为抱角；对于墙内角则以山石填镶其中，称为镶隅。

3）粉壁置石

以墙作为背景，在面对建筑的墙面或相当于建筑墙面前基础种植的部位做石景或山景布置。以粉壁为纸，以石为绘，也称壁山置石。

4）廊间山石小品

在成曲折回环的廊与墙之间形成一些大小不一、形体各异的小天井空隙地。可以用山石小品"补白"，使建筑空间小中见大，活泼无拘。

5）云梯

云梯即以山石砌成的室外楼梯。既可节约使用室内建筑面积，又可成自然山石景。

8.2　园林山石掇叠假山工程

假山在很多建设项目中都得以应用，其施工技术也十分重要。假山设计的理论依据很多，尤其是一些古代山水画家的画论里有许多精辟的论述。假山的施工也是一个艺术再创造的过程，施工质量的好坏不仅是从受力分析上能满足山体的稳定，更重要的是假山置石的艺术效果。

8.1　假山的设计

施工单位应根据规程制订假山叠石工程的施工现场操作工艺流程，加强假山工培训和技术考核，努力提高职工施工技术素质。施工人员应具有假山叠石等级证书，无证书的施工人员不得主持假山叠石工程。

8.2　假山的施工

凡列为假山叠石的工程施工应向有关部门办理项目施工许可证和工程质量监督等各项手续。综合工程中的假山叠石工程，应在主体工程、地下管线等完成后，方可进行施工。

8.2.1　假山叠石工程施工

假山叠石工程中的基础部分，应与土建相关的施工规程相符合。

1. 施工准备

（1）石料准备

建设单位应向施工单位提供设计单位设计的假山叠石工程设计施工图，严禁无图施工。假山叠石工程应根据设计施工图现场核对其平面位置及标高，如有不符，应由设计单位做变更设计。在以上手续齐全后，由施工人员或假山师傅着手准备工作。

1）石料的选购：

①选石遵循"是石堪堆"的原则。

②尽量采用工程当地的石料，这样方便运输，减少假山堆叠的费用。

③石料的选购：根据设计图纸要求，充分理解设计意图并熟悉各种石料的产地和石料的特点后现场（山石产地、石料批发站等）选择。

④假山叠石工程常用的自然山石，如太湖石、黄石、英石、斧劈石、石笋石及其他各类山石的块面、大小、色泽应符合设计要求。

⑤根据假山工程的不同部位需要选择山石，如孤赏石、峰石的造型和姿态，必须达到设计构思和艺术要求。选用的假山石必须坚实、无损伤、无裂痕，表面无剥落。

2）石料的运输：假山石在装运过程中，应轻装、轻卸。特殊用途的假山石，如孤赏石、峰石、斧劈石、石笋等，要轻吊、轻卸；在运输时，应用草包、草绳绑扎，防止损坏。假山石运到施工现场后，应进行检查，凡有损伤或裂缝的假山石不得作面掌石使用。

3）石料的放置：石料到工地后应分块平放在地面上以供"相石"之需。同时，还必须将石料分门别类，进行有秩序排列放置。

（2）施工机具准备

1）手工工具：拥有并能正确、熟练地运用一整套适用于各种规模和类型的叠石造山的施工工具和机械设备，是保证叠石造山工程的施工安全、施工进度和施工质量的极其重要的前提。如铁铲、箩筐、镐、钯、灰桶、瓦刀、水管、锤、杠、绳、竹刷、脚手架、撬棍、小抹子、毛竹片、钢筋夹、木撑、三角铁架等。

2）机械工具：假山堆叠需要的机械包括混凝土机械、运输机械和起吊机械。小型堆山和叠石用捯链就可完成大部分工程。

（3）作业条件

现场做到"四通一清"即可。

2. 工艺顺序

掇叠假山工艺流程：抄平→放线→挖槽→立基→回填夯实→弹线→拉底→垫刹→填馅→灌浆或混凝土→中层施工（垫刹、填馅、灌浆或混凝土同底层）→收顶→勾缝→清扫冲洗→回填夯实→清理场地。

3. 叠筑山石施工技术要点

（1）叠筑山石施工前准备

在假山施工开始之前，需要做好一系列的准备工作，才能保证工程施工的顺利进行。施工准备主要有备料、场地准备、人员准备和其他工作。

1）施工材料的准备

①山石备料：根据假山设计意图，确定所选用的山石种类。

②辅助材料准备：水泥、石灰、砂石、铅丝等材料，也要在施工前全部运进施工现场堆放好。

③工具与施工机械准备：首先应根据工程量的大小，确定施工中所用的起重机械。

2）施工图阅读

假山工程施工图的阅读，一般按以下步骤进行：

①看标题栏及说明：从标题栏及说明中了解工程名称、材料和技术要求。

②看平面图：从平面图中了解比例、方位、轴线编号，明确假山在总平面图中的位置、平面形状和大小及其周围地形等。

③看立面图：从立面图中了解山体各部的立面形状及其高度，结合平面图辨析其前后层次及布局特点、领会造型特征。

④看剖面图：对照平面图的剖切位置、轴线编号，了解断面形状、结构形式、材料、做法及各部高度。

⑤看基础平面图和基础剖面图：了解基础平面形状、大小、结构、材料、做法等。

3）假山工程量估算

假山工程量一般以设计的山石实用吨位数为基数来推算，并以工日数来表示。假山采用的山石种类不同、假山造型不同、假山堆筑方式不同，都会影响工程量。假山工程工日定额包括放样、选石、配置水泥砂浆及混凝土、吊装山石、堆砌、刹垫、搭拆脚手架、抹缝、清理、养护等全部施工工作在内的山石施工平均工日定额。

4）施工人员配备

假山工程需要的施工人员主要分三类：施工主持人员、假山技工和普通工。

（2）叠筑假山工程施工技术要点

1）假山定位与放线

首先在假山平面设计图上按 5m×5m 或 10m×10m（小型假山也可用 2m×2m）的尺寸绘出方格网，在假山周围环境中找到可以作为定位依据的建筑边线、围墙边线或园路中心线，并标出方格网的定位尺寸。

按照设计图方格网及其定位关系，将方格网放大到施工场地的地面。在假山占地面积不大的情况下，方格网可以直接用白灰画到地面；在占地面积较大的大型假山工程中，也可以用测量仪器将各方格交叉点测放到地面，并在点上打下坐标桩。放线时，用几条细绳拉直连上各坐标桩，就可表示地面的方格网。为了在基础工程完工后进行第二次放线时方便，应在纵横两个方向上设置龙门桩。

以方格网放大法，用白灰设计图中的山脚线在地面方格网中放大绘出，把假山基底的平面形状（也就是山石的堆砌范围）绘出在地面上。假山内有山洞的，也要按相同的方法在地面绘出山洞洞壁的边线。最后，依据地面的山脚线，向外取 50cm 宽度绘出一条与山脚线相平行的闭合曲线，这条闭合线就是基础的施工边线。

2）基础的施工

假山基础施工可以不用开挖地面而直接将地基夯实后就做基础层，这样既可以减少土方工程量，又可以节约山石材料。当然，如果假山设计中要求了开挖基槽，就还是应先挖基槽再做基础。

浆砌块石基础施工：块石基础的基槽宽度也和灰土基础一样，要比假山底面宽 50cm 左右，基槽底面夯实后，可用碎石、3：7 灰土或 1：3 水泥干砂铺在底面做垫层。垫层之上再做基础层。做基础用的块石应棱角分明、质地坚实、有大有小，一般用水泥砂浆砌筑。用水泥砂浆砌筑块石可采用浆砌和灌浆两种方法。浆砌就是用水泥砂浆逐个拼砌；灌浆则是先将块石嵌紧铺好，然后再用稀释的水泥砂浆倒在块石层上面，并促使其流动灌入块石的每条缝隙中。

混凝土基础施工：混凝土基础的施工也比较简便。首先挖掘基础的槽坑，挖掘范围按地面的基础施工边线，挖槽深度一般可按设计的基础层厚度，但在水下做假山基础时，基槽的顶面应低于水底 10cm 左右。基槽挖成后夯实底面，再按设计做好垫层，然后，按照基础设计所规定的配合比，将水泥、砂和卵石搅拌配制成混凝土，浇筑于基槽中并捣实铺平。待混凝土充分凝固硬化后，即可进行假山山脚的施工。

基础施工完成后，要进行第二次定位放线。第二次放线应根据布置在场地边缘的龙门桩进行，要在基础层的顶面重新绘出假山的山脚线。同时，还要在绘出的山脚平面图形中找到主峰、客山和其他陪衬山的中心点，并在地面做出标示。如果山内有山洞的，还要在山洞每个洞柱的中心打下小木桩标出，以便于山脚和洞柱柱脚的施工。

3）假山山脚施工

假山山脚直接落在基础之上，是山体的起始部分。俗话说："树有根、山有脚"，山脚是假山造型的根本，山脚的造型对山体部分有很大的影响。山脚的施工的主要工作内容是拉底、起脚和做脚三部分。这三个方面的工作是紧密联系在一起的。

①拉底

所谓拉底，就是在山脚线范围内砌筑第一层山石，即做出垫底的山石层。拉底的方式和拉底山脚线的处理有满拉底和周边拉底两种。

满拉底：就是在山脚线的范围内用山石满铺一层。这种拉底的做法适宜规模较小、山底面积也较小的假山，或在北方冬季有冻胀破坏的地方的假山。

周边拉底：则是先用山石在假山山脚沿线砌成一圈垫底石，再用乱石、碎砖或泥土将石圈内全部填起来，压实后即成为垫底的假山底层。这一方式适合基地面积较大的大型假山。

拉底形成的山脚边线也有两种处理方式：其一是露脚，其二是埋脚。

露脚：即在地面上直接做起山底边线的垫脚石圈，使整个假山就像是放在地上似的。这种方式可以减少一点山石用量和用工量，但假山的山脚效果稍差一些。

埋脚：是将山底周边垫底山石埋入土下约20cm深，可使整座假山仿佛是从地下长出来的。在石边土中栽植花草后，假山与地面的结合就更加紧密、更加自然了。

拉底的技术要求：

在拉底施工中，第一，要注意选择适合的山石来做山底，不得用风化过度的松散的山石；第二，拉底的山石底部一定要垫平垫稳，保证不能摇动，以便于向上砌筑山体；第三，拉底的石与石之间要紧连互咬，紧密地扣合在一起；第四，山石之间还是要不规则地断续相间，有断有连；第五，拉底的边缘部分，要错落变化，使山脚线弯曲时有不同的半径，凹进时有不同的凹深和凹陷宽度，要避免山脚的平直和浑圆形状。

②起脚

在垫底的山石层上开始砌筑假山，就叫"起脚"，起脚石直接作用于山体底部的垫脚石。起脚石应选择质地坚硬、形状安稳实在、少有空穴的山石材料，以保证能够承受山体的重压。

除了土山和带石土山之外，假山的起脚安排宜小不宜大，宜收不宜放。起脚一定要控制在地面山脚线的范围内，宁可向内收一点，也不要向山脚线外突出，这就是说山体的起脚要小，不能大于上部分准备拼叠造型的山体。即使因起脚太小而导致砌筑山体时的结构不稳，还有可能通过补脚来加以弥补。如果起脚太大，以后砌筑山体时造成臃肿的山形，就极易将山体结构振动松散，造成整座假山的倒塌隐患。所以，假山起脚还是稍小为好。

起脚时，定点、摆线要准确。先选到山脚突出点的山石，并将其沿着山脚线先砌筑上，待多数主要的凸出点山石都砌筑好，再选择和砌筑平直线、凹进线处所用的山石。这样，既保证了山脚线按照设计而呈弯曲转折状，避免山脚平直的毛病，又使山脚凸出部位具有最佳的形状和最好的皱纹，增加了山脚部分的景观效果。

③做脚

做脚，就是用山石砌筑成山脚，它是在假山的上面部分山形山势大体施工完成以后，于紧贴起脚石外缘部分拼叠山脚，以弥补起脚造型的不足的一种操作技法。所做的山脚石虽然无须承担山体的重压，但却必须根据主山的上部造型来造型，既要表现出山体如同土中自然生长出来的效果，又要特别增强主山的气势和山形的完美。

在具体做山脚时，可以采用点脚法、连脚法或块面脚法三种做法。

点脚法：主要运用于具有空透型山体的山脚造型。所谓点脚，就是先在山脚线处用山石做成相隔一定距离的点，点与点之上再用片状石或条状石盖上，这样，就可在山脚的一些局部造出小的洞穴，加强了假山的深厚感和灵秀感。在做脚过程中，要注意点脚的相互错开和点与点间距离的变化，不要造成整齐的山脚形状。同时，也要考虑到脚与脚之间的距离，与今后山体造型用石时的架、跨、券等造型相吻合、相适宜。点脚法除了直接作用于起脚空透的山体造型外，还常用于如桥、廊、亭、峰石等的起脚垫脚。

连脚法：就是做山脚的山石依据山脚的外轮廓变化，成曲线状起伏连接，使山脚具有连续、弯曲的线形。一般的假山都常用这种连续做脚方法处理山脚。采用这种山脚做法，主要应注意使做脚的山石以"前错后移"的方式呈现不规则的错落变化。

块面脚法：这种山脚也是连续的，但与连脚法不同的是坡面脚要使做出的山脚线呈现"大进大退"的形象，山脚凸出部分与凹陷部分各自的整体感都要很强，而不是连脚法那样小幅度的曲折变化。块面脚法一般用于起脚厚实、造型雄伟的大型山体。

④山脚的造型

假山山脚的造型应与山体造型结合起来考虑，在做山脚的时候就要根据山体的造型而采取相适应的造型处理，才能使整个假山的造型浑然一体，完整且丰满。在施工中，山脚可以做成以下六种形式。

凹进脚：山脚向山内凹进，随着凹进的深浅宽窄不同，脚坡可以做成直立、陡坡或缓坡。

凸出脚：指向外凸出的山脚，其脚坡可做成直立状或坡度较大的陡坡状。

断连脚：山脚向外凸出，凸出的端部与山脚本体部分似断似连。

承上脚：山脚向外凸出，凸出部分对着其上方的山体悬垂部分，起着均衡上下重力和承托山顶下垂之势的作用。

悬底脚：局部地方的山脚底部做成低矮的悬空状，与其他非悬底山脚构成虚实对比，可增强山脚的变化。这种山脚最适于用在水边。

平板脚：片状、板状山石连续平放山脚，做成如同山边小路一般的造型，突出了假山上下的横竖对比，使景观更为生动。

应当指出，假山山脚不论采用哪一种造型形式，它在外观和结构上都应当是山体向下的延续部分，与山体是不可分割的整体。即使采用断连脚、承上脚的造型，也还要形断亦连，势断气连，要在气势上也连成一体。

山脚施工质量好坏，对山体部分的造型有直接影响。山体的堆叠施工除了受山脚质量的影响外，还要受山体结构形式和叠石手法等因素的影响。

4）山体堆叠施工

假山山体的施工，主要是通过吊装、堆叠、砌筑操作完成假山的造型。由于假山可以采用不同的结构形式，因此在山体施工中也相应要采用不同的堆叠方法。而在基本的叠山技术方法上，不同结构形式的假山也有一些共同的地方，山石的起重、搬运方法如图 8-21 和图 8-22 所示。下面就这些相同的和不同的施工方法做一些介绍。

①山石的支撑

山石吊装到山体一定位点上，经过位置、姿态的调整后，就要将山石保持在一定的状态上，这时进行支撑，使山石临时固定下来。支撑材料应以木棒为主，以木棒的上端顶着山石的某一凹处，木棒的下端则斜着落在地面，并用一块石头将棒脚压住。一般每块山石都要用 2~4 根木棒支撑，因此，工地上最好能多准备一些长短不同的木棒。此外，铁棍或长形山石，也可以作为支撑材料。用支撑固定的方法主要是针对大而重的山石，这种方法对后续施工操作将会造成一些障碍。

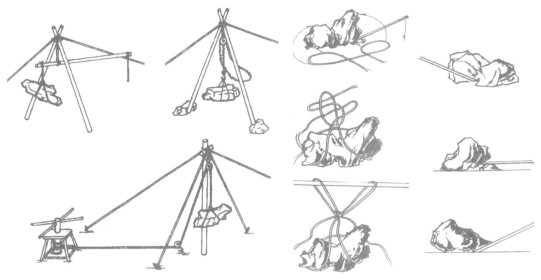

图8-21 假山堆叠过程中的起重方法　　　　图8-22 假山堆叠过程中的搬运方法

②山石的捆扎

为了将调整好位置和姿态的山石固定下来，还可采用捆扎的方法。捆扎方法比支撑方法简便，而且对后续施工基本没有阻碍。这种方法最适宜体量较小山石的固定，对体量特大的山石则还应该辅以支撑方法。用单根或双根铅丝做成圈，套上山石，并在山石的接触面垫上或抹上水泥砂浆后再进行捆扎。捆扎时铅丝圈先不必收紧，应适当松一点，然后再用小钢钎将其绞紧，使山石无法松动。

对质地比较松软的山石，可以用铁耙钉打入两相连接的山石上，将两块山石紧紧地抓在一起，每一处连接部位都应打入 2~3 个铁耙钉。对质地坚硬的山石相连，要先在地面用银锭扣连接好后，再作为一整块山石用在山体上。或者，在山崖边安置坚硬山石时，使用铁吊架，也能达到固定山石的目的。

③刹垫

山石固定方法中，刹垫是最重要的方法之一。刹垫是用平稳小石片将山石底部垫起来，使山石保持平稳的状态。操作时，先将山石的位置、朝向、姿态调整好，再把水泥砂浆塞入石底。然后用小石片轻轻打入石缝中，直到石片卡紧为止。一般在石底周围要打进 3~5 个石片，才能固定好山石。石片打好后，要用水泥砂浆把石缝完全塞满，使两块山石连成一个整体。

④填肚

山石接口部位有时会有凹缺，使石块的连接面积缩小，也使连接的两块山石之间呈断裂状，没有整体感。这时就需要"填肚"。所谓填肚，就是用水泥砂浆把山石接口处的缺口填补起来，一直要填得与石面平齐。

掌握了上述山石固定与衔接的方法，就可以进一步了解假山山体堆叠的技术方法。山体的堆叠方法应根据山体结构形式来选用。例如，山体结构若是环秀式或层叠式，就常用安、联、飘、做眼等叠石手法；如果采用竖立式结构，则要采用剑、拼、垂、挂等砌筑手法。

5）山石胶结与植物配置

除了山洞之外，在假山内部叠石时只要使石间缝隙填充饱满，胶结牢固即可，一般不需要进行缝口表面处理。但在假山表面或山洞的内壁砌筑山石时，却要一面砌石一面勾缝并对缝口表面进行处理。在假山施工完成时，还要在假山上预留的种植穴内栽种植物，绿化假山和陪衬山景。

①山石胶结与勾缝

山石之间的胶结，是保证假山牢固和能够维持假山一定造型状态的重要工序。现代假山施工的胶合材料，基本上全部用水泥砂浆或混合砂浆来胶合山石。水泥砂浆是用普通的灰色水泥和粗砂，按比例加水调制而成，主要用来粘合石材、填充山石缝隙和为假山抹缝。有时，为了增加水泥砂浆的和易性和对山石缝隙的充满度，可以在其中加进适量的石灰浆，配成混合砂浆。但混合砂浆的凝固速度不如水泥砂浆，因此在需要加快叠山进度的时候，就不要使用混合砂浆。

②山石胶结面的刷洗

在胶结进行之前，应当用竹刷刷洗并且用水管冲水，将待胶合的山石石面刷洗干净，以免石上的泥砂影响胶结质量。

山石胶结的主要技术要求：水泥砂浆要在现场配制现场使用，不要用隔夜后已有硬化现象的水泥砂浆砌筑山石。最好在待胶结的两块山石的胶结面上都涂上水泥砂浆后，再相互贴合与胶结。两块山体相互贴合并支撑、捆扎固定好，还要再用水泥砂浆把胶合缝填满，不留空隙。

山石胶结完成后，自然就在山石结合部位构成了胶合缝。胶合缝必须经过处理，才能对假山的艺术效果具有最小的影响。

③假山抹缝处理

用水泥砂浆砌后，对于留在山体表面的胶合缝要给予抹缝处理。抹缝一般采用柳叶形的小铁抹，即以"柳叶抹"作为工具，再配合手持灰板和盛水泥砂浆的灰桶，就可以进行抹缝操作。

抹缝时要注意，应使缝口的宽度尽量窄些，不要使水泥砂浆污染缝口周围的石面，尽量减少人工胶合痕迹。对于缝口太宽处，要用小石片塞进填平，并用水泥砂浆抹光。在假山胶合抹缝施工中，抹缝的缝口形式一般采用平缝和阴缝两种，还有一种缝口抹成凸棱状的阳缝形式，因露出水泥砂浆太多，人工胶合痕迹明显，一般不能在假山抹缝中采用。

平缝是缝口水泥砂浆表面与两旁石面相互平齐的形式。由于表面平齐，能够很好地将被粘合的两块山石连成整体，而且不增加缝口宽度，所露出的水泥砂浆比较少，有利于减少人工胶合痕迹。两块山石采用"连""接"或数块山石采用"拼"的叠石手法时、需要强化被胶合山石之间的整体性时、结构形式为层叠式的假山竖向缝口抹缝时、结构为竖立式的假山横向缝口抹缝时等，都要采用平缝形式。

阴缝则是缝口水泥砂浆表面低于两旁石面的凹缝形式。阴缝能够最少地显露缝口中的水泥砂浆，而且有时还能够被当作石面的皱纹或皱褶使用。在抹缝操作中一定要注意，缝口内部一定要用水泥砂浆填实。缝口内部若不填实，则山石有可能胶结不牢，严重时也可能倒塌。可以采用阴缝抹缝的情况一般是：需要增加山体表面的皱纹线条时、结构为层叠式的假山横向抹缝时、结构为竖立式的假山竖向抹缝时，需要在假山表面特意留下裂纹时等。

④胶合缝表面处理

假山所用的石材如果是灰色、青灰色山石，则在抹缝完成后直接用扫帚将缝口表面扫干净，同时也使水泥缝口的抹光表面不再光滑，从而更加接近石面的质地。对于假山采用灰白色湖石砌筑的，要用灰白色石灰砂浆抹缝，以使色泽近似。采用灰黑色山石砌筑的假山，可在抹缝的水泥砂浆中加入炭黑，调制成灰黑色浆体后再抹缝。对于土黄色山石的抹缝，则应在水泥砂浆中加进柠檬铬黄。如果是用紫色、红色的山石砌筑假山，可以用氧化铁红把水泥砂浆调制成紫红色浆体再用来抹缝等。

除采用与山石同色的胶结材料抹缝处理可以掩饰胶合缝之外，还可以采用砂子和石粉来掩盖胶合缝。通常的做法是：抹缝之后，在水泥砂浆凝固硬化之前，马上用与山石同色的砂子或石粉撒在水泥砂浆缝口面上，并稍稍压实，水泥砂浆表面就可粘满砂子。待水泥完全凝固硬化之后，用扫帚扫去浮砂，即可得到与山石色泽、质地基本相似的胶合缝缝口，而这种缝口很不容易引起人们的注意，这就达到了掩饰人工胶结痕迹的目的。采用砂子掩盖缝口时，灰色、青色的山石要用青砂；灰黄色的山石要用黄砂；灰白色的山石，则应用灰白色的河砂。采用石粉掩饰缝口时，则要用同种假山石的碎石来锤成石粉使用。这样虽然要多费一些工时，但由于石质、颜色完全一致，掩饰的效果良好。

假山抹缝以及缝口表面处理完成之后，假山的造型、施工工作也就基本完成了。这时一般还应在山上配置一些植物，以使假山获得生机勃勃的景观表现。

⑤假山上的植物配置

在假山上许多地方要用植物来美化假山、营造山林环境和掩盖石假山上的某些缺陷。在假山上栽种植物，应在假山山体设计中将种植穴的位置考虑在内，并在施工中预留下来。

种植穴是在假山上预留的一些孔洞，专用来填土栽种假山植物，或者作为盆栽植物的放置点。假山上的种植穴形式很多，常见的有盆状、坑状、筒状、槽状、袋状等，可根据具体的假山局部环境和山石状况灵活确定种植穴的设计形式。穴坑面积不用太大，只要能够栽种中小型灌木即可。

假山上栽植的植物不应是树体高大、叶片宽阔的树种，应该选用植株高矮适中、叶片狭小的植物，以便能够在对比中体现"小中见大"效果的形成。假山植物应以灌木为主。一部分假山植物要具有一定的耐旱能力，因为在假山的上部种植穴中能填进的土壤很有限，很容易变得干燥；在山脚下则可以配置麦冬草、沿阶草等，用茂密的草丛掩盖一部分山脚，可以增强山脚景观的表现力；在崖顶配置一些下垂的灌木，如迎春花、金钟花、蔷薇、五叶地锦等，可以丰富崖顶的景观；在山洞洞口的一侧，配置一些金丝桃、棣棠、金银木等半掩洞口，能够使山洞显得深不可测；在假山背面，可多栽种一些枝叶浓密的大灌木，以掩饰假山上一些缺陷之处，同时还能为假山提供背景的依托。

（3）质量检测与验收

假山工程验收应遵照绿化工程施工规程的各项规定办理。每批运到工地的假山石料，应在施工前由施工人员现场验收。部分工序应进行中间验收，并做好验收记录，如假山、立峰、石笋等的定点、放线、基槽及基础等。

工程竣工验收时，施工单位应提供中间验收各类资料、施工图及修改补充说明、大中型假山的施工组织设计。工程竣工验收应请建设单位、设计单位、质监部门参加，不合格的工程应返工。竣工验收后，必须填制竣工验收单。假山叠石工程所有文件，包括设计、施工验收的各类资料，应整理归案。

1）基础及土方工程质量检查

①基础开挖土方深处必须清除浮土、挖至老土；

②假山叠石工程基础必须符合设计要求；

③单块高度大于1.2m的山石与地坪、墙基粘接处必须用混凝土窝脚；

④基础、柱桩、土方尺寸的允许偏差和检验方法见表8-1。

假山工程质量检查　　　　　　　　　　表 8-1

项次	项目		允许偏差（mm）		检验方法
			基础	柱桩	
1	基础	标高	0	−50	用仪器检查
		长、宽度	+100	0	用线拉和尺量检查
2	柱桩	长度	0	+100	用尺量检查
		粗	0	+20	
		间距	+20	0	
3	土方表面平整度		0	−50	用2m靠尺和楔形塞尺检查

2）主体工程质量检查

①检查假山主体工程形体必须符合设计要求，截面必须符合结构要求，无安全隐患。

②检查假山石种是否统一，成色纹路有无显著差异。

③检查山石堆叠是否符合要求：堆叠搭接处应冲洗清洁；石料设置稳固，刹垫（石片）位置准确得法，每层填肚及时，凝固后形成整体。

④检查叠石堆置走向，嵌缝应符合下列规定：

a.假山石料应坚实,不得有明显的裂痕、损伤、剥落现象。

b.叠石堆置纹理基本一致。

c.搭接嵌缝应使用高强度等级水泥砂浆勾嵌缝,砂浆竖向设计嵌暗缝,水平可嵌明缝,嵌缝砂浆宽度应为3~4cm,基本平直光滑,色泽应与假山石基本相似。

8.2.2 塑山施工

塑山是近年来新发展起来的一种造山技术,充分利用混凝土、玻璃钢、有机树脂等现代材料,以雕塑艺术的手法仿造自然山石。塑山工艺是在继承发扬岭南庭园的山石景观艺术和灰塑传统工艺的基础上发展起来,具有与真石掇山、置石同样的功能,因而在现代园林中得到广泛使用。

塑山的特点:

(1)可以根据人们的意愿塑造出比较理想的艺术形象——雄伟、磅礴,富有力量的山石景观,特别是塑造难以采运和堆叠的巨型奇石。

(2)塑山造型较能与现代建筑相协调,随地势、建筑塑山。

(3)用塑石表现黄蜡石、英石、太湖石等不同石材所具有的风格;可以在非产石地区布置山景,可利用价格较低的材料,如砖、砂、水泥等获得较好的山景艺术效果。

(4)施工灵活方便,不受地形、地物限制,在重量很大的巨型山石不宜进入的地方,如室内花园、屋顶花园等,仍可塑造出壳体结构的、自重较轻的巨型山石。利用这一特点可掩饰、伪装园林环境中有碍景观的建(构)筑物。

(5)根据意愿预留位置栽植植物,进行绿化。

需要注意的是,岭南地区的园林中常用人工方法塑石或塑山,这是因为当地原来多以英德石为山,但英德石很少有大块料,所以也就改用水泥材料来人工塑造山石。做人造山石,一般以铁条或钢筋为骨架做成山石模胚与骨架,然后再用小块的英德石贴面,贴英德石时注意理顺皱纹,并使色泽一致,最后塑造成的山石也比较逼真。

1.施工准备

施工材料准备:镀锌钢材、碎砖、玻璃纤维、添加剂、脚手架、钢筋、钢丝网、焊条、水泥砂浆、颜料。

施工机具准备:电焊机、抹子、水泥槽、切割喷射机、空气压缩机、挤压机、搅拌机。

作业条件:场地做到"四通一清",基础施工完成。

2.工艺顺序

砖骨架塑山:定点放线→挖土方→浇混凝土垫层→砌砖骨架→打底→造型→面层抹

灰及上色修饰→成型。

钢骨架塑山：定点放线→挖土方→浇混凝土垫层→焊接钢骨架→做分块钢架铺设钢丝网→双面混凝土打底→造型→面层抹灰及上色修饰→成型。

3. 栽植工程施工技术要点

（1）基架设置

塑山的骨架结构有砖结构、刚架结构、混凝土或者三者结合；也有的利用建筑垃圾、毛石作为骨架结构。砖结构简便节省，方便修整轮廓，对于山形变化较大的部位，可结合钢架、钢筋混凝土悬挑。山体的飞瀑、流泉和预留的绿化洞穴位置，要对骨架结构做好防水处理。

坐落在地面的塑山要有相应的地基处理；坐落在室内的塑山则须根据楼板的构造和荷载条件进行结构计算，包括地梁、钢材梁、柱和支撑设计等。施工中应在主基架的基础上加密支撑体系的框架密度，使框架的外形尽可能接近设计的山体的形状。

钢筋铁丝网塑石构造：要先按照设计的岩石或假山形体，用 $\phi 12mm$ 左右的钢筋，编扎成山石的模胚形状，作为其结构骨架。钢筋的交叉点最好用电焊焊牢，然后再用铁丝网蒙在钢筋骨架外面，并用细铁丝紧紧扎牢。接着，就用粗砂配制的 1∶2 水泥砂浆，从石内石外两面进行抹面。一般要抹面 2、3 遍，使塑石的石面壳体总厚度达到 46mm。采用这种结构形式的塑石作品，石内一般是空的，不能受到猛烈撞击，否则山石容易遭到破坏。

砖石填充物塑石构造：先按照设计的山石形体，用废旧的砖石材料砌筑起来，砌体的形状大致与设计的石形差不多，为了节省材料，可在砌体内砌出内空的石室，然后用钢筋混凝土板盖顶，留出门洞和通气口。当砌体胚形完全砌筑好后，就用 1∶2 或 1∶2.5 的水泥砂浆，仿照自然山石石面进行抹面。以这种结构形式做成的人工塑石，石内有实心的，也有空心的。

（2）泥底塑形

用水泥、黄泥、河砂配置成可塑性较强的砂浆，在已砌好的骨架上塑形，反复加工，使造型、纹理、塑体和表面刻画基本上接近模型。在塑造过程中水泥砂浆中可加纤维性的附加料以增加表面抗拉的力量，减少裂缝，常以 M7.5 水泥砂浆做初步塑形，形成大的峰峦起伏的轮廓，如石纹、断层、洞穴、一线天等自然造型。若为钢骨架，则应先抹白水泥麻刀灰两遍，再堆抹 C20 豆石混凝土（坍落度为 0~2mm），然后于其上进行山石皴纹造型。

（3）塑面

塑石的抹面处理：人工塑石能不能够仿真，关键在于石面抹面层的材料、颜色和施工工艺水平。要仿真，就要尽可能地采用相同的颜色，并通过精心的抹面和石面裂纹、棱角的精心塑造，使石面具有逼真的质感，才能达到作假成真的效果。

在塑体表面进一步细致刻画石的质感、色泽、纹理和表层特征。质感和色泽根据设计要求，用石粉、色粉按适当比例配白水泥或普通水泥调成砂浆，按粗糙、平滑、拉毛等塑面手法处理。纹理的塑造，一般来说，直纹为主、横纹为辅的山石，较能表现峻峭、挺拔的姿势；横纹为主、直纹为辅的山石较能表现潇洒、豪放的意象；综合纹样的山石则能表现深厚、壮丽的风貌。常用 M15 水泥砂浆罩面塑造山石的自然皴纹。

用于抹面的水泥砂浆，应当根据所仿造山石种类的固有颜色，加进一些颜料调制成有色的水泥砂浆。

石面不能用铁抹子抹成光滑的表面，而应该用木制的砂板作为抹面的工具，将山石抹成稍稍粗糙的磨砂表面，才能更加接近天然的石质。石面的皴纹、裂缝、棱角应按所仿造岩石的固有棱缝来塑造。如模仿的是水平的砂岩岩层，那么石面的皴裂及棱纹中，在横的方向上就多为比较平行的横向线纹或水平层理；而在竖向上，则一般是方岩层自然纵列形状，裂缝有垂直的也有倾斜的，变化就多一些。如果是模仿不规则的块状巨石，那么石面的水平或垂直皴纹、裂缝就应比较少，而更多的是不太规则的斜线、曲线、交叉线形状。

（4）色浆调配

在塑面水分未干透时进行，基本色调用颜料粉和水泥加水拌匀，逐层洒染。在石缝孔洞或阴角部位略洒稍深的色调，待塑面九成干时，在凹陷处洒上少许绿、黑或白色等大小、疏密不同的斑点，以增强立体感和自然感。石色水泥混浆的配制方法主要有以下两种：

1）采用彩色水泥直接配制而成。如塑黄石假山时采用黄色水泥，塑红石假山则用红色水泥。此法简便易行，但色调过于呆板和生硬，且颜色种类有限。

2）白色水泥中掺加色料。此法可配制成各种石色，且色调较为自然逼真，但技术要求较高，操作亦较为繁琐。以上两种配色方法，各地可因地制宜选用。

在配置彩色水泥砂浆时，水泥砂浆的颜色应比设计的颜色稍深一些，待塑成山石后其色度会稍稍变得浅淡。

4. 塑山的质量控制

（1）检查采用的基架形式是否符合设计要求，基架坐落的载体结构是否安全可靠，基架加密支承体系的框架密度和外形是否与设计的山体形状相似或靠近。

（2）检查铺设钢丝网的强度和网目密度是否满足挂浆要求，钢丝网与基架绑扎是否牢靠。

（3）检查水泥砂浆表面抗拉力量和强度是否满足施工要求；砂浆照面塑造皴纹是否自然协调；塑形表面石色是否符合设计要求，着色是否稳定耐久。

（4）检查保护剂质量和涂刷工艺质量是否符合规定要求，保护剂的涂刷附着良好，不得有脱皮、起泡和漏涂等缺陷。

8.2.3 塑石塑山新工艺

1. 玻璃纤维强化水泥（GRC）塑山

GRC 是玻璃纤维强化水泥的简称，其基本概念是将一种含氧化镉的抗碱玻璃纤维与低碱水泥砂浆混合固化后形成的一种高强的复合物。GRC 于 1968 年由英国建筑研究院马客达博士研究成功并由英国皮金顿兄弟公司将其商品化，用于墙面装饰、建材、造园等领域。目前，在世界各地用于制作大型影视场景、假山、园林景点、背景衬托等室内外景观，取得了较好的艺术效果。

GRC 用于假山造景，是人工创造山景的又一种新材料、新工艺。它具有可塑性好、造型逼真、质感好、易工厂化生产、材料重量轻、强度高、抗老化、耐腐蚀、耐磨、造价低、不燃烧、现场拼装施工简便的特点。可用于室内外工程，能较好与水、植物等组合创造出美好的山水景点。玻璃纤维强化水泥（GRC）喷吹塑山工艺，克服钢砖骨架塑山的自重大、纹理处理难、褪色快、施工难度大等不足，突出了纹理逼真、施工简洁、造价低、自重轻、强度高、耐老化等优点。

GRC 塑山分为拼装叠山和喷吹塑山两种类型。

（1）拼装叠山

GRC 人造岩石现场拼装叠山方式，施工快速简便、施工场地整洁有序、施工工艺简单、可塑性大，可满足特殊造型表现要求，可在工厂加工成各种复杂形体，与植物水景等配合，可使景观更富于变化和表现力。采用先进的岩石复制技术及设备制成岩石板材，施工时，根据设计师的要求，板材可任意切割、拼装及上色，具有任意造型及可选择颜色等特点。颜色可改变，是天然岩石无法做到的，并可节省大量天然岩石，是一种环保新产品。根据山体大小和重量，计算基础砌筑的强度，一般比天然石头的要求低，简易基础即可，其他叠山手法通用。

（2）喷吹塑山

喷吹塑山工艺包括：定点放线→挖土方→浇混凝土垫层→焊接钢骨架→做分块钢架铺设钢丝网→假山胎膜制作→面层修饰→敷料混合→喷吹→养护→成型。

塑山的骨架采用镀锌型材，不锈蚀，焊接口要做永久防锈处理。胎膜做好后要根据假山纹理表现，对面层做大纹理的处理，模拟天然石头的褶皱、凹凸、肌理，不能做得非常平整光滑，适当粗糙些利于粘覆敷料。喷涂浆料由低碱水泥、砂、外加剂、水及玻璃纤维按特定比例混拌均匀，用高压空气压缩机加压后喷出，一般分 2~3 次喷完，基层可用粗粒喷头，最后的喷头要细密。大面积喷之前，先试验小样，观察颗粒大小和喷头的孔径是否合适，需要把天然石中的斑点颗粒表现出来。喷涂前需要搭遮阳防雨棚，防止养护期间受暴雨冲刷。

2. 玻璃强化塑料（FRP）塑山

FRP是玻璃纤维强化塑料的简称，它是由玻璃纤维增强不饱和聚酯、环氧树脂与酚醛树脂基体，以玻璃纤维或其制品做增强材料的增强塑料，俗称玻璃钢。

FRP工艺的优点在于成型速度快、质薄而轻、刚度好、耐用、价廉、方便运输，可直接在工地施工。存在的主要问题是树脂液与玻璃纤维的配比不易控制，对操作者的要求高；劳动条件差，树脂溶剂为易燃品；工厂制作过程中有毒和气味；玻璃钢在室外强日照下，受紫外线的影响，易导致表面酥化，寿命为20~30年。

FRP塑山施工程序为：泥模制作→翻制石膏→玻璃钢制作→模件运输→基础和钢骨架制作→玻璃钢（预制件）元件拼装→修补打磨→油漆→成品。

职业活动训练

【任务名称】

设计和构建园林假山模型

任务背景：本任务旨在让学生能掌握本项目中学到的园林假山工程技术知识。学生将完成一个小型的园林假山模型，包括设计、材料选择和制作。这将有助于他们理解如何将理论知识转化为实际操作，同时提高他们的实践水平。

1. 任务目标

（1）理解园林假山工程的设计原则、构造技术和材料选择。

（2）能够应用这些知识，自行设计一个小型园林假山模型。

（3）通过制作模型，培养学生解决问题、协作和沟通能力。

（4）提高实践水平，为未来的园林工程项目做好准备。

2. 任务地点

园林工程实训基地。

3. 任务步骤

（1）项目选择和设计

1）选择一个小型的园林假山模型项目，考虑美学要求。

2）设计假山的形状、尺寸、材料和植被布局。

（2）材料准备

1）申报所需的材料，如泡沫塑料等。

2）申报所需的工具，如测量工具等。

（3）实际制作

1）按照设计和计划，开始假山的模型制作。

2）安排材料的布置，进行结构的搭建和固定。

（4）质量控制和监测

定期检查模型质量，确保假山模型的结构稳定和美观。

（5）展示

1）确保模型的稳固性和安全性。

2）展示模型，为学校或社区提供参观机会。

（6）报告和总结

1）撰写一份项目报告，包括项目背景、设计、制作过程、问题解决方法和总结。

2）反思项目经验，总结教训和成功因素。

❋【思考与练习】

一、选择题

1. 假山在园林中的主要功能包括（　　）。

A. 作为室内装饰的主要元素　　　　　　B. 作为园林划分空间和组织空间的手段

C. 仅用于增加园林的美观度　　　　　　D. 作为园林中唯一的景观元素

2. 假山的材料主要包括（　　）。

A. 水泥和沙子　　　　　　　　　　　　B. 土和石

C. 金属　　　　　　　　　　　　　　　D. 塑料

3. 房山石与太湖石的主要区别在于（　　）。

A. 颜色　　　　　　　　　　　　　　　B. 表面质感

C. 地理产地　　　　　　　　　　　　　D. 韧性

4. 散置山石采用的构图法是（　　）。

A. 等边三角形构图法　　　　　　　　　B. 等腰三角形构图法

C. 不等边三角形构图法　　　　　　　　D. 直角三角形构图法

5. 在假山叠石工程中，放线是施工中的哪个阶段（　　）？

A. 假山基础施工　　　　　　　　　B. 假山堆叠

C. 假山清理　　　　　　　　　　　D. 假山设计

6. 假山山脚施工中，拉底的方式包括以下哪两种（　　）？

A. 满拉底和凹进拉底　　　　　　　B. 满拉底和周边拉底

C. 满拉底和埋脚拉底　　　　　　　D. 满拉底和连续拉底

7. 做脚时采用（　　）可以在山脚的一些局部造出小的洞穴。

A. 点脚法　　　　　　　　　　　　B. 连脚法

C. 块面脚法　　　　　　　　　　　D. 露脚法

8. 填肚的目的是（　　）。

A. 增加山石的稳定性　　　　　　　B. 使山石连接更紧密

C. 填补山石接口处的缺口　　　　　D. 装饰作用

9. 假山上种植的植物应该是（　　）。

A. 树体高大、叶片宽阔的树种　　　B. 灌木为主且具有耐旱能力的植物

C. 以草本植物为主的植物群落　　　D. 各种不同形态的植物组合

10. 在人工塑石的构造中，以下哪一项是塑石的内部构造形式（　　）？

A. 铁丝网填充　　　　　　　　　　B. 钢筋铁丝网构造

C. 建筑垃圾填充　　　　　　　　　D. 砖块填充

11. GRC 技术在造园领域的应用主要体现在（　　）。

A. 墙面装饰　　　　　　　　　　　B. 假山制作

C. 水景设计　　　　　　　　　　　D. 地面铺装

二、简答题

1. 假山和置石在园林中分别扮演什么角色？

2. 请简要描述特置山石的选石原则和基座设置。

3. 请简要说明假山基础施工的两种方法，即浆砌和灌浆。

4. 请简要描述假山山脚施工中的拉底工作内容及技术要求。

5. 描述山石捆扎固定的具体步骤。

6. 假山施工中的抹缝处理有哪些形式，分别适用于什么情况？

7. 请简要描述钢骨架塑山的施工工艺顺序。

8. GRC 塑山的两种主要类型是什么，它们有什么区别？

9

项目 9　园林种植工程

学习目标：了解园林种植工程的基础知识。

　　　　　熟悉园林种植工程的施工准备工作。

　　　　　掌握园林种植工程的施工和维护技术。

能力目标：能够根据设计要求实施园林种植工程。

　　　　　具备园林种植工程的施工技能。

　　　　　能够对园林种植工程进行养护。

素质目标：具备创造性和审美的思维。

　　　　　具有对自然环境的尊重和保护意识。

　　　　　具备负责任的职业道德和文化素养。

【教学引例】

在园林绿化工程中，正确的植物选择和管理对于创建美丽、健康和可持续的景观至关重要。本项目将探讨一个园林绿化工程项目，项目位于一个城市公园，旨在提高其美观度，吸引更多游客，同时确保植物的健康和可持续性。

【问题】

1. 项目的地理位置、气候和土壤条件如何影响植物选择？

2. 在这个项目中，应如何平衡美观度、可持续性和植物管理的成本？

3. 选择哪些植物种类，以实现季节性的花草盛开？

4. 如何设计和执行植物养护计划，以确保植物的健康生长？

5. 在植物的选择和管理方面，有哪些信息化工具和技术可以帮助项目的成功实施？

9.1 园林种植工程基础知识

绿化是园林建设的主要组成部分，没有绿化，就不可能称其为园林。

按照建设施工程序，先理山水，改造地形、辟筑道路、铺装场地、营造建筑、构筑工程设施，而后实施绿化。绿化工程就是按照设计要求，植树、栽花、种草并使其成活。

绿化工程的对象是有生命的植物材料，因此，每个园林工作者必须掌握有关植物材料的不同种植季节、植物的生态习性、植物与土壤的相互关系以及种植成活的其他相关原理与技术，才能按照绿化设计要求进行具体的植物种植与造景。

9.1.1 园林种植概念

种植，就是人为地栽种植物。人类种植植物的目的，除了依靠植物的栽培成长取得收获物以外，就是让植物的存在对人类生活产生影响。前者为农业、林业的目的，后者为风景园林、环境保护的目的。园林种植则是利用植物形成环境和保护环境，构成人类的生活空间。这个空间，小到日常居住场所，大到风景区、自然保护区乃至全部国土范围。

9.1 园林植物分类及常规养护管理

园林种植是利用有生命的植物材料来构成空间，这些材料本身就具有"生物的生命现象"的特点，因此园林种植生长发育就有着明显的季节性，在不同季节栽植其成活率是不一致的。植物有萌芽、抽梢、展叶、开花、结果、叶色变化、落叶等季节性变化，以及生长而引起的年复一年的变化以及植物形态、色彩、种类的多样性特征。

9.1.2　园林种植的特点

1. 美观性

园林景区中的植物种植通常注重美观性，以创造宜人的环境和愉悦的景观。种植植物要考虑到其外观、颜色、大小和形状，以实现景观设计的愿景。

2. 多样性

园林景区通常追求植物多样性，包括各种乔木、灌木、花卉和草本植物，以丰富景区的生态系统，提供四季不同的景色。

3. 生态适应性

植物种植要考虑到当地气候、土壤和生态条件，以确保植物能够在该地区茁壮成长，减少维护工作和资源浪费。

4. 防止疾病和害虫

园林种植工程可能会包括疾病和害虫的管理措施，以保护植物的健康生长。

5. 季节性变化

考虑到季节性变化，园林景区的种植工程通常会选择不同季节盛开的植物，以确保景区在整年都有吸引力的景色。

6. 灌溉和维护

种植工程需要规划灌溉系统，以确保植物获得足够的水源，并需要定期维护，包括修剪、除草、施肥和保养。

7. 生态保护

一些园林景区可能会强调生态保护，选择本地植物种植，以促进生态平衡和保护当地野生动植物。

8. 安全性

选择植物时需要考虑其对访客的安全性，避免选择具有毒性或刺激性的植物。

这些特点旨在确保园林景区中的植物种植是符合景观设计、生态保护、美观性和可持续性的。实际的种植工程可能因具体的景区特点和设计目标而有所不同。

9.1.3　影响移植成活的因素及原因

1. 根部损伤

根部损伤会使植物地上部分与地下部分生理失衡。

2. 移植

移植是导致枯死的最大原因，是由于根部不能充分地吸收水分，茎叶蒸腾量大，使水分失去平衡所致（当植物缺水时，气孔关闭）。移植时，根毛损伤，而老根、粗根伤口吸收水分的能力又极为有限，导致枯死。

3. 干旱

干旱是因为移栽前，经多次断根处理，使其原土内须根发达，移栽时，由于带有充足的根土，能保证成活。当植物根部处于干燥状态时，植物体内水分由茎叶移向根部。当干旱使水分损失超越水分生理补偿点以后，芽和枝干枯、树叶脱落，植株死亡。

为了保证树木移植成活，在移植时应注意以下几个方面：

（1）尽量在适宜季节栽植，根的再生能力是靠消耗树干和树冠下部枝叶中储存物质产生的。所以，最好在储存物质多的时期进行种植。种植的成活率，依据根部有无再生力、树体内储存物质的多寡、是否断根、种植时及种植后的技术措施是否适当等而有高低不同。

（2）移植前可经过多次断根处理，促使其原土内的根须发达，种植时由于带有充足的根土，就能保证较高的成活率。

（3）保证移栽树木土球的大小适中。非适宜季节移栽时，土球应适当加大，以保证根系有足够吸水面积；土球包扎要结实，以免运输途中破坏。

（4）在起苗与栽植的过程中，尽量减少搬运次数，以免破坏土球而影响根系发育。

（5）尽量缩短起苗与栽植的时间，在运输过程中注意保湿，以免植物体内水分过分蒸腾。

（6）进行适当的修剪，大的伤口应用油漆或蜡封口。

4. 季节

冬、春季是植物储存物质多的季节，也是移植的最佳时期，反之，则应根据植物再生能力大小等因素考虑。

5. 根部渍水

渍水后，根部处于通气、透气性差的土壤环境和缺氧状态，导致烂根（厌氧微生物作用）。总之，移植成活与根部的再生力、体内储存物质、根部损伤程度、移植前后的技术措施有关。

9.1.4 栽植对环境的要求

1. 温度

实践证明，当日平均气温等于或略低于树木生物学最低温时，栽植成活率高。

2. 土壤

适宜植物生长的最佳土壤要求如下：

（1）理化性状。按体积比：矿物质 45%，有机质 5%，空气 20%，水 30%。

（2）团粒结构：团粒粒径 1~5mm，透气性好。

（3）地下水位：草类 –60cm 以下，树木 –100cm 以下。

（4）营养元素：植物在生长过程中所必需的元素有 16 种之多，其中碳、氧、氢来自二氧化碳和水，其余的都是从土壤中吸收的。一般来说，土壤有机质含量高，有利于形成团粒结构，有利于保水、保肥和通气。土壤养分对于种植的成活率、种植后植物的生长发育有很大影响。

（5）质地：土色带黑色、肥沃、松软、孔隙多等。

（6）不同植物生长所需土层厚度：草类、地被生存所需土层最小厚度为 15cm，培育所需土层最小厚度为 30cm；小灌木生存所需土层最小厚度为 30cm，培育最小所需土层厚度为 45cm；大灌木生存所需土层最小厚度为 45cm，培育所需土层最小厚度为 60cm；浅根性乔木生存所需土层最小厚度为 60cm，培育所需土层最小厚度为 90cm；深根性乔木生存所需土层最小厚度为 90cm，培育所需土层最小厚度为 150cm。

在改造地形时，往往是剥去表土，但这样不能确保种植树木有良好的生长条件。因而，应保存原有表土，在种植时予以有效利用。此外，有很多种土壤不适宜植物的生长，如重黏土、砂砾土、强酸性土、盐碱土、工矿生产污染土、城市建筑垃圾等。因而改善土壤性状，提高土壤肥力，为植物生长创造良好的土壤环境是一项重要工作。

常用的改良方法有：通过工程措施，如排灌、洗盐、清淤、清筛、筑池等；通过栽培技术措施，如深耕、施肥、压砂、客土以及修台等；通过生长措施，如种抗性强的植物、绿肥植物、养殖微生物等。

9.2　种植施工准备

9.2.1　技术准备

1. 明确设计意图及施工任务量，在接受施工任务后应通过工程主管部门及设计单位明确以下问题：

（1）工程范围及任务量：其中包括种植苗木的规格和质量要求以及相应的建设工程，如土方、上下水、园路、灯、椅及园林小品等。

（2）工程的施工期限：包括工程总进度和完工日期以及每种苗木要求种植完成日期。

（3）工程投资及设计概（预）算：包括主管部门批准的投资数和设计预算的定额依据。

（4）设计意图：即绿化的目的、施工完成后所要达到的景观效果。

（5）了解施工地段的地上、地下情况：有关部门对地上建筑物的保留和处理要求等；地下管线特别是要了解地下各种电缆及管线情况，和有关部门配合，以免施工时造成事故。

（6）定点放线的依据：一般以施工现场及附近水准点作为定点放线的依据，如条件不具备，可与设计部门协商，确定一些永久性建筑物作为依据。

（7）工程材料来源：其中以苗木的出圃地点、时间、质量为主要内容。

（8）运输情况：行车道路、交通状况及车辆的安排。

2.编制施工组织计划在前项要求明确的基础上，还应对施工现场进行调查，主要项目有：

（1）施工现场的土质情况，以确定所需的土量。

（2）施工现场的交通状况，各种施工车辆和吊装机械能否顺利出入。

（3）施工现场的供水、供电。

（4）是否需办理各种拆迁，施工现场附近的生活设施等。

根据所了解的情况和资料编制施工组织计划，其主要内容有：施工组织；施工程序及进度；制定劳动定额；制定工程所需的材料、工具及提供材料工具的进度表；制定机械及运输车辆使用计划及进度表；制定种植工程的技术措施和安全、质量要求；绘出平面图，在图上应标有苗木假植位置、运输路线和灌溉设备等的位置；制定施工预算。

9.2.2　苗木准备

对工程所需苗木的选择应严格按照合同与设计要求的树种、规格、质量，选择符合标准、生长健壮、树体丰满匀称、树形优美、无病虫害的苗木。

苗木选择主要控制要点如下：

1.选择的苗木品种纯正，生长健壮，规格、质量符合设计规范要求。

2.选择的苗木应无病虫害，外地苗木应有检验检疫证明，严禁选用带有危害性病虫害的苗木。

9.2.3　场地整理

根据建设方提供的施工场地，对照设计施工图进行场地整理。

1. 地形要求。应使整个地形的坡面曲线保持排水通畅，堆筑地形时，根据放样标高，由里向外施工，边造型边压实，施工过程中始终把握地形骨架，翻松碾压板结土，机械设备不得在栽植表层土上施工。

2. 整理完成后，人工细做覆盖面层，保持表面土质疏松，并清理杂物。人工平整时从边缘逐步向中间收拢，使整个地形坡面曲线和顺、排水通畅。回填土的含水率应控制在 23% 左右，不允许含有粒径超过 10cm 的石块。雨天停止作业，雨后及时修整和拍实边坡。若施工场地有垃圾、渣土、建筑垃圾等要进行清理。

3. 必须使场地与四周道路、广场的标高合理衔接，绿地排水通畅。

4. 对场地进行翻挖、松土，对杂草需用锄头、铁锹连根拔除，杂草很多时用除草剂进行消除，以符合植物和设计要求。

5. 如果用机械整理地形，应事先与建设单位或相关单位联系，了解是否有地下管线，以免机械施工时造成管线的损坏。

6. 场地整理时应考虑土壤的压实程度与设计标高的关系，土壤压实后密实度应达 80% 以上，以免种植后淋水下陷严重，造成场地不平整。

9.2.4　栽植工程施工定点放线

1. 规则式定点放线

在规则形状的地块上进行规则式树木栽植，其放线定点所依据的基准点和基准线，一般可选用道路交叉点、中心线、建筑外墙的墙脚和墙脚线、规则型广场和水池的边线等。这些点和线一般都是不易改变、相对固定的，是一些特征性的点和线。依据这些特征的点线，利用简单的直线丈量方法和三角形角度交汇法，就可将设计的每一行树木栽植点的中心连线和每一棵树的栽植位点，都测设到绿化地面上，还可用小木桩钉在种植位点上，作为种植桩。种植桩上要写上树种代号，以免施工中造成树种的混乱。在已定种植点的周围，还要以种植点为圆心，按照不同树种对种植穴半径大小的要求，用白灰画圆圈，标明种植穴挖掘范围。

2. 自然式定点放线

对于在自然地形按照自然式配植树木的情况，树木定点放线一般要采用坐标方格网方法。定点放线前，在种植设计图上绘出施工坐标方格网，然后用测量仪器将方格网的每一个坐标点测设到地面，再钉下坐标桩。树木定点放线时，就依据各方格坐标桩，采用距离交汇方法，测设出每一棵树木的栽植位点。测设下来的栽植点，也用作画圆的圆心，按树种所需穴坑大小，用石灰粉画圆圈，定下种植穴的挖掘线。

9.3 园林植物种植工程施工

按照园林绿化项目工程的任务分析，园林植物种植工程施工分为乔木栽植施工、灌木种植施工、绿篱栽植施工和草坪建植施工。

9.3.1 乔木栽植施工

1. 施工准备

（1）施工材料准备

施工材料包括基肥、园林苗木、防腐剂、草绳、蒲包、杉木杆（竹竿）、箱板、紧线器、千斤顶。

（2）施工机具准备

铁锹、镐、錾子、锤子、剪枝剪、手锯、水桶、绿篱剪、钢钎、浇水塑料管、运输工具、钉耙、草坪播种机。

（3）作业条件

工程现场完成三通一平工作，现场清理完毕。工程管线等地下设施施工完成，工程定点放线施工完毕。

2. 工艺顺序

乔灌木栽植流程如图9-1所示。

3. 栽植工程施工技术要点

（1）定点、放线

在苗木栽植前应严格按照设计图纸和图纸会审纪要进行定点和放线。现场测定苗木栽植位置和株距、行距。

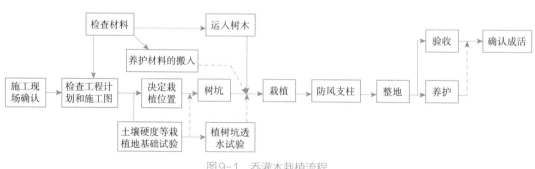

图9-1 乔灌木栽植流程

1）徒手定点放线

放线时应选取图纸上已标明的固定物体（建筑或原有植物）作为参照物，结合图纸在实地量出栽植植物之间的距离，然后用白灰或标桩在场地上加以标明，逐步确定植物栽植的具体位置。此法误差较大，只能在要求不高的绿地施工中采用。

2）网格放线法

适用大面积且地势平坦的绿地。先在图纸上以一定比例画出网格，将网格按比例测设到施工现场（多用经纬仪），再在每个方格内按照图纸上的相应位置进行绳尺法定点。

放线都应力求准确，其与图纸比例的误差不得大于以下规定：

① 1：200 者不得大于 0.2m。

② 1：200 者不得大于 0.5m。

③ 1：1000 者不得大于 1m。

（2）挖种植穴

种植穴的质量对植株的生长发育有很大的影响。应根据各种苗木的不同规格、土球直径大小（20~30cm）以及树种根系类别确定种植穴的深浅。种植穴应呈圆筒形，以保证种植时根系舒展，利于成活。

挖种植穴时以标记作圆心按照规格要求（表 9-1 和表 9-2）施工，沿圆的四周向下垂直挖到规定的深度，然后将坑底挖松、弄平，苗木坑底最好在中心堆个小土丘，以利于树根舒展。种植穴挖好后，将定点用的木桩插在土堆上，以备散苗时核对。

常绿乔木类种植穴规格（cm）　　　　　　　　　　　　表 9-1

树高	土球直径	种植穴深度	种植穴直径
150	40~50	50~60	80~90
150~250	70~80	80~90	100~110
250~400	80~100	90~110	120~130
400 以上	140 以上	120 以上	180 以上

落叶乔木类种植穴规格（cm）　　　　　　　　　　　　表 9-2

胸径	种植穴深度	种植穴直径	胸径	种植穴深度	种植穴直径
2~3	30~40	40~60	5~6	60~70	80~90
3~4	40~50	60~70	6~8	70~80	90~100
4~5	50~60	70~80	8~10	80~90	100~110

挖种植穴时，表土与底土应分开堆放。因为表面土有机质含量较高，植树填土时应先填入坑底，底土填于上部和用于围堰。遇到局部土壤不好时，应将穴径加大 1~2 倍，清除有害垃圾，换上好土。

（3）卸车

卸车时先解开篷布，找好堆置场地，与种植区域尽量接近；苗木要轻拿轻放，严禁土球叠列摆放；严禁任何人员踩踏土球。

（4）修剪

1）修剪的原则

树木的修剪，一般应遵循原树的基本特点，不可违反其自然生长的规律。凡具有明显中干的树种，应尽量保护或保持骨干枝的优势；中干不明显的树种，应选择比较直立的枝条代替骨干枝直立生长，但必须通过修剪控制与直立枝竞争的侧生枝，并应合理确定分枝高度，一般要求 2~2.5m。

2）落叶乔木的修剪

①掘苗前对树形高大、有明显中干、主轴明显的树种（银杏、水杉、池杉等）应以疏枝为主，保护主轴的顶芽，使中干直立生长。

②对主轴不明显的落叶树种，应通过修剪控制与主枝竞争的侧枝，使骨干枝直立生长。

③对易萌发枝条的树种（悬铃木、国槐、意杨、柳树等），栽植时注意不要造成下部枝干劈断，干的高度根据环境条件来定，一般为 3~4m。

3）常绿乔木的修剪

①中、小规格的常绿树移栽前一般不剪或轻剪。

②栽植前只剪除病虫枝、枯死枝、生长衰弱枝、下垂枝等。

③常绿针叶类树只能疏枝、疏侧芽，不得短截和疏顶芽。

④高大乔木应于移栽前修剪，乔木疏枝应与树干齐平、不留桩。

（5）种植

种植原则应遵循"先高后低、先内后外"，种植顺序为大乔木→小乔木。

1）裸根乔木大苗的栽植方法

一人将树苗放入坑中扶直，另一人用坑边好的表土填入，填至一半时，将苗木轻轻提起，使根颈部位与地表相平，使根自然地向下呈舒展状态，然后用脚踏实土壤，或用木棒夯实，继续填土，直到比坑边稍高一些，再用力踏实或夯实一两次，最后用土在坑的边缘做好灌水堰。

2）带土球苗的栽植方法

栽植土球苗，须先量好坑的深度与土球高度是否一致，如有差别应及时挖深或填土，不可盲目入坑，造成土球来回搬动。土球入坑后应先在土球底部四周垫少量土，将土球固定，注意使树干直立，然后将包装材料剪开，并尽量完整取出。随即填入好的表土至坑的一半，用木棍于土球四周夯实，再继续用土填满穴并夯实，注意夯实时不要砸碎土球，最后围堰。

3）注意事项和要求

①平面位置和高度必须符合设计规定。

②树身上下垂直。如果树干弯曲，其弯向应朝当地主风向。

③栽植深度。裸根乔木苗，应较原根颈土痕深 5~10cm。

④灌水堰筑完后，将捆绕树冠的绳解开取下，使枝条舒展。

9.3.2 灌木种植施工

1. 定点放线

（1）规则式栽植放线，是指成行成列地栽植树木，特点是行列轴线明显，株距相等。

（2）自然式栽植放线，是指植株间距不等，呈不规则栽植。放线比较复杂，有交汇法、网格法、小平板法。

2. 挖种植穴

挖种植穴方法同乔木，灌木类种植穴规格见表9-3。

灌木类种植穴规格（cm） 表 9-3

冠径	种植穴深度	种植穴直径
200	70~90	90~110
100	60~70	70~90

3. 修剪

（1）灌木一般多在移栽后进行修剪。

（2）对萌发力强的灌木，常短截修剪，一般保持树冠呈半球形、球形、圆形等。

（3）对根蘖萌发力强的灌木，以疏剪老枝为主，短截为辅，疏枝修剪应掌握外密内稀的原则，以利于通风透光，但有些树种只能疏不能截，如丁香。

（4）灌木疏枝应从根处与地平面齐平，短截枝条应选在叶芽上方 0.3~0.5cm 处，剪口应稍微倾斜向背芽的一面。

4. 种植

（1）种植一般灌木应与原种植线持平，种植前应对土壤进行翻松，翻松深度不得低于30cm，30cm范围内不得有任何杂质，如大小石砾、砖瓦等。根据原土中杂质比例的大小或用过筛的方法，或用换土的方法，确保土壤纯度。

（2）种植植篱应由中心向外顺序退植，坡式种植时应由上向下种植，大型块植或不同彩色丛植时，宜分块种植，绿篱、植篱的株距、行距应均匀。树形丰满的一面应向外，按苗木高度、冠幅大小均匀搭配。

（3）树木栽植后，因灌水根际土壤下沉出现坑洼不平现象时，应及时平整，以使根部受水、受肥一致。

9.3.3 绿篱栽植施工

绿篱是由灌木或乔木，以较密而相等的株行距栽植的绿带，分单行、双行及多行等宽度类型。根据高度不同又分为矮绿篱，高度50cm以下；普通绿篱，高度50~120cm；高绿篱，高度120~160cm；绿墙，高度在160cm以上。由于应用功能的不同，设置在不同的场景中，发挥不同的功能和作用。此外，由于观赏要求的不同和所用的材料不同，还有常绿篱、花篱、彩叶篱、观果篱、刺篱、蔓篱等形式。普通绿篱在园林中以防范及围护绿地、分隔园林空间为主要功能，是园林中的主要绿篱类型，在此以这类绿篱为例介绍其施工养护技术。

1. 施工准备

（1）施工材料准备：待移植绿篱苗木、蒲包、草绳、泥浆、基肥。

（2）施工机具准备：小白线、钢钎、铁锹、剪枝剪、绿篱剪、双轮车、浇水软塑料管。

（3）作业条件：现场清理完成。

2. 工艺顺序

绿篱栽植流程如图9-2所示。

3. 栽植工程施工技术要点

（1）明确绿篱设计要求

根据设计要求，明确绿篱的所属类型，了解绿篱高度、宽度、距路牙及边缘绿地的

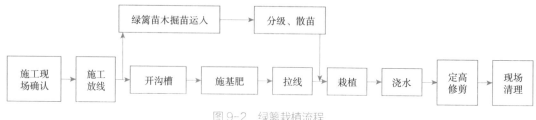

图9-2 绿篱栽植流程

距离、竣工验收的标准等，还要了解与其他工程的交叉关系、处理措施、地下管线位置、栽植后养护的条件等内容。

（2）沟槽挖掘

根据设计图纸进行定点放线，如有路牙或整齐草坪或花坛边沿，可以按规定距离直接定位栽植沟位置，否则，应按图纸要求放线。放线时用白灰划出栽植沟两个边沿，也可用木桩设点，用线绳控制边沿。放线时要标出地下管线位置，标明注意事项。

放线后，根据绿篱设计要求，挖栽植沟。栽植沟深度一般在40cm左右，根据苗根长度来定；沟宽按设计要求及单双行来定，绿篱类种植沟槽规格见表9-4。

绿篱类种植沟槽规格（cm）   表9-4

绿篱苗木高度	栽植开挖沟槽的尺寸（深×宽）	
	单行栽植形式	双行栽植形式
50~80	40×40	40×60
100~120	50×50	50×70
120~150	60×60	60×80

绿篱沟槽挖掘沟壁要垂直向下，沟底疏松平整，不能出现尖底或圆底，表土放一侧，底土放另一侧，拣出大块石头、瓦砾、垃圾、杂物。

（3）苗木准备

绿篱苗木要选株高一致、分枝一致的植株，苗木根系要重点检查，根系过小过短的苗要挑出，枯枝败叶较多植株也要另做他用。苗木挖掘后要根据要求进行包装，如果是裸根掘苗需要对根部粘调好的泥浆，对于常绿绿篱苗木须带有一定量的心土并用小蒲包袋或无纺布进行包装，包装口位于苗木的基部，要扎严并喷水保湿待装车外运，可以按10株或10株的整倍数捆绑成扎，有利于装卸车点数，也有利于卸车时散苗。苗木往往和乔木同时装车，填充在乔木的缝隙处或单独装车，苗木倾斜放置，根部在前，树冠朝后，呈45°，防止晃动。卸车要有专人指挥，并同时散苗，轻拿轻放防止心土散坨。

（4）绿篱栽植

绿篱的行数一般在2~6行，两行的绿篱要采取三角形交错种植，多行可以两行一组，也可以分行栽植或均匀散点栽植，为了保证均匀和后期养护管理方便也可以采用分块栽植。行内株距或分块栽植间距要保持一致，行间要根据树木的冠幅大小来调节，通常采用株行距一致措施，利于操作。分块栽植要在块与块之间留出间距作为养护工作面。

栽植时要求有专人站在栽植槽内，将苗木摆放平稳均匀，成行成列，回填土人员从对向两侧同时回土，先表土后底土，保证绿篱苗木受力均匀，不致倾斜，并要求边回土边踩实。绿篱苗的埋土深度比原来根颈位置低2~5cm，行间要踩实，防止侧倒或根系窝卷、外翻等错误操作。如果缝隙较小则可用铁锹插实，后在栽植沟边做出浇水围堰，两侧要拍实，防止漏水。栽后应及时灌水，第一次水要浇透，等水沉下后，重新检查扶正，再覆一遍细土，修理围堰。

（5）定形修剪

定形修剪是规整式绿篱栽好后马上要进行的一道工序。修剪前要在绿篱一侧按一定间距立起标志，修剪高度的一排竹竿，竹竿与竹竿之间还可以连上长线，作为绿篱修剪的高度线。绿篱顶面具有一定造型变化的，要根据形状特点设置2种或2种以上的高度线。修剪方式有人工和机械两种。绿篱修剪的纵断面形状有直线形、波浪形、浅齿形、城垛形、组合形等；横断面形状有长方形、梯形、半球形、斜面形、双层形、多层形等。在横断面修剪中，不得修剪成上宽下窄的形状，如倒梯形、倒三角形、伞形等，都是不正确的横断面形状。如果横断面修剪成上宽下窄形状，将会影响绿篱下部枝叶的采光和萌发新枝叶，使以后绿篱的下部呈现枯秃无叶状。自然式绿篱不进行定形修剪，只将枯枝、病虫枝、杂乱枝剪掉即可。修剪下来的枝条应及时拣出，地面上树的枝叶要清理干净。

（6）绿化工程竣工后一年期的养护管理

绿篱的养护管理随乔灌木的养护管理，其常规管理内容包括：

1）栽植后浇水保湿是首要工作，要保持土壤湿润，浇水时连同枝叶一起喷水。天气干旱、风大、光照强的地区，在修剪定形后用遮阳网或湿草帘覆盖绿篱上部，等枝叶正常生长发育后再撤去。

2）绿篱在成活养护期间，浇水后要及时扶正苗木，定期检查生长情况，缓苗后可以把围堰土封盖在栽植沟内。

3）春季萌芽时期容易发生病虫害，要及时检查，对症下药。

4）绿篱开始发新芽前，应根据土壤肥力情况，追施一次复合肥料，结合浇水进行。

5）发现绿篱出现局部死苗，要及时换苗补苗。

6）绿篱重要的内容就是修剪。一般根据生长的不同季节进行不同频率的修剪，为了保证绿篱叶子致密、整齐，修剪过程中本着一次少量、多次修剪的原则。交工前的修剪以精剪修理为主。

（7）栽植工程质量检测与验收

绿篱栽植质量要求和检验方法见表9-5。

绿篱栽植质量要求和检验方法　　　　　表 9-5

项次	项目	等级	质量要求	检验方法
1	栽植沟槽	合格	沟槽要求平直且深度适中，侧壁垂直，表土底土分在沟槽两侧	目测或用直尺
2	植物排列	合格	成行排列整齐或成片排列均匀，且苗木垂直沟槽底界面	线绳或目测
3	土球包装物	合格	非降解包装物基本清除干净，土层回填密实，土垠线条分明密实。浇水及时，浇透水，不跑水，不积水，外露包装物完全清除	目测插钎
4	修剪	合格	规则式栽植绿篱的修剪应基本整齐，线条分明	观察

9.3.4　草坪建植施工

1. 施工准备

草坪的建植方法很多，主要有两大类建植方式：第一类，即种子建植，包括种子直播、种子喷播和种子植生带建植；第二类，即营养体建植，包括分根、分栽草块、铺栽草卷、播草茎。

草坪建植方法选择受绿化工程施工的工期要求、建植的时间、建植地的环境条件和工程造价成本等因素的影响。我们需要根据具体的工程情况选择草坪的建植方法。在春秋两季，工期不十分紧急、土质较好、播种经验丰富的条件下适合种子建植；在早春、雨季、晚秋季节，以及工期短、土质差、土层薄、施工经验不足、地形不利于播种等条件下适合选择营养体建植。草坪建植施工准备工作内容见表 9-6。

草坪建植施工准备工作内容　　　　　表 9-6

施工方法	材料	机具	技术	备注
整地	基肥	整地钉耙	充分腐熟、碾成碎块、均匀撒施	
播种	草片、遮阳网	覆土机、铁辊	测算建坪面积计算草种用量、选择种子并根据测试的发芽率确定配比和播种量	
分栽草根	细线	花铲、铁辊	注意栽植株行距、碾压、大水漫灌	
铺栽草块	细砂土	薄形平板铲、铁辊	土地平整、栽植错缝距离、碾压、浇水	
铺栽草卷	细砂土	铲草机、裁纸刀、铁辊	土地平整、铺栽错缝、碾压、忌互相搭接	

2. 作业条件

（1）草坪微地形施工完成。

（2）根据微地形所做的给水排水系统管线敷设施工并调试完毕。

（3）根据栽植土的理化性质，土壤改良完毕。

（4）地面清理干净，场地平整无杂物。

3. 草坪建植施工流程及技术要点

草坪建植施工流程如图 9-3 所示。

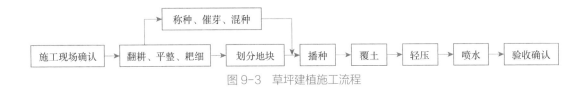

图 9-3 草坪建植施工流程

（1）施工技术要点

1）划分地块

对于分散的地块要测算小块面积。

2）称量种子

根据播种量标准以及地块面积，计算每个地块各个草种的种子量，分别称量。粒径相近的种子称量后，充分混合后一齐播下，种子粒径相差大的要分开播种，否则容易大小粒混合不均。

3）播种

无论单一草种还是混合草种，在具体播种时都要分 2~3 次播到坪面上，分横向、纵向把种子均匀撒出，最后再撒一遍，同一片地块最好由一个人完成，对于有风的天气要考虑到风的影响，采取补救措施。如果种子太小，可以适当掺入细砂或细土，利于播匀。

4）覆土

一般草坪草播后不需要另外覆土，若需覆土通常采用专用覆土耙，耙齿细密，耙幅宽，耙齿自重入土深度在 1~1.5cm 较合适。干旱地区适当深一些，但不要超过 1.5cm。如果没有覆土耙也可以用竹扫帚轻拂、轻拍，不能总向一个方向，以免把种子扫向一个地方。南方土壤湿润，天气潮湿，可以不覆土。

5）轻压

根据土壤疏松度以及含水量高低来确定辊子重量，通常采用 1m 长空心铁辊，辊心内可添加细砂调节重量，使土壤和种子充分接触。土壤含水量大不要滚压，否则压后会出现地面板结，抑制出苗。

6）覆盖

压后及时用单层稻草帘覆盖，也可用遮阳网覆盖，覆盖的目的在于保水、防风、防雨水冲刷，覆盖草片要相互叠压 5~10cm，防止出现漏缝，出草不均。覆盖物不要过厚，否则会造成遮阳过大、通气不畅，反而抑制出草。在小面积地块上，如果没有草片，也可用稻草、麦秸秆覆盖。

7）喷水

覆盖后就可喷水，也可以整片地块统一浇水。第一次浇水必须均匀、舒缓、浇透。一般浇水深度应达到 15cm，否则喷水的水流过大，会使覆土本不深的草种冲走或淤积在一处，导致出苗不够均匀整齐。

8）播后管理

播种质量要求：种子分布要均匀，覆土厚度要一致（3~5mm）。播后压实，及时浇水，出苗前后及小苗生长阶段都应始终保持地面湿润，局部地段发现缺苗时需查找原因，并及时补播。

5 月之后播种建植时，烈日暴晒、气温升高，种子发芽展叶受到限制，状如针尖而不展叶，影响其正常生长。此间应在地面铺盖苇帘、遮荫布等为其降温保湿过难关，一旦展叶后即可正常生长。5 月以后本地野草会疯长，加大管理的难度，所以春播应赶早不赶晚。撤除遮荫材料的时间一般在一天中的黄昏，防止小苗日晒失水进而枯死。

（2）分栽草根建植施工技术要点

1）起草根

①选择草源：所用草源应覆盖度高，无杂草，叶色纯正。

②起草：最好用平锹将草坪块状铲起，注意铲起草的厚度不少于 1.8~2.5cm。

③分草根：将铲起的草块 3~5 株一撮拉开，草根尽量带有护心土和匍匐茎。

④打捆：将每 10 撮捆成一捆。

⑤修剪：将草坪植物的叶部分剪掉，剪掉的量决定于分栽的时间，一般剪掉 1/2。

2）栽植

①整地：喷水湿地，待稍干后开始施工。

②找平耙细：将土疙瘩用水闷软后打碎，用钉耙耙细。

③放线：对于分栽草根的行列式建植，需用麻绳根据预先确定的栽植密度在栽植场地拉线。一般操作程序为两个人在绳子的两端将绳子绷直后由一人沿绳子走一字步，要求脚趾脚跟交错密集。一般栽植的株行距为 10cm×10cm，也可为 15cm×15cm，可以根据施工要求自行调整。密植成坪快、费工、费料加大成本；稀植成坪慢、省工、省料成本低。如果按照 15cm×15cm 株行距建植，繁殖系数可达 1 ：10，即 1m² 密度较大的母草可以分根栽植 10m² 草坪。

④开沟或开穴：行列植一般采用沟栽，沟深 4~6cm，如采用穴栽，穴间距的要求：野牛草 20cm×20cm；羊胡子草 12cm×12cm；草地早熟禾 15cm×15cm；匍匐剪股颖 20cm×20cm。

⑤栽植：每穴或每条的草量视草源及达到全面覆盖日期的长短而定。草源充足、要求见效快的草量需多，反之则少。一般情况下行列栽的株间距为 20cm 左右分栽一撮。穴

栽可 5~10cm 见方挖穴，穴深约 5cm，采用小铲倒退栽植，随开穴随栽植，将预先分好的植株栽入穴中。

⑥平整滚压：栽后随即平整，踩实或用压滚进行滚压，目的是使草根茎与土壤密实接触，同时使地面平整，无凹凸不平，便于后期管理。

⑦浇水与平整：栽后立即浇水，最好采取漫灌方法，以浇第一次水时 80% 以上的叶片生长正常为标准，一周内连浇 2~3 次。如灌水后出现坑洼、空洞等现象应及时覆土，再次滚压。

（3）铺栽草卷建植施工技术要点

1）准备草卷

①选择：草卷必须生长均匀，覆盖度 95% 以上。根系密布、无斑秃、无杂草、草色纯正、无病虫害。

②出圃前准备：出圃前进行一次修剪，铲取草卷之前 2~3d 应灌水，保证草卷带土湿润。

③起草卷：起草卷一般用专用大型铲草机或小型铲草机铲取，铲草机的制式，宽度为 30cm 或加宽到 35cm，长度控制在 100cm，卷成草卷。草坪卷应薄厚一致，起卷厚度要求为 1.8~2.5cm，运距长、掘草到铺栽间隔时间长时，可适当加厚，要求草卷基质（带土）及根系致密不散。

2）草卷铺栽

①整地：按照草坪建植用地的规范要求平整、压实，喷水湿润土壤。

②铺栽：铺栽时准备大号裁纸刀，对不整齐的边沿裁平，不要用手撕扯，应用裁纸刀裁断。草卷应铺设平坦，草卷接缝间应留 1cm，严防边沿重叠。用板将接缝处拍严实，清场后进行滚压，使卷间缝隙挤严，根系与土壤密切接触。

③灌水：采用喷灌或漫灌。

④整理：灌水后出现漏空低洼处填土找平。

4. 草坪建植竣工后一年期的养护管理

（1）灌水

草坪的灌溉方式有漫灌、浇灌（人工淋浇）、喷灌。不同的设备条件，不同的养护管理要求，采用不同的灌溉方式。

在使用再生水灌溉时，水质必须符合园林植物灌溉水质要求。

（2）季节性浇水

1）春季浇好返青水

冷季型草坪在土壤解冻时开始代谢活动，经过干旱的季节，为了尽快、尽早萌芽，应及时浇好返青水。在干旱的春季，要保证地表 1cm 以下潮湿，这样会引导根系向纵深发育，增强其该生长季的抗旱能力。不要求地表总保持水湿状态。

2）夏季尽量控水

夏季雨水多，空气湿度较大，此阶段又值冷季型草休眠期，对水肥的需求不如春季强烈。控水，是指见干见湿，能不浇就不浇，因为水分过多对休眠草坪生长不利。夏季应注意，冷季型草坪不要在阴天和傍晚浇灌水，这样非常容易引发病害。大雨过后，低洼地积水应在 2~3h 内及时排出。

3）秋季浇好冻水

秋季较干旱，应保证根系部土壤湿度，看墒情浇水。新疆地区为了草坪安全越冬应浇灌好冻水，在土壤水昼化夜冻的 11~12 月初普遍浇灌一次透水。

4）冬季注意补水

草坪根系分布浅，如秋冬雨雪过少、表层土壤失水严重时，应在 1~2 月进行补水，主要针对冷季型草坪，尤其是多年生黑麦草，新疆地区冬季必须补充一次水。土壤质地疏松的、持水量小的砂性土也应该在冬季适量补水。

草坪浇水要求不留死角，应一次性浇透。同时应配合其他养护作业同步进行，施肥作业后应立即浇水，更新复壮、打孔、疏草作业后结合覆土、覆砂立即浇水。叶面施药后不能浇水。

（3）施肥

草坪的施肥不同于花卉和农作物，其施肥主要是保证其正常生长发育，有健康的绿叶就达到了养护的目的。施肥过多促成植株生长加快，反而增加草坪修剪的工作量。冷季型草坪夏季施肥还会增加生病的概率。园林草坪施肥应掌握其特点、规律和目的进行养分管理。新疆地区本地的冷季型草种羊胡子草在当地的耕作土壤中完全可以不进行施肥。另外，应区别一般绿地草坪和特殊草坪如高尔夫果岭、运动场草坪等的养分管理标准，因为特殊草坪的栽培基质多为砂性土，漏水漏肥，必须用化肥及时补充。外引的冷季型草对养分比较敏感。在播种量过大、植株过密的情况下；在草坪土壤基质砂性过大、保肥性较差的情况下；在草坪生长多年形成根层较厚、营养吸收困难情况下，必须在生长旺盛期进行合理追肥。

1）施肥时机

冷季型草坪应在 3~4 月和 9~10 月冷凉季节，冷季型草坪生长旺盛时施肥。夏季是冷季型草的休眠期，施肥后根系不吸收，反而造成富养环境，致使真菌繁衍引发病害。进入养护期的草坪可根据生长旺盛期草坪的营养色泽，及时追肥以保持翠绿色，包括给不同营养色泽地块区别施肥，使草坪景观色泽一致。

2）施肥量和施肥次数

施肥量和施肥次数由多种因素决定，如要求草坪的质量水平、生长规律、年生长量、土壤质地（保肥能力）、提供的灌溉量（包括雨水）等。更重要的是栽植土壤本身能提供养分的水平，如果坪床土很肥沃就没必要过分地追加养分。应该明确的是，施肥是补充土壤每年供给植物生长不足的那部分养分，施肥量，是指不足的那部分量。原则上应测土施肥。

各种草坪草所需氮素量可作为施肥量的基本依据，见表9-7。最常用的氮素施用量是 4.8g/m²。

各种草坪草所需氮素量（g/m²）　　　　　　　　表 9-7

草种	年所需 N 素量	草种	年所需 N 素量
匍匐翦股颖	2.5~6.3	普通狗牙根	2.5~4.8
早熟禾	2.5~4.8	改良狗牙根	3.4~6.9
高羊茅	1.9~4.8	假俭草	0.5~1.5
多年生黑麦草	1.9~4.8	钝叶草	2.5~4.8
野牛草	0.5~1.9	地毯草	0.5~1.9
结缕草类	2.5~3.9	美洲雀稗	0.5~1.9

3）施肥方式方法

①撒施

注意单位面积适量，撒施均匀，否则局部施肥量过大，一是刺激猛烈生长造成坪面景观不一致，二是造成肥害，灼伤草坪、形成斑秃。撒施常用撒播机，有滴式和旋转式（离心式）两种，各有所长，应根据实际情况选择使用。

②随水施肥

有条件的可以通过喷灌系统随水施肥。还可以用喷雾器等工具进行叶面施肥，注意喷洒浓度为 0.1%~0.5%，不可过浓。

③随土施

结合草坪复壮、疏草、打孔，给草坪覆砂，覆肥土时加入腐熟、打碎均匀的有机肥或化肥。

④施肥和其他养护作业的衔接

为使各项养护作业安排合理，相互促进而不产生矛盾，常用做法是先进行修剪，然后进行施肥作业，施肥后浇水冲肥入土。需要防病情况下喷洒农药，形成药膜不被破坏，起到杀菌防护作用。其中任何两项顺序最好不要颠倒。

⑤补肥

草坪中某些局部长势明显弱于周边时应及时增施肥料（补肥）。补肥种类以氮肥和复合化肥为主，补肥量依"草情"而定，通过补肥，使衰弱的局部与整体的生长势达到一致。

（4）修剪

修剪是建植高质量草坪的一个重要管理措施，修剪的主要目的是创造一个美丽的景观。通过修剪，结束其繁殖生长进程，不让其抽穗、扬花、结籽。结籽会严重影响其生长。修剪可以促进植株分蘖，增加草坪的密集度、平整度和弹性，增强草坪的耐磨性，延长草坪的使用寿命。及时的修剪还可以改善草坪密度和通气性，减少病虫害发生。

1）修剪时机、次数

总原则是控制生长，修剪整形以提高景观效果。草种不同，环境条件不同，生长季节不同，长势不同，一般不宜提出修剪次数的量化指标。冷季型草坪修剪频率会高些，暖季型草坪相对要少些。高尔夫球场、运动场草坪修剪有其特殊要求。

暖季型草坪修剪，新疆地区 5 月前后返青，进入 6 月下旬以后如果生长旺盛，影响景观，可进行第一次修剪。7、8 月生长旺盛期视草的生长定修剪频率。立秋后生长进入缓慢期，为了"十一"国庆节景观效果，8 月底 9 月初进行一次修剪，结合水肥管理延长绿色期。10 月中下旬草叶枯黄前修剪一次，减少枯叶带来的火患。用于护坡、环保的暖季型草坪在生长季可不修剪，秋季枯黄前必须为防火修剪一次。

冷季型草坪 3 月上中旬返青开始旺盛生长，4 月中旬结合整理返青后草坪长势不均情况和 5 月美化节日景观进行一次修剪。5 月上旬开始进入早熟禾抽穗期，掌握时机控制抽穗扬花，进行实时修剪。进入夏季 6 月下旬进行一次修剪，为越夏做好准备。盛夏休眠期视长势掌握修剪时机，因高温、高湿气候，加上修剪造成伤口容易染病，最好减少修剪次数。立秋过后，冷季型草坪开始旺盛生长，直至冬季休眠前，可酌情控制高度，掌握修剪频率。

2）修剪高度

草坪禾草根茎生长点靠近土壤表面，是重要的分生组织。保护根茎生长点极为重要，只要根茎生长点保持活力，即使禾草的叶子和根系受到损害也会很快恢复生长。另一个是禾草的叶片生长点即"中间层分生组织"，其存在于叶子基部与叶鞘结合部。叶子被修剪后，切去的是老化的叶子，下边的新叶部分仍在存活并有更新的部分长出来。明白了禾草的生长特点，在修剪时就应注意保护根茎生长点和中间层生长点，根据不同草种的生长点高低决定限制修剪高度，千万不要伤害生长点，并适量保留叶片为植株提供营养。每次只能修剪草高的 1/3 的原则就是根据这个道理规定的。草种不同，"中间层分生组织"高度不同，要求修剪的适宜高度也不同，各种草坪草修剪高度见表 9-8。

各种草坪草修剪高度   表 9-8

草种	修剪高度范围（cm）	草种	修剪高度范围（cm）
匍匐剪股颖	0.5~1.3	狗牙根	1.3~3.8
细弱剪股颖	1.3~2.5	杂交狗牙根	0.6~2.5
早熟禾	3.8~6.4	地毯草	2.5~5.0
高羊茅	3.8~7.6	假俭草	2.5~5.0
多年生黑麦草	3.8~6.4	钝叶草	3.8~7.6
野牛草	1.8~5.0	美洲雀稗	5.0~10.2
结缕草	1.3~5.0		

3）修剪作业的程序及技术要求

①修剪应选择晴天草坪干燥时进行，严禁在雨天或有露水时修剪草坪，安排在施肥、灌水作业之前。

②修剪机具必须运行完好，刀片锋利。

③进场前进行场地清理，清除垃圾、异物。

④剪草方式应经常变换，一是不要总朝一个方向，二是不要重复同一车辙。

⑤修剪作业完毕后应清理现场，废弃物等全部清出。

⑥遇病害区作业，应对机具进行药物消毒，清理出的带病草集中销毁。

⑦冷季型草坪夏季管理，修剪作业后应按顺序安排施肥、灌水、打药防病。

4）剪草机操作员安全操作要求

①剪草机分为步行式剪草机和坐式剪草机，操作员必须熟悉指导手册，熟练掌握驾驭技术。

②剪草机必须总是向前推进，不许往后拉。

③草坪斜面作业时，步行式剪草机应横向作业，坐式机应纵向作业。

④操作员离机，必须关闭发动机。

⑤检修、清理刀片时必须关闭发动机，严禁待机操作。

⑥剪草机转动时，不要移动集草袋。

（5）草坪杂草的防治

建植所选用的草坪草种称为目的草，目的草之外生长的草统称为杂草。杂草的存在影响草坪外观的均匀一致性，有碍景观，还会导致目的草的生存、生长受到危害，造成死亡，形成斑秃。

新建草坪尤其是冷季型草坪应赶在当前野草大量萌生前完成郁闭，对少量的野草应按"除早、除小、除了"的原则进行人工清除，不留后患。比较难解决的是暖季型草坪中的野草，因为是同时萌生，所以在建植初期尚未郁闭前应全力以赴除杂草。

养护阶段的冷季型草坪除个别大草利用人工拔除外，主要利用机械修剪，坚持剪到立秋以后，野草花序被清除，避免了种子生成。

为避免伤害其他园林植物，原则上应禁用化学除草，为减少环境污染，纯大面积专用草坪应控制少用化学除草。使用化学除草要针对防除杂草的生长特点、发生规律，确定适当的除草剂和使用剂量。生长中的绿化草坪多采用芽后除草剂，一般选用选择性强、对草坪草及目标植物影响不大的除草剂。除草剂在杂草 2~3 叶期使用效果最佳，用量为 $0.225~0.3\text{mL/m}^2$，稀释 500~600 倍喷洒。喷施除草剂必须在无风天气时进行。喷除草剂时喷枪要压低，以免飘到周围灌木、花卉及农作物上造成药害。靠近花草、灌木、小苗的草坪除草，应采取人工除草方法，严禁使用除草剂。

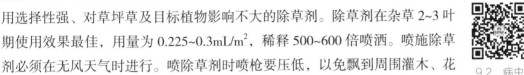

9.2 病虫害防治

（6）草坪病虫害防治

草坪发生的病害大多数是真菌病害，很少是病毒或细菌引发的。线虫不直接危害草坪，是被线虫危害的伤口引发真菌病害。病原体及主要危害草种见表 9-9。

病原体及主要危害草种 表 9-9

病原体	主要危害草种
棉桃腐烂病	多年生黑麦草、狗牙根、草地早熟禾、翦股颖、假俭草
褐斑病	多年生黑麦草、翦股颖、钝叶草
银元斑病	多年生黑麦草、翦股颖、钝叶草
镰孢霉枯萎病	早熟禾、假俭草
灰叶斑病	钝叶草
长孺孢属病	冷季型草、狗牙根、结缕草
蛇孢壳菌属斑病	翦股颖
粉状霉病	草地早熟禾、细羊茅、狗牙根
腐霉枯萎病	多年生黑麦草、翦股颖、狗牙根
锈病	冷季型草、结缕草、狗牙根

通过病害表现去鉴定病害菌种，有时很难，应请植物保护专家在实验室条件下进行。我们要做的是，通过致病条件分析，找到解决问题的办法。城市绿地条件下，按照养护规范一般不会缺肥、缺水，所以很少会发生缺肥、缺水引发的病害。从气候条件看，引发病害的高温和高湿是养护中难以操控的，需要通过养护管理努力化解，最

好方法是药物防治。其中高氮引发的病害要通过养分管理解决，厚的枯草层要通过复壮去处理。

（7）草坪工程补植

草坪修补也称为局部更新，由于自然条件伤害（水涝）及人为损坏、病虫的伤害、建植方法不当或养护管理不善造成草坪的完整性景观遭到破坏，如平整度不够、均匀度不好、局部死亡出现斑秃等，常给草坪的日常管理带来很大困难，必须对其进行整理补植。

9.3 养护管理实例

职业活动训练

【任务名称】

设计和实施园林种植工程

1.任务背景

本任务旨在让学生将本项目中学到的园林种植工程技术知识应用到实际项目中。学生将分组完成一个小型的园林种植项目，包括设计、材料选择和实际施工。这将有助于他们理解如何将理论知识转化为实际操作，同时提高他们的工程实践水平。

2.任务地点

园林工程实训基地。

3.任务目标

（1）理解园林种植工程的设计原则、植物选择、土壤改良和养护技术。

（2）能够应用这些知识，自行设计一个小型园林种植项目。

（3）学习如何编制施工计划、预算和时间表。

（4）通过实际施工，培养学生解决问题、协作和沟通能力。

（5）提高工程实践水平，为未来的园林工程项目做好准备。

4.任务步骤

（1）项目选择和设计

1）选择一个小型的园林种植项目，考虑到场地条件、气候和美学要求。

2）进行现场考察，了解土壤质地、pH值、排水情况，以确定植物的选择和布局。

3）设计植物的种类、位置、密度和颜色，以确保其与周围环境协调。

（2）施工计划和预算

1）编制一个详细的施工计划，包括栽植阶段、所需植物数量和工具。

2）估算项目的总成本，包括植物、土壤改良材料、劳动力和设备租赁。

3）制定时间表，确定项目的起始日期和截止日期。

（3）材料准备

1）申报所需的植物（根据项目设计和种植计划）。

2）申报土壤改良材料、肥料和工具，如锹、铲、浇水设备等。

（4）实际种植

1）按照设计和计划，开始种植工作。

2）确保种植深度、间距和排列符合要求。

3）提供适当的灌溉和施肥。

（5）养护和监测

1）制定养护计划，包括浇水频率、修剪、病虫害防治等。

2）定期检查植物的健康状况，确保它们的生长和发展。

3）监测工程进度，以确保按计划完成项目。

（6）完工和验收

1）完成种植工程，并进行最终的验收。

2）确保项目符合设计要求，没有明显的缺陷（教师与企业专业人士进行验收）。

（7）报告和总结

1）撰写一份项目报告，包括项目背景、设计、施工过程、问题解决方法和总结。

2）反思项目经验，总结教训和成功因素。

【思考与练习】

一、选择题

1.园林绿化工程的主要组成部分是（   ）。

A.建筑施工   B.灌溉系统

C.绿化   D.道路铺装

2.移植植物时，根部不能充分吸收水分导致枯死的最大原因是（   ）。

A.根部损伤   B.干旱

C.渍水   D.季节不当

3.为了保证树木移植成活，以下（   ）措施不正确。

A. 种植前进行断根处理　　　　　　B. 移栽时减少搬运次数

C. 非适宜季节移栽时缩小土球　　　D. 运输途中注意保湿

4. 植物对光照的需求表明，仙客来这种植物（　　　　）。

A. 需要强烈的阳光　　　　　　　　B. 耐阴，可以在光线较弱的地方生长

C. 只能在特定波长的光下生长　　　D. 在任何光照条件下都无法正常生长

5. 场地整理时，回填土的含水率应控制在（　　　　）左右。

A. 10%　　　　　　　　　　　　　　B. 23%

C. 50%　　　　　　　　　　　　　　D. 75%

6. 栽植工程施工定点放线时，若采用自然式定点放线，通常采用（　　　　）。

A. 规则式放线方法　　　　　　　　B. 坐标方格网方法

C. 直接估算法　　　　　　　　　　D. 任意选点法

7. 在栽植大乔木时，以下哪项不是种植原则之一（　　　　）？

A. 先高后低、先内后外　　　　　　B. 先小乔木后大乔木

C. 树身上下垂直　　　　　　　　　D. 平面位置和高度必须符合设计规定

8. 关于种植穴挖掘，（　　　　）是错误的。

A. 穴应呈圆锥形，以利于根系舒展

B. 挖种植穴时，表土与底土应一起堆放

C. 穴挖好后，应将定点用的木桩插在土堆上

D. 遇到局部土壤不好时，应将穴径加大 1~2 倍

9. 在灌木种植施工中，自然式栽植放线的特点是（　　　　）。

A. 株距不等，行列轴线明显　　　　B. 成行成列，株距相等

C. 株距不等，呈不规则栽植　　　　D. 所有植株均等距离分布

10. 在灌木种植施工的种植过程中，种植前土壤的翻松深度不得低于（　　　　）。

A. 20cm　　　　　　　　　　　　　B. 30cm

C. 40cm　　　　　　　　　　　　　D. 50cm

11. 在绿篱栽植工程中，苗木准备的包装要求不包括（　　　　）。

A. 使用小蒲包袋或无纺布进行包装　B. 根部粘调好的泥浆

C. 包装口位于苗木的基部　　　　　D. 每株苗木都需单独包装

12. 哪种草坪建植方式适合在土壤质地疏松的砂性土中进行（　　　　）？

A. 种子建植　　　　　　　　　　　B. 分栽草根建植

C. 铺栽草卷建植　　　　　　　　　D. 播草茎建植

二、简答题

1. 园林种植工程在实施绿化前需要完成哪些步骤?

2. 简述园林种植中考虑季节性变化的重要性。

3. 解释为什么需要保留原有表土,并描述改善土壤性状的常用方法。

4. 简述在进行栽植工程施工前,施工组织计划应包含哪些主要内容?

5. 解释在栽植大乔木时,应遵循的种植顺序及其重要性。

6. 简述灌木种植施工中的定点放线两种主要方式及其特点。

7. 简述绿篱栽植工程中沟槽挖掘的要点。

8. 简述草坪建植竣工后一年期的养护管理中春季、夏季、秋季和冬季的主要灌水注意事项。

9. 草坪病虫害防治中,为什么慎用化学除草,并说出使用化学除草的注意事项。

参考文献

[1] 黄鹣.建筑施工图设计 [M].3 版.武汉：华中科技大学出版社，2024.

[2] 陈祺.山水景观工程图解与施工 [M].北京：化学工业出版社，2008.

[3] 孟兆祯.风景园林工程 [M].北京：中国林业出版社，2022.

[4] 梁盛任.园林建设工程 [M].北京：中国城市出版社，2000.

[5] 王晓俊.风景园林设计 [M].南京：江苏科学技术出版社，2009.

[6] 闫寒著.建筑学场地设计 [M].北京：中国建筑工业出版社，2006.

[7] 尼尔·科克伍德.景观建筑细部的艺术：基础、实践与案例研究 [M].杨晓龙，译.北京：中国建筑工业出版社，2005.

[8] 游泳.园林史 [M].北京：中国农业科学技术出版社，2002.

[9] 吴为廉.景观与景园建筑工程规划设计 [M].北京：中国建筑工业出版社，2005.

[10] 屈永建.园林工程建设小品 [M].北京：化学工业出版社，2005.

[11] 王晓俊.风景园林设计 [M].南京：江苏科学技术出版社，2000.

[12] 毛培林.中国园林假山 [M].北京：中国建筑工业出版社，2004.

[13] 赵兵.园林工程学 [M].南京：东南大学出版社，2003.

[14] 毛培琳.园林铺地设计 [M].北京：中国林业出版社，2003.

[15] 周初梅.园林建筑设计与施工 [M].3 版.北京：中国农业出版社，2015.

[16] 陈祺.园林工程建设现场施工技术 [M].北京：化学工业出版社，2005.

[17] 赵香贵.建筑施工组织与进度控制 [M].北京：金盾出版社，2003.

[18] 李广述.园林法规 [M].北京：中国林业出版社，2003.

[19] 石祚江，王利明，张鲁归.家庭社区绿地绿化养护手册 [M].上海：上海科技教育出版社，2003.

[20] 顾正平.园林绿化机械与设备 [M].北京：机械工业出版社，2002.

[21] 董三孝.园林工程施工与管理 [M].北京：中国林业出版社，2004.

[22] 赵世伟.园林工程景观设计 [M].北京：中国农业科学技术出版社，2000.

[23] 郭学望，包满株.园林树木栽植养护学 [M].北京：中国林业出版社，2004.

图书在版编目（CIP）数据

园林工程施工技术 / 范梦婷，詹华山主编；彭靖等副主编 . -- 北京：中国建筑工业出版社，2024. 7.（高等职业教育建筑与规划类专业"十四五"互联网 + 创新教材）. -- ISBN 978-7-112-29969-0

Ⅰ. TU986.3

中国国家版本馆 CIP 数据核字第 20244LG248 号

本教材共 9 个项目，包括园林工程概论、园林工程的施工准备、园林土方工程、园林给水排水工程、园林水景工程、园林建筑小品工程、园路工程、园林假山工程、园林种植工程。本教材涵盖园林工程施工技术所需掌握的基本知识和技能，并对每个项目单元的重点、难点问题进行了深入的阐述。

本教材适合高等职业院校园林工程技术专业学生以及园林工程施工从业人员参考使用。

为方便教学，作者自制课件资源，索取方式为：

1. 邮箱：jekj@cabp.com.cn；2. 电话：（010）58337285；3. 建工书院：http://edu.cabplink.com。

责任编辑：王予芊
责任校对：赵　力

高等职业教育建筑与规划类专业"十四五"互联网 + 创新教材
园林工程施工技术
主　编　范梦婷　詹华山
副主编　彭　靖　王　轩　曹会娟　姜　轶

*

中国建筑工业出版社出版、发行（北京海淀三里河路 9 号）
各地新华书店、建筑书店经销
北京雅盈中佳图文设计公司制版
北京圣夫亚美印刷有限公司印刷

*

开本：787 毫米 × 1092 毫米　1/16　印张：18³/₄　字数：373 千字
2024 年 8 月第一版　2024 年 8 月第一次印刷
定价：**58.00 元**（赠教师课件）
ISBN 978-7-112-29969-0
　　（42871）